KB154712

기술의
대융합

고즈윈은 좋은책을 읽는 독자를 섬깁니다.
당신을 닮은 좋은책—고즈윈

기술의 대융합

이인식 기획
오세정 이인식 이귀로 한 욱 박영준 박성열 김창곤 김흥남 박노성 박영훈 원세연 조광현 김성준
박정극 김훈기 황경현 금동화 박태현 이주진 최규홍 은종원 임기철 차원용 신미남 조 상 이돈응
정수연 엄경희 이민화 문병로 배종태 이언오 송성수 박길성 문근찬 최영락 구인회 이상헌 조홍섭 공저

1판 1쇄 발행 | 2010. 02. 22.
1판 3쇄 발행 | 2012. 08. 01.

발행처 | 고즈윈
발행인 | 고세규
신고번호 | 제313-2004-00095호
신고일자 | 2004. 4. 21.
(121-819) 서울특별시 마포구 동교로13길 34(서교동474-13)
전화 02)325-5676 팩시밀리 02)333-5980
홈페이지 www.godswin.com

값은 표지에 있습니다.
ISBN 978-89-92975-33-9

고즈윈은 항상 책을 읽는 독자의 기쁨을 생각합니다.
고즈윈은 좋은책이 독자에게 행복을 전한다고 믿습니다.

이 책은 해동과학문화재단의 지원을 받아
NAEK 한국공학한림원과 고즈윈이 발간합니다.

21세기 창조의 원동력은

어디에서 오는가

이인식 기획

오세정 이인식 이귀로 한 욱 박영준 박성열 김창곤 김흥남 박노성 박영훈 원세연 조광현 김성준 박정극
김훈기 황경현 금동화 박태현 이주진 최규홍 은종원 임기철 차원용 신미남 조 상 이돈응 정수연 엄경희
이민화 문병로 배종태 이언오 송성수 박길성 문근찬 최영락 구인회 이상헌 조홍섭

고즈윈
God's Win

책머리에

21세기를 지배하는 핵심기술은 서로 융합하여 인류의 미래와 사회발전에 지대한 영향을 미치고 있다. 이 책은 핵심기술의 융합 현상에 대해 국내 최고 전문가 서른아홉 분이 일반 독자의 눈높이에 맞게끔 설명하고 견해를 밝힌 40편의 글을 엮어 놓은 기술융합 개론서이다.

이 책에 실린 글은 두 가지 각도에서 기술의 대융합 현상을 분석하고 있다. 하나는 핵심기술이 어떻게 서로 만나고 섞여서 어떠한 산업 및 연구 분야를 창출해 내는지 살펴본 것이며, 다른 하나는 핵심기술이 문화예술, 경제, 인문사회, 윤리 등에 어떠한 영향을 미치고 있는지 고찰한 것이다.

1부(서론)에는 기술융합의 개념과 함께 우리나라의 융합기술 개발 전략 및 산업정책이 각각 소개되어 있다.

2부(IT융합)는 정보기술 융합의 이모저모를 보여 준다. 디지털 컨버전스, 전통산업과의 융합, 미래의 인터넷, 방송통신 기술융합, 유무선 통신기술 융합에 관한 글이 실려 있다.

3부(BT융합)는 생명공학기술과 다른 핵심기술의 융합에 따라 새롭게 출현한 연구 분야를 집대성하였다. 생물의학, 생물정보학, 시스템생물학, 생체전자공학, 생체조직공학, 합성생물학 등 여섯 분야를 짚어 보았다.

4부(NT융합)에서는 나노기술 융합, 생체모방공학, 나노바이오기술을 일별했다.

5부(ST융합)는 우주기술의 융합과 아울러 극한기술, 정보기술과의 융합을 다루고 있다.

6부(GT융합)에는 녹색성장과 기술융합, 녹색기술과 정보기술, 녹색성장과 에너지기술에 관한 내용이 소개되어 있다.

7부(CT융합)에서는 문화기술 융합의 여러 측면을 두루 살펴보았다. 미디어아트를 비롯해서 음악, 미술, 디자인과 핵심기술이 각각 융합하여 창조하는 새로운 세계로 안내한다.

8부(경제와 융합기술)는 융합기술이 창조경제, 금융공학, 기술경영, 비즈니스와 어떤 관련이 있는지 고찰한 글을 모아 놓았다.

9부(인문사회과학과 융합기술)에서는 기술사회학, 정보사회론, 인재 양성, 혁신정책 측면에서 각각 융합기술이 미치는 영향을 분석한다.

10부(융합기술과 윤리)에는 기술융합 시대에 새롭게 부각되고 있는 윤리적 쟁점을 생명윤리, 나노기술 윤리, 녹색기술 윤리의 관점에서 성찰한 글이 실려 있다.

끝으로 부록(2025년 미국을 먹여 살릴 6대 기술)은 기술의 대융합에 의해 실현되는 미래사회의 한 단면을 보여 준다.

이 책은 여러 분이 『지식의 대융합』(2008)에 보내 주신 성원에 보답하기 위해 기획되었음을 밝혀 두고 싶다. 기술융합의 주요한 내용이 누락되어 있다면 이는 전적으로 출간을 기획한 본인의 오류일 것이다.

바쁜 시간을 쪼개서 좋은 원고를 집필해 주신 필자 여러분에게 감사의 말씀을 드린다. 또한 이 책의 기획안을 보고 선뜻 후원해 주신 한국공학한림원(회장 윤종용)과 해동과학문화재단(이사장 김정식)의 관계자 여러분에게 감사드린다.

이 책은 고즈윈에서 『지식의 대융합』에 이어 두 번째로 펴내는 융합 개론서이다. 지식융합 도서 출판에 남다른 열정을 갖고 있는 고세규 대표에게 이 책이 행운을 안겨 주게 되길 바라는 마음 간절하다.

2010년 2월 3일

이 인 식

차례

서론

2부 IT융합

3부 BT융합

4부 NT융합

5부 ST융합

6부 GT융합

CT융합

8부 경제와 융합기술

9부 인문사회과학과 융합기술

10부 융합기술과 윤리

1부

서론

오세정(서울대학교 물리천문학부 교수)

서울대학교 물리학과를 졸업하고 미국 스탠퍼드 대학교에서 물리학으로 박사 학위를 받았다. 1984년부터 서울대학교 물리학부의 교수로 재직 중이며, 1999년부터 서울대 복합다체계물성연구센터의 소장을 맡고 있다. 서울대 자연과학대학 학장, 전국 자연과학대학 학장협의회 회장을 지냈고, 대통령 자문 국가교육과학기술자문회의 제1기 위원을 맡았다. 저서로 『과학기술 글로벌화의 현황과 과제』『새로운 인문주의자는 경계를 넘어라』(공저)『우리는 미래에 무엇을 공부할 것인가』(공저) 등이 있다.

1장 기초과학과 응용기술

기초과학과 응용기술의 관계

21세기는 '기술의 대융합' 시대가 될 것이라고 많은 전문가들이 이야기 한다. 예를 들면 컴퓨터와 휴대전화의 기능이 곧 합쳐지고, 인터넷이 모든 전자기기에 연결되어 결국 디지털 융합(digital convergence)이 일어나리라는 것이다. 그뿐 아니라 이종기술 분야끼리의 융합도 일어나기 시작해서, 실제로 정보기술(IT)과 생명공학기술(BT), 나노기술(NT) 분야는 이미 서로 영향을 주며 발전하고 있고, 최근 그 중요성이 급격히 부각되고 있는 우주기술(ST)과 녹색기술(GT) 등의 종합기술은 원천적으로 여러 분야의 기술융합이 필수적이라 오래전부터 분야 간 협력을 하고 있다. 또한 미디어아트처럼 예술과 공학이 융합된 분야가 하루가 다르게 발전하고 있으며, 이제는 연예·오락 분야도 첨단기술과의 협동 작업이 없으면 성공하기 어려운 시대가 되었다. 이처럼 우리 주변에서 기술융합은 이미 일어나고 있고, 앞으로 더욱 중요해질 것이라는 데에는 이견이 없다.

그러면 '기술'끼리만 융합이 일어나는 것인가? 소위 '과학'은 여기에 낄 자리가 없는가? 사실 전통적으로 기초과학과 응용기술은 서로 다른 영역으로 취급되어 왔다. 예를 들어 경제협력개발기구(OECD)는 연구개발(R&D, research and development)을 기초연구(basic research), 응용연구(applied research) 및 개발(development)의 3단계로 구분하고 있는데, 그중 기초연구는 "특별한 적용이나 응용을 염두에 두지 않고, 현상이나 관측 가능한 사실의 기초에 대한 새로운 지식의 습득을 목적으로 행해지는 실험적 혹은 이론적 작업"이라고 정의하고 있다. 즉 기초과학 연구는 기본적으로 "자연현상에 대한 새로운 지식의 습득"이 목적이지 응용이나 실용화에는 특별한 관심을 두지 않는, "호기심에 의해 행해지는 연구(curiosity-driven research)"인 것이다. 이러한 태도의 대표적인 예는 아마도 1897년 전자를 발견한 영국의 과학자 톰슨이 그 실용성을 묻는 여왕의 질문에 "전자의 실용 가능성은 알지도 못할 뿐 아니라 알고 싶지도 않다."고 대답했다는 일화일 것이다. 그러나 톰슨이 발견한 전자는 20세기를 '전자공학의 시대'라고 할 만큼 인류가 이룬 기술 문명 발전의 기초가 되었으며, 1947년 발명된 반도체 트랜지스터를 거쳐 현재와 미래 IT기술 발전의 원천이 된 것은 모두가 아는 사실이다.

이러한 예는 물론 수없이 많이 있다. 톰슨의 제자인 러더포드가 1911년 원자핵을 발견하였을 때, 핵력(nuclear force)을 이용한 원자력발전이나 원자폭탄을 예상한 사람은 아무도 없었을 것이다. 실제로 러더포드 본인이 그 가능성을 부정한 예가 여러 번 있다. 또한 요즘 휴대전화와 무선인터넷은 전자기파를 이용한 무선통신기술을 사용하는데, 19세기에 전자기파를 처음 발견한 패러데이나 맥스웰, 헤르츠 등의 물리학자들은 현대의 휴대전화나 무선인터넷 등의 발전과 그에 따른 사회생활의 변화를 상상도 할 수 없었을 것이다.

이 예에서 보는 것처럼 전통적인 과학기술 발전에 관한 이론에 의하면 기초과학의 성과는 오랜 시간에 걸친 응용연구(특정한 필요성을 충족시키기 위한 지식을 얻을 목적으로 하는 연구), 개발(연구의 결과로 얻은 지식을 유용한 물질, 도구나 시제품 개발을 위해 체계적으로 사용하는 것)의 단계를 거쳐야만 일반 사람들이 이용할 수 있는 상용화된 제품으로 만들어진다고 생각하였다. 이러한 기술발전에 관한 선형 모델(linear model)이 맞는다면 기초과학과 응용기술의 융합은 매우 어려운 일일 것이고, 실제로 많은 사람들이 지금까지 그렇게 믿어 왔던 것이다.

과학과 기술의 관계 재발견

하지만 현대 과학기술이 발전함에 따라 이 같은 전통적인 생각이 맞지 않는 경우가 많이 나타나고 있다. 우선 과학기술의 발전 속도가 빨라짐에 따라 기초연구—응용연구—개발의 단계가 시간적으로 매우 단축되었다. 따라서 최근에는 기초연구의 성과에서 응용의 가능성이 보이면 바로 응용연구—개발이 진행되는 경우가 많다. 심지어 기초연구와 개발연구가 동시에 진행되는 경우도 드물지 않다. 실제로 미국의 경우를 보면 뛰어난 기초연구의 성과로 노벨상을 받은 과학자 중에서 그 아이디어의 실용화로 백만장자가 되는 경우를 수없이 많이 볼 수 있다.

둘째로는 이제 기초과학의 발전과 응용기술의 발전은 서로 공조하는 시대가 되었다는 사실이다. 한 예로 최근 관심을 끌었던 인간게놈프로젝트에서는 유전자 분석 기기의 발전이 유전자 지도의 완성 시기를 크게 단축시킨 바 있으며, 노벨상 수상의 기초연구가 새로운 기계나 실험 장비의 제작 때문에 가능하게 된 경우도 많다. 이처럼 기초연구와 응용기술은 이제 서로 떼기 어려운 관계가 된 것이다.

사실 역사를 보면 기초연구와 응용기술의 구분이 많은 경우 상당히 인위적이라는 것을 알 수 있다. 대표적인 경우로 프랑스의 미생물학자 파스퇴르를 들 수 있을 것이다. 파스퇴르는 19세기에 활동한 과학자로서, 발효나 부패 그리고 많은 질병이 세균에 의해 생긴다는 것을 증명하여 세균학의 아버지로 불린다. 당시에는 포도주나 우유가 쉽게 상하는 이유를 알지 못하였는데, 파스퇴르가 그 원인이 박테리아임을 증명하고, 섭씨 50도 정도로 가열하면 박테리아가 죽어 부패를 방지할 수 있다는 소위 가열살균법(pasteurization)을 도입하여 프랑스의 포도주 양조 산업에 큰 도움을 준 사실은 유명하다. 파스퇴르는 또한 1873년 탄저병이 발생하여 소와 양들이 떼죽음을 당하자 탄저병의 원인이 박테리아임을 밝혔고, 닭의 콜레라균도 배양할 수 있었다. 이와 같은 연구를 발판으로 그는 탄저병 백신과 광견병 백신을 만드는 등 백신 접종에 의한 전염병 예방법의 일반화에도 성공하였다. 이처럼 파스퇴르의 연구는 자연현상의 근원을 밝히는 기초연구이기도 하면서, 그 결과를 바로 현실 생활에 적용할 수 있는 응용연구이기도 하였다. 즉 파스퇴르의 경우에는 기초연구와 응용기술의 구분이 무의미하였던 것이다.

실제로 기초연구의 결과가 바로 현실 생활에 응용되는 경우는 이외에도 수없이 많았다. 예를 들어 우리가 요즘 병원에 가면 찍는 엑스선 사진은 독일의 과학자 뢴트겐이 수행하던 기초연구의 결과이다. 뢴트겐은 1895

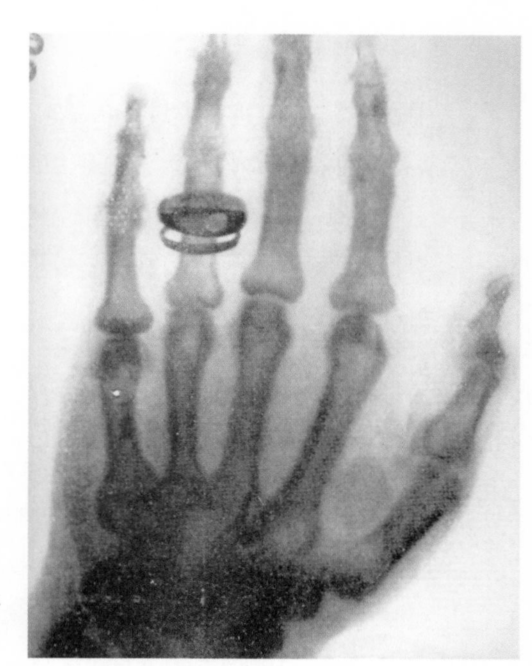

뢴트겐 부인의 손을 찍은 최초의 엑스선 사진

년 음극선(전자)을 금속판에 쏘는 실험을 하다가, 종이도 뚫고 지나가는 이상한 광선이 나오는 것을 발견하였다. 당시 뢴트겐은 이 광선의 실체를 알지 못하여 엑스선(X-ray)이라는 이름을 붙였는데, 이 빛으로 자기 부인의 손 사진을 찍어 보았더니 손가락에 끼고 있던 반지는 물론 손 안에 있는 뼈도 선명하게 나타나는 것이 아닌가. 이 발견은 바로 외과 수술에 응용되어 뼈가 부러진 곳을 쉽게 찾을 수 있게 되었고, 제1차 세계대전 시에는 총상 입은 병사들을 치료할 때 박힌 총알의 위치를 알기 위해 전쟁터의 필수 의료 시설로 사용되기도 하였다. 이러한 성과로 뢴트겐은 1901년 최초의 노벨 물리학상을 수상하게 된다.

현대에 와서 이처럼 기초연구와 응용기술이 밀접히 연관된 경우는 최근 반도체 업계에서 커다란 관심을 갖고 있는 '산화물 반도체(oxide semiconductor)'의 예를 들 수 있을 것이다. 일반적으로 산화물이라고 하면 전기가 잘 통하지 않는 부도체가 생각난다. 일상생활에서 보더라도 철은 전기가 잘 통하는 금속이지만, 철이 부식되어 산화철이 되면 전기가 잘 통하지 않는 것을 쉽게 관찰할 수 있다. 그러나 1986년 과학자들이 구리 산화물에서 높은 임계온도를 가지는 초전도체(전기저항이 0이 되는 물질)를 발견하면서 이러한 선입견은 많이 깨지게 된다. 과학자들은 상온에서는 절연체인 산화물이 온도를 낮추면 초전도체로 바뀌는 현상을 이해하려고 많은 연구를 하였고, 아직도 고온 초전도체의 원리를 규명하지는 못하였지만 그 과정에서 산화물의 특성에 대한 이해가 깊어지고 산화물의 물성을 제어할 수 있는 능력을 가지게 되었다. 이러한 기초연구의 결과가 반도체 성질을 보이는 산화물을 이용하려는 산업계의 요구와 맞아떨어지면서 최근 산화물 반도체에 대한 연구가 크게 각광을 받고 있으며 몇 가지 산화물 반도체는 곧 상용화될 것으로 예측되고 있다.

과학과 기술의 대융합

이처럼 기초연구에서 나타난 성과라도 조금 시각을 바꾸어 보면 바로 실생활에 응용할 수 있는 경우가 많이 나타나기 때문에 이제 '기초과학'과 '응용기술'을 엄밀히 구분하는 것은 의미가 없어 보인다. 다만 연구의 동기가 자연현상을 이해하려는 호기심에서 출발한 것인지, 아니면 구체적인 응용 가능성을 생각하고 시작한 것인지가 다를 뿐인 경우가 많은 것이다.

또한 순수하게 자연의 비밀을 이해하려고 수행하는 순수기초연구에서도 바로 실생활에 커다란 영향을 미치는 응용기술이 파생되는 경우가 많다. 특히 순수기초연구 자체가 점점 복잡해지고 여러 사람들이 공동으로 연구하는 최근에 와서 그런 일이 많이 생기고 있다. 아마도 대표적인 예가 유럽의 핵 및 소립자 연구소인 유럽원자핵공동연구소(CERN)에서 발명한 인터넷 월드와이드웹(World Wide Web)이라고 말할 수 있을 것이다. CERN은 '물질의 궁극적인 구성 입자는 무엇인지', '우주의 시작은 어떻게 되었는지'와 같이 매우 기초적이고 순수과학적인 연구를 위해서 유럽공동체의 여러 국가들이 공동으로 투자해서 만든 연구소이다. 이처럼 순수물리학의 연구를 하는 연구소에서 세계를 뒤바꾼 인터넷기술이 나왔다는 사실은 주목할 만하다.

사실 컴퓨터끼리 통신하고 파일을 전송하는 이 기술은 CERN에서 세계 각국에 퍼져 있는 연구자들끼리 실험 데이터와 아이디어를 쉽게 공유하고자 하는 목적에서 시작된 것이다. 연구자들이 여러 국가와 연구소에 퍼져 있기 때문에 지리적인 거리를 극복하고 연구자들 사이에 실시간으로 쉽게 의사소통할 수 있는 방법이 필요했고, 또한 CERN 가속기에서 나오는 실험 데이터의 용량이 방대했기 때문에 큰 용량의 파일을 서로 전송하는 기술이 필요했던 것이다. 이 경우는 연구의 궁극적인 목적은 순수과학이었지만, 그 목적을 구현하는 과정에서 최신 기술이 필요하기 때문에 첨단기술이 개발된 것이다. 특히 최근의 기초연구는 실험 데이터의 정확도와 정밀도에서 세계 최고의 수준을 요구하고 있어서, 이에 따라 연구 과정 중에 측정 장비나 분석 방법의 새로운 기술을 개발하는 경우가 늘고 있다.

실제로 CERN의 경우를 보면, 세계 최고의 입자가속기를 건설하기 위해 개발한 초고진공기술(ultra high vacuum technology)이나 초저온기술(ultra low temperature technology) 등을 기술 이전하여 설립된 첨단기술 회사들이 많이 있으며, 또한 입자검출기의 성능을 극대화하기 위해 개발한 기술은 이미 최첨단 의료 진단 장비에 널리 사용되고 있는 실정이다. 그리고 실험에서 얻은 방대한 양의 데이터를 처리하기 위한 그리드 컴퓨팅 기술(grid computing technology)도 세계 최고 수준이며, 짧은 시간에 일어나는 반응을 측정하기 위한 초고속 전자 계측 장비도 개발하고 있다. 또한 원래 입자를 가속하여 물질의 구조를 알아보기 위해서 개발하였던 입자가속기는 요즘 암 치료 등의 의료용 목적으로도 많이 쓰이고 있다. 이 같은 예는 기초과학의 연구와 응용기술의 발전이 얼마나 밀접하게 연결되어 있는지를 보여주는 대표적인 경우라고 할 수 있다.

이런 면에서 보면, '기술의 대융합'은 이제 '과학과 기술의 대융합'이라고 해야 옳을 것이다. 과거에 믿어 오던 기초—응용—개발 연구의 단계별 직선 모형은 더 이상 맞지 않으며, 순수기초연구와 응용개발연구가 서로 긴

방대한 양의 실험 데이터를 처리하기 위해 개발된 CERN의 그리드 컴퓨팅 기술은 세계 최고 수준을 자랑한다.

© CERN

밀히 연결되어 같이 발전하고 있기 때문이다.

이제는 자연의 법칙을 이해하겠다는 목적으로 실험실에서 열심히 일하는 기초연구자도 자기 연구의 응용 가능성을 항상 염두에 둘 필요가 있으며, 최첨단 기술 개발을 위해 불철주야 노력하는 공학자도 자기가 만든 첨단 제품이 자연의 비밀을 풀어내는 기초연구에 긴요하게 이용될 수 있다는 사실을 유념하는 것이 필요한 시대이다. 진정 과학과 기술의 대융합 시대가 다가오고 있는 것이다.

참고문헌

- 『현대물리학의 선구자』, 임경순, 다산출판사, 2001.
- "Kisti의 과학향기", 한국과학기술정보연구원 메일진, 2006~2009.
- *Pasteurs Quadrant: Basic Science and Technological Innovation,* Donald E. Stokes, Brookings Institution Press, 1997. / 『파스퇴르 쿼드런트 : 과학과 기술의 관계 재발견』, 윤진효 역, 북앤월드, 2007.
- "The Use of Basic Science: Basic versus Applied Science", C.H. Llewellyn Smith(former director of CERN), CERN web page http://public.web.cern.ch/public/en/About/BasicScience2-en.html
- "Where the Web Was Born", CERN web page http://public.web.cern.ch/public/en/About/Web-en.html

이인식(과학문화연구소장, KAIST 겸임교수)

서울대학교 전자공학과를 졸업했다. 현재 과학문화연구소장, KAIST 겸임교수이며, 국가과학기술자문회의 위원을 역임했다. 대한민국 과학칼럼니스트 '1호'로서 최신 과학·공학 지식을 누구나 이해할 수 있도록 독창적이고 흥미롭게 소개해 왔다. 〈조선일보〉 〈동아일보〉 〈한겨레〉 〈부산일보〉 등 주요 일간지에 400편 이상의 고정칼럼을, 〈월간조선〉 〈과학동아〉 〈주간동아〉 〈시사저널〉 등 잡지에 150편 이상의 기명칼럼을 연재했다. 『지식의 대융합』 『미래교양사전』 『나는 멋진 로봇친구가 좋다』 『짝짓기의 심리학』 『한 권으로 읽는 나노기술의 모든 것』 등 과학·공학과 인문사회과학을 융합하는 정통 글쓰기로 한국 과학저술의 토대를 만들어 왔다. KAIST의 문화과학대학 인문사회과학부와 IP영재기업인 교육원에 각각 신설된 '지식융합' 과목을 전담한다. 제1회 한국공학한림원 해동상, 제47회 한국출판문화상(저술 부문), 2006년 〈과학동아〉 창간 20주년 최다기고자 감사패, 2008년 서울대 자랑스런 전자동문상을 수상했다.

2장 기술융합과 미래사회

기술 분야 전반에 걸쳐 융합(convergence) 바람이 거세게 불고 있다. 서로 다른 기술 영역 사이의 경계를 넘나들며 새로운 연구 주제에 도전하는 융합기술(convergent technology)이 시대적 흐름으로 자리 잡게 된 까닭은 상상력과 창조성을 극대화할 수 있는 지름길로 여겨지기 때문이다.

2008년 3월 서울대에 국내 최초의 융합기술 전문 교육기관인 차세대융합기술연구원(AICT)이 설립되었으며 2009년 3월에는 서울대의 융합과학기술대학원이 개원했다. 같은 3월 융합기술 중심 대학인 울산과학기술대가 문을 열었다. 카이스트(KAIST)는 2010년부터 '지식융합' 과목을 신설하여 기술융합을 포괄적으로 이해하는 기회를 제공한다. 한국과학기술연구원(KIST)의 미래융합기술연구소를 비롯해서 한국전자통신연구원(ETRI)의 융합기술생산센터, 한국생산기술연구원(KITEC)의 융복합기술연구본부 등 정부 출연 연구기관에도 융합기술 전문 연구 조직이 구성되었다.

문화예술 분야에서도 카이스트의 문화기술(CT)대학원을 비롯해서 한국예술종합대학, 서울예술대학, 연세대 미디어아트연구소 등이 예술과 기술의 융합에 대한 교육과 연구에서 괄목할 만한 성과를 거두고 있다.

한편 정부에서는 2008년 11월 '국가융합기술 발전 기본계획(2009~2013)'을 수립하고 이 5개년 계획에 따라 2009년 12월 융합기술 지도를 완성하기에 이르렀다.

4대 핵심기술의 융합

기술융합은 대학 사회와 정부 출연 연구소의 울타리를 벗어나 산업계와 예술문화계 등 사회 전반의 관심사로 확산되는 추세이다. 이러한 분위기를 결정적으로 촉발시킨 것은 2001년 12월 미국과학재단(NSF)과 상무부가 학계, 산업계, 행정부의 과학기술 전문가들이 참여한 워크숍을 개최하고 작성한 〈인간 활동의 향상을 위한 기술의 융합(Converging Technologies for Improving Human Performance)〉이라는 제목의 정책 문서이다. 이 보고서는 4대 핵심기술, 곧 나노기술(NT), 생명공학기술(BT), 정보기술(IT), 인지과학(cognitive science)이 상호 의존적으로 결합되는 것(NBIC)을 융합기술(CT)이라 정의하고, 기술융합으로 르네상스 정신에 다시 불을 붙일 때가 되었다고 천명하였다.

르네상스의 가장 두드러진 특징은 학문이 전문 분야별로 쪼개지지 않고 가령 예술이건 기술이건 상당 부분 동일한 지적 원리에 기반을 두었다는 점이다. 이 정책 문서의 표현을 빌리면 르네상스 시대에는 여러 분야를 공

NBIC 기술융합

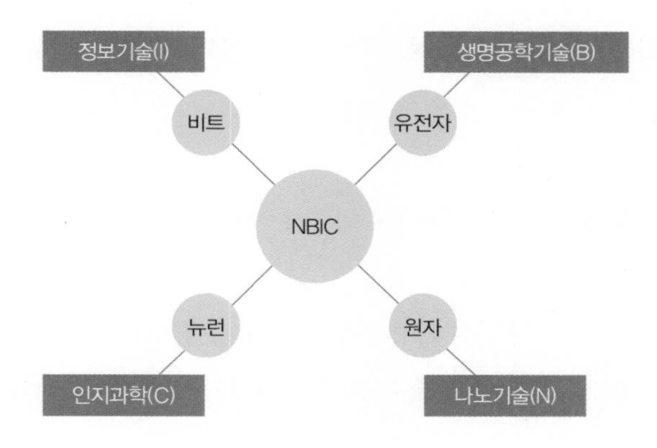

부한 창의적인 개인이 '오늘은 화가, 내일은 기술자, 모레는 작가'가 될 수 있었다. 이 문서는 기술융합이 완벽하게 구현되는 2020년 전후로 인류가 새로운 르네상스를 맞게 되어 누구나 능력을 발휘하는 사회가 도래할 가능성이 높다고 장밋빛 전망을 피력했다.

2020년까지 인간 활동의 향상을 위해 특별히 중요한 융합기술로는 다음 네 가지가 언급되었다.

① 제조, 건설, 교통, 의학, 과학기술 연구에서 사용되는 완전히 새로운 범주의 물질, 장치, 시스템.

이를 위해서는 나노기술이 무엇보다 중요하며, 정보기술 역시 그 역할이 막중하다. 미래의 산업은 생물학적 과정을 활용하여 신소재를 생산한다. 따라서 재료과학 연구가 수학, 물리학, 화학, 생물학에서 핵심이 된다.

② 나노 규모에서 동작하는 부품과 공정의 시스템을 가진 물질 중에서 가장 복잡한 것으로 알려진 생물 세포.

나노기술, 생명공학기술, 정보기술의 융합연구가 중요하다. 정보기술 중에서 가상현실(VR)과 증강현실(AR) 기법은 세포 연구에 큰 도움이 된다.

③ 유비쿼터스 및 글로벌 네트워크로 다양한 요소를 통합하는 컴퓨터 및 통신 시스템의 기본 원리.

나노기술이 컴퓨터 하드웨어의 신속한 향상을 위해 필요하다. 인지과학은 인간에게 가장 효과적으로 정보를 제시하는 방법을 제공한다.

④ 사람 뇌와 마음의 구조와 기능.

생명공학기술, 나노기술, 정보기술과 인지과학이 뇌와 마음의 연구에 새로운 기법을 제공한다.

이 정책 문서는 NBIC 융합기술의 상호 관계를 다음과 같이 표현했다.

"인지과학자가 (무엇인가를) 생각한다면, 나노기술자가 조립하고, 생명공학기술자가 실현하며, 정보기술자가 조정 및 관리한다."

융합기술에 거는 기대

이 융합기술 보고서는 향후 20년간 사회, 경제, 교육 부문에서 NBIC 융합기술이 심대한 영향을 미칠 분야를 다섯 가지로 제시하였다.

① 인간의 인지 및 의사소통 능력 확장.

NBIC 기술융합으로 인간의 인지 능력이 향상되며 사람과 기계의 의사소통 기술도 발전한다. 특히 다섯 부문에서 괄목할 만한 발전이 기대된다.

- 인간 코그놈 프로젝트(Human Cognome Project)—마음의 구조와 기능 연구.
- 인간과 인간, 인간과 기계 사이의 감각 정보를 교환하는 인터페이스 기술.
- 인간의 사회생활에 편의를 제공하는 기술 기반 조성.
- 학습 방법을 증진시키는 교육용 도구와 관련 기술 개발.
- 사회 전반의 창의성을 제고하는 도구와 관련 기술 개발.

② 인간의 건강 및 신체적 능력 개선.

NBIC 기술융합으로 인체에 대한 지식이 증대하여 사람의 건강과 신체적 능력을 향상시킬 수 있다. 특히 여섯 가지 기술이 많은 영향을 미친다.

- 나노바이오기술의 융합, 특히 나노의학의 발전으로 질병의 진단 및 치료 능력 향상.
- 나노기술 기반 이식(implant)—나노기술 발전으로 분자보철(molecular prosthetics)이 가능해짐에 따라 인체에 나노장치를 이식하여 세포 또는 기관을 교체하고, 이러한 나노보철 장치로 인체의 생리적 상태에 대한 자가진단 가능.
- 나노 크기의 로봇과 도구를 사용하는 수술 가능.
- 시각 및 청각 장애인의 의사소통을 돕는 기술 개발.
- 사람의 신경계끼리 직접 연결하는 뇌와 뇌의 인터페이스, 사람의 신경조직과 기계를 직접 연결하는 뇌-기계 인터페이스(brain-to-machine

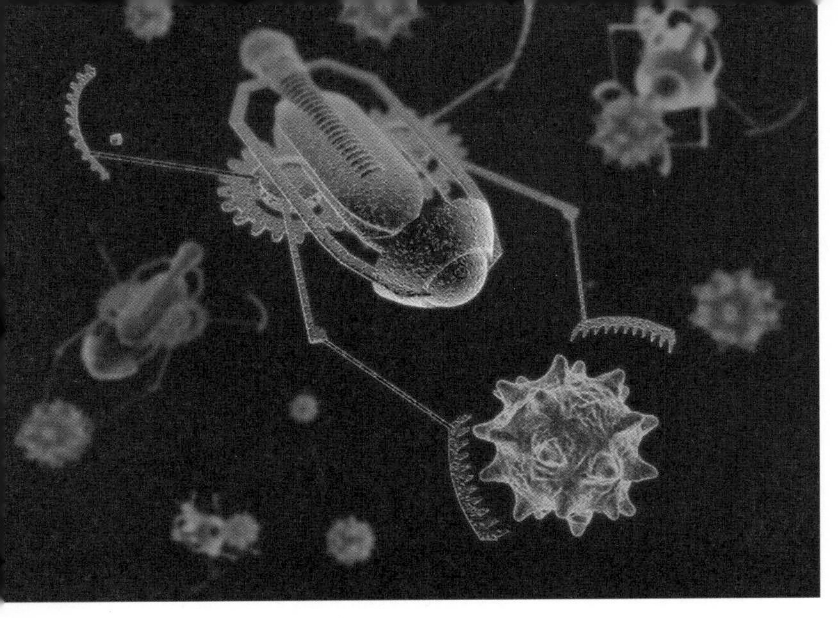

나노로봇이 몸 안에서 바이러스를 격멸한다.

interface) 기술.

- 가상환경—NBIC 기술융합으로 사람이 가상환경을 경험하는 수준이 제고됨에 따라 물리적 거리의 한계를 극복하여 기업 활동, 교육, 원격 의료 등에서 신체적 능력 향상.

③ 집단 및 사회의 기능 향상.

NBIC 기술융합으로 인간의 사회적 행동, 사회적 인지, 인간관계, 집단의 의사결정, 언어의 사용, 사회적 학습 등의 측면에서 많은 문제점이 해소되어 지역사회와 국가 전체에 도움이 된다. 특히 학교, 기업, 정부 내에서 협동의 효율성이 크게 증대된다. NBIC 융합기술은 또한 혁명적으로 새로운 산업, 제품, 서비스를 창출한다.

④ 국가 안보의 강화.

NBIC 기술융합으로 국가 안보 능력이 강화된다. 다섯 가지 부문에서 그 가능성이 기대된다.

- 소형화된 센서가 부착된 군복을 착용하면 작전 범위가 확대된다.
- 자동화기술로 전쟁터에서 사람이 사라지고 무인 병기가 주역이 된다.
- 가상현실기술로 전투기 조종사의 훈련이 효율화된다.
- 생화학 및 방사능 대량 살상 무기를 탐지하는 기술이 개선된다.
- 전투기의 성능이 향상된다.

⑤ 과학기술 교육의 체질 개선.

NBIC 기술융합으로 현재의 과학기술 교육이 안고 있는 한계가 극복될 것으로 기대된다. NBIC 기술 자체가 새로운 형태의 지식과 정보를 제공하므로 초등학교에서 대학교까지 과학기술 교육 자체를 근본적으로 바꾸어 놓을 가능성이 높다.

2020년의 20개 시나리오

미국의 융합기술 보고서에는 20년 뒤인 2020년에 NBIC 융합기술이 바꾸어 놓을 인류 사회의 모습을 20개의 시나리오로 그려 놓았다.

① 인간의 뇌와 기계 사이를 직접 연결하는 인터페이스, 곧 뇌-기계 인터페이스(BMI)가 산업, 교통, 군사, 스포츠, 예술 분야뿐만 아니라 사람과 사람 사이의 상호 작용 방식을 완전히 바꾸어 놓을 것이다.

② 옷처럼 몸에 착용하는 센서와 컴퓨터가 일상화되어 모든 사람이 자신의 건강 상태, 환경, 화학오염, 잠재적 위험, 각종 관련 정보를 알아챌 수 있게 된다.

③ 로봇과 소프트웨어 대행자(software agent)는 인간을 위해 훨씬 더 유용해진다. 그것들이 인간의 목표, 지각, 성격에 알맞게 작동할 것이기 때문이다.

④ 모든 사람이 학교, 직장, 가정에서 새로운 지식과 기량을 좀 더 신속하고 효율적으로 학습할 수 있다.

⑤ 개인과 집단 모두 문화, 언어, 지역, 직업의 전통적인 걸림돌을 뛰어넘어 효과적으로 의사소통하고 협동할 수 있다. 그 결과 집단, 조직, 국가 사이의 협력 관계가 크게 향상될 것이다.

⑥ 사람의 신체는 좀 더 잘 견디고 건강하고 활력이 넘치게 되며 손상된 부위의 복구가 쉬워지고 여러 종류의 스트레스, 생물학적 위협, 노화 과정에 대해 더 잘 버티게 된다.

⑦ 주택에서 비행기까지 모든 종류의 기계와 구조물은 바람직한 특성, 예컨대 변화하는 상황에의 적응 능력, 높은 에너지 효율성, 환경 친화성 등을 정확하게 가진 물질로 만들어진다.

⑧ 의료기술은 여러 형태의 신체 및 정신 장애를 해결하는 수준으로 발전하여 수백만 명의 장애인을 고통으로부터 해방시켜 줄 것이다.

⑨ 국가 안보는 정보화된 전투 시스템, 고성능 무인 전투용 차량, 안전한 데이터 네트워크, 생물 · 화학 · 방사능 · 핵의 공격에 대한 효과적 방어수단 등에 의해 크게 강화된다.

⑩ 세계 어느 곳에서든지 누구나 필요한 정보를 즉각적으로 확보할 수 있다. 그 정보는 특정 개인이 원하는 형태로 제공되므로 가장 효율적으로 사용 가능하다.

⑪ 기술자, 예술가, 건축가, 설계자들은 다양한 새로운 도구와 함께 인간의 창의성에 대한 깊은 이해 덕분에 놀라울 정도로 확장된 창조 능력을 경험한다.

⑫ 사람, 동물, 농작물의 유전자를 제어하는 능력이 향상되어 인간의 복지에 크게 기여하게 된다. 아울러 이에 대한 윤리적, 법적, 사회적 쟁점에 대한 광범위한 합의가 도출될 것이다.

⑬ 우주에 대한 거대한 약속이 효율적인 발사체, 우주 로봇에 의한 외계 기지 건설, 달이나 화성 또는 지구 근처 소행성의 자원 활용으로 마침내 실현된다.

⑭ 필요한 정보를 신속하고 정확하게 주고받는 환경하에서 새로운 조직 구성 및 경영 원칙이 출현하여 산업, 교육, 정부에서 관리 기능의 효율성을 크게 끌어올릴 것이다.

⑮ 보통 사람들도 정책결정자와 마찬가지로 그들의 삶에서 훨씬 뛰어난 일상적 의사결정과 창의성을 구현시켜 주는 인지적, 사회적, 생물학적 능력에 대해 훨씬 많이 자각하게 될 것이다.

⑯ 미래의 공장은 융합기술과 아울러 인간과 기계의 인터페이스 기능이 향상된 지능적 환경으로 구성될 것이다. 그 결과 대량생산과 주문 설계 모두 생산성이 극대화된다.

⑰ 농업과 식품산업은 식물과 동물의 상태를 지속적으로 감시하는 지능 센서 네트워크 덕분에 수율이 증가한다.

⑱ 교통은 유비쿼터스 실시간 정보 시스템, 고효율 차량 설계, 나노기술로 제조된 합성 물질 등에 의해 더욱 안전하고 신속해지며 비용도 저렴해진다.

⑲ 과학기술자의 연구는 다른 분야의 지식을 융합하는 창의적인 접근 방법을 도입하여 혁명적인 변화를 겪게 될 것이다.

⑳ 공식적 교육은 나노 규모에서 우주 규모까지 물리적 세계의 구조를 이해하기 위한 포괄적이고도 지적인 패러다임에 기반을 둔 커리큘럼으로 바뀐다.

이 보고서의 작성을 주도한 미하일 로코는 2020년까지 NBIC 기술융합이 20개 시나리오처럼 구현되면 인류의 생산성과 삶의 질에 있어 획기적인

융합기술로 인류 전체가 상호 연결되어 하나의 뇌처럼 된다(사진은 서울의 촛불 집회 장면).

전환점이 되는 황금시대가 도래할 것이라고 전망했다. NBIC 기술융합은 인간 융합의 기본 틀이 되어 "인류 전체가 상호 연결되어 하나의 뇌처럼 될 것"이라고 주장하면서 "개인의 생산성과 독립성이 향상되어 개인적 목표를 달성할 수 있는 기회가 훨씬 더 많이 부여될 것"이라고 덧붙였다.

참고문헌

- *Converging Technologies for Improving Human Performance,* Mihail Roco, Kluwer Academic Publishers, 2003.
- 『지식의 대융합』, 이인식, 고즈윈, 2008.
- "2025년 미국을 먹여 살릴 6대 기술", 이인식, 〈월간조선〉, 2009. 8.

이귀로(KAIST 전기및전자공학과 교수, 국가과학기술위원회 첨단융복합기술 전문위원회 위원장)

서울대학교 전자공학과를 졸업하고 미국 미네소타 대학교에서 전자공학으로 석사 및 박사 학위를 취득하였다. 금성반도체 MOS기술부 기술부장을 역임한 후 KAIST 전기및전자공학과 교수로 재직 중이다. 한국과학재단 우수 공학연구센터인 미세정보시스템연구센터의 소장과 한국과학기술원 연구처장으로 봉사하였으며, LG반도체 사외이사, 삼성전자 및 삼성전기 기술고문, LG전자기술원 원장과 부사장을 역임하였다. 현재 국가과학기술 운영위원회 위원과 첨단융복합기술 전문위원장으로서 국가 융복합 R&D 정책에 관여하고 있으며, 한국공학한림원 회원으로 활동 중이다. 21건의 국내외 특허를 등록하였으며 *Semiconductor Device Modeling for VLSI* 등 4권의 저서를 발간하였다.

3장 국가융합기술 개발 전략

융합기술 및 산업의 중요성

2006년 1월 미래학자 앨빈 토플러는 〈한국경제〉와의 신년 대담에서 "미래에 대해 예견하기는 어려우며 다만 흐름과 방향을 근거로 변화상을 추정할 수 있을 뿐이다."라고 이야기했다. 이러한 예견이 아닌 흐름에 근거해 그가 제시한 신년 화두는 '융합'이었다. "지식정보화 사회가 진전될수록 칸막이식 영역 구분은 무의미해지기 때문에 이를 앞서 실행하는 국가와 기업이 주도권을 잡을 것이며, 이에 국가 간 관계는 물론 정부 및 기업 조직과 교육 시스템도 여기에 맞게 바뀌야 한다."고 강조한 바 있다.

이제 바야흐로 융합의 시대이다. 지난 수 세기 동안 연금술로 시작된 화학공학, 증기기관 및 일관 작업 발명에 의한 기계공학, 반도체 및 집적회로의 발명에 의한 전자공학 등으로 대표되는 인류의 눈부신 기술발전은 우리 주위를 엄청나게 바꿔 왔다. 이 기술들은 각자의 고유한 산업을 창출하며 고도의 기계문명과 부의 확대에 큰 공헌을 해 왔다. 그러나 각각의 기술과 산업은 점차 성숙되어 가고 있으며, 사람들은 새로운 가치를 끊임없이 요구하고 있다. 이제 이러한 기존 기술 내지 산업의 융합을 통한 새로운 가치 및 신산업 창출은 개인과 기업은 물론 국가 경쟁력의 가장 핵심적인 역량이 되었다.

융합기술 및 산업 진흥에 있어 정부 역할의 중요성

이러한 신산업에는 기존 산업을 대체하는 대체 산업과 전혀 새로운 시장을 창출하는 대안 산업의 두 종류가 있다. 이러한 신산업 창출이 융합기술 개발 및 산업 발전의 궁극적인 목표라는 데에는 반론의 여지가 없으나, 구체적인 목표를 설정함에 있어서는 다음과 같은 여러 가지 문제가 있다.

우선 조합하는 기술과 산업의 종류가 너무 많다. 이러한 복잡도는 기술개발과 산업 창출에 큰 걸림돌이 된다. 융합 바이오기기를 예로 들어 보자. 모르핀 주사에 산소포화도 센서를 융합하여 주사량을 감시하거나 제어할 경우, 이 융합 기기의 인증 문제는 각각의 인증보다도 훨씬 까다롭다. 또한 실제 사용 시 사고가 터질 경우 누가 책임을 질 것인가? 더욱이 이것을 원격 헬스케어로 구현할 경우, 네트워크 사업자 등이 추가적으로 간여하게 되므로 수익 분배 및 책임 소재 관련 당사자가 기하급수적으로 늘어나게 된다. 이러한 복잡한 가치공급 사슬상에서 사고가 터질 경우, 과연 누가 책임을 질 것인가? 아마도 많은 분쟁이 생길 것이다.

다음으로는 앞에서 소개한 3가지 산업 부문에는 이미 전통의 강호들이 버티고 있다는 것이다. 결국 새로운 융합산업은 기존의 스테이크홀더들과 협력하거나 아니면 신산업으로써 한판 승부를 겨루어야 하는데, 여기에는 다음과 같은 문제가 있다. 첫째로, 기존 스테이크홀더들과 협력할 때 과연 신기술의 가치를 얼마나 인정받을 수 있을 것인가? 둘째로, 신제품을 갖고 기존 시장의 챔피언에게 정면으로 도전할 때는 이미 확립된 질서를 지켜가면서 싸워야 하기 때문에 더욱더 어렵다. 마지막으로 융합기술 개발에 있어서도 서로의 문화와 사용하고 있는 언어가 달라 협력이 쉽지 않다. 이는 비록 위에서 언급한 산업적인 이슈보다는 비교적 덜 심각한 것으로 생각되지만, 녹록지 않은 문제이다.

위 문제들은 시장원리만으로 풀기에는 결코 쉽지 않은 문제이며, 따라서 정부 육성 정책의 역할이 매우 중요하다. 이것이 각 선진국들이 융복합 R&D(연구개발) 및 육성책에 매우 적극적으로 투자하고 있는 이유이다. 미국은 원천기술 개발, 유럽연합은 참여 기업들이 도출한 소위 '전략적 연구주제(SRA, Strategic Research Agenda)'에 의한 하향식 과제 도출, 일본의 경우는 제조업의 강점을 강화하고 사회문제를 해결할 수 있는 융합기술의 개발 및 상용화를 중시하는 등 각자 고유의 강점을 극대화하는 방향으로 융합기술 육성책을 추진하는 점은 우리에게 시사하는 바가 크다고 본다.

우리나라의 현황 및 대응

이러한 세계적 추세에 발맞추어, 우리나라도 국가 차원에서 융합기술 분야를 육성시키기 위해 관계 부처 합동으로 '국가융합기술 발전 기본방침(2007년 4월)'을 이미 수립한 바 있다. 그러나 세부적인 실행 계획 등이 미흡하여, 이명박 정부에서는 이 기본 방침에 근거하여, '국가융합기술 발전 기본계획(2009~2013)'을 범부처적으로 준비하였다. 2008년 8월 11일에 열린 국가과학기술운영위원회에서 심의 확정된 이 계획은 향후 5년 동안 실행할 새로운 중장기 융합기술 추진 전략, 구체적인 실천 과제 등을 담고 있으며, 주요 골자는 다음과 같다.

융합기술의 정의

우선 우리나라 융합기술은 NT, BT, IT 등의 신기술 간 또는 이들과 기존 산업, 학문 간의 상승적인 결합을 통해 새로운 창조적 가치를 창출함으로써 미래의 경제와 사회, 문화의 변화를 주도하는 기술로서, [그림 1]에 나와 있는 바와 같이 3개 유형으로 정의된다.

[그림 1] 융합기술의 3개 유형

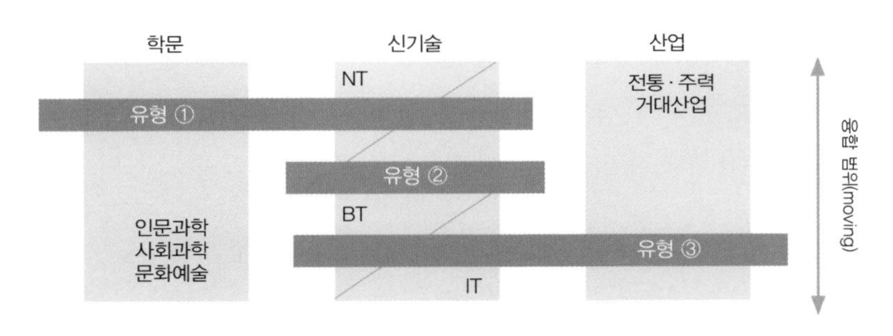

· 유형 ① : 신기술과 기존 학문(인문, 사회, 문화예술 등) 간의 융합
(예시) 융합형 콘텐츠 및 지식 서비스 기술, 뇌·인지과학 연구
· 유형 ② : 신기술 간의 융합
(예시) 나노바이오 소재, IT나노소자 기술
· 유형 ③ : 신기술과 기존 산업과의 융합
(예시) 지능형 자동차기술, 미래 첨단 도시 건설기술

전체적인 비전과 목표 설정

'창조적 융합기술 선점을 통한 신성장 동력 창출 및 글로벌 경쟁력 제고'를 비전으로 설정하였으며, 2007년 선진국 대비 50~80퍼센트 정도인 원천 융합기술 수준을 2013년에 70~90퍼센트로 향상시키고 2008년 7위 정도인 첨단기술 제품 비중을 2013년에는 5위로 끌어올리겠다는 구체적인 목표를 설정하였다. 이러한 목표를 달성하기 위해 6대 전략을 수립하였다. 그 체계도는 [그림 2]와 같다.

[그림 2] 국가융합기술의 비전과 목표

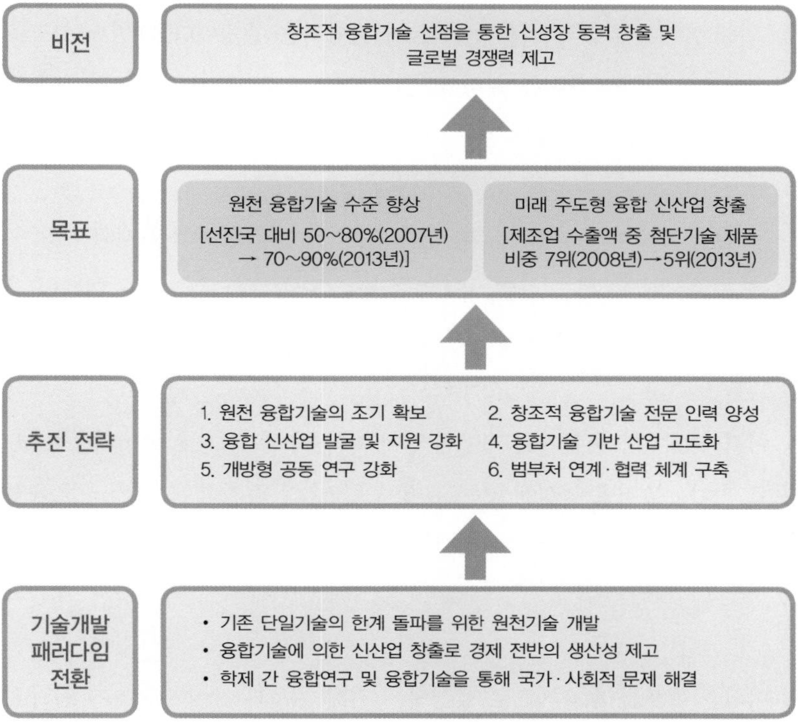

융합기술의 분류

부처별로 매우 다른 특성을 갖고 있는 융합기술을 포괄적으로 관리하기 위해 [그림 3]과 같이 활용 목적별로 분류하였다.

① 원천기술 창조형—이종 신기술 또는 신기술과 학문이 결합하여 새로운 기술을 창조하거나 융합기술을 촉진하는 유형이다. 미래 유망 파이오니어 사업(교육과학기술부), 신기술 융합형 원천기술 개발 사업(교육과학기술부) 등이 이에 속한다.

② 신산업 창출형—경제, 사회, 문화적 수요에 따른 신산업, 서비스 구현을 위해 이종 신기술과 제품 · 서비스가 결합하는 유형이다. 휴머노이드 로봇(지식경제부), 유비쿼터스 실버 융합(지식경제부 · 복건복지가족부), 차세대 융합형 콘텐츠(문화체육관광부) 등이 이에 속한다.

③ 산업 고도화형—신기술과 기존 전통산업이 결합하여 현재의 시장 수요를 충족시킬 수 있는 산업 및 서비스를 고도화하는 유형이다. 미래형 자동차(지식경제부), 유비쿼터스 도시(국토해양부) 등이 이에 속한다.

이러한 분류는 융합기술 개발에 있어 기획-수행-평가로 이어지는 R&D 프로젝트의 부처별 특성에 맞는 전략 수립 및 전 주기적 목표 관리 효율성을 크게 높일 수 있을 것으로 생각된다.

6대 전략

이러한 목표를 효율적으로 달성하기 위해 다음과 같이 6대 추진 전략을

[그림 3] 활용 목적별 융합기술 분류

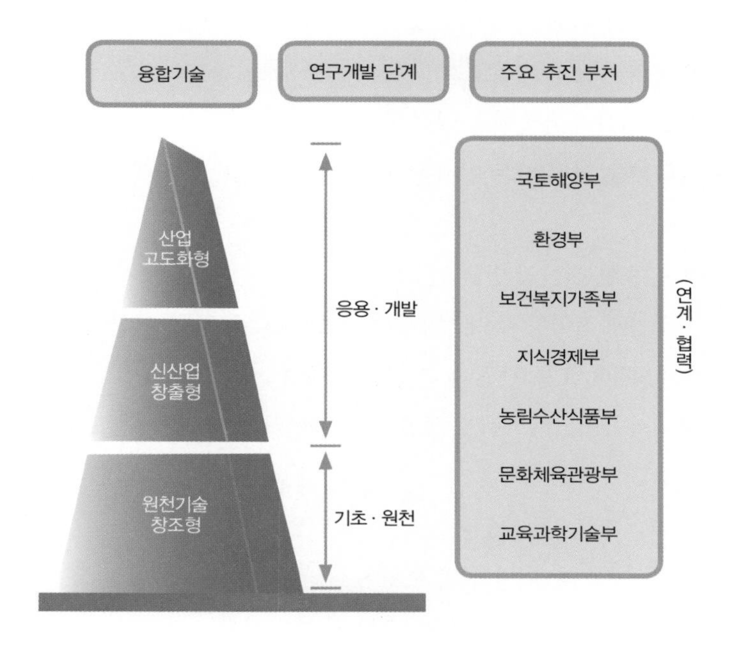

제시하였다. 여기서 원천기술의 조기 확보, 융합 신산업 발굴 및 융합기술 기반 산업 고도화 등의 3대 전략은 목적이고, 나머지 3대 전략은 이를 효율적으로 달성하기 위한 수단이다.

전략 1. 원천기술의 조기 확보

- 기초 · 원천 융합기술의 개발 강화
- 연구자의 창의적 아이디어 발굴 · 지원과 융합 분야 국제 표준화 선도

전략 2. 창조적 융합기술 전문 인력 양성

- 융합기술 관련 교육 프로그램 추진 확대 및 융합기술 전문 교육기관으로의 특성화 지원
- 수요 지향적 융합기술 인력 양성
- 융합기술 관련 전문 인력에 대한 중장기 수요 조사 및 예측 강화

전략 3. 융합 신산업 발굴 및 지원 강화

- 성숙기에 접어든 주력 산업을 대체할 새로운 융합 신산업 발굴 및 에너지, 환경, 교통 관련 융합 신산업 육성
- 국제과학비즈니스벨트 등을 융합 신산업 창출의 이정표(landmark)로 육성

전략 4. 융합기술 기반 산업 고도화

- 기존 산업의 고도화를 위한 융합 신기술 개발
- 글로벌 경쟁력 제고와 양질의 일자리 창출 효과가 큰 융합 서비스 산업 발굴 및 육성

전략 5. 개방형 공동 연구 강화

- 과학기술과 인문사회, 문화예술 등과의 학제 간 연구 본격 실시
- 다양한 분야의 전문가들이 아이디어와 정보를 공유할 수 있는 네트워크 및 커뮤니티 활성화
- 국내외 융합연구 프로그램 참여 활성화 및 관련 제도 개선

전략 6. 범부처 연계 · 협력 체계 구축

- 부처 간 연계·협력·조정 체계 강화 및 상시 지원 체계 구축
- 융합기술 발전의 법적, 제도적 기반 마련
- 융합기술 개발 성과에 대한 실용화 및 산업화 촉진

투자규모 및 향후 조치 계획

정부는 기본계획 기간 중 융합기술 개발 분야의 기존 사업 확대 및 신규 사업에 약 5조 8900억 원(융합 인력 양성 부문 포함) 규모의 예산을 투자할 예정이며, 향후 범부처적으로 긴밀히 협조하여 기본계획에 포함된 각종 실천 과제들을 내실 있게 이행할 예정이다. 관계 부처는 매년 1월까지 '첨단융복합기술 전문위원회'에 당해 연도 시행 계획(전년도 실적 포함)을 제출하고, 전문위원회는 이를 매년 3~4월에 국가과학기술위원회의 심의를 거쳐 확정하여 차년도 예산 배분 등에 활용할 예정이다.

앞으로의 과제 및 제언

정부의 이러한 강력한 정책에도 불구하고, 앞서 언급한 대로 첨단 융합기술 개발 및 산업 창출은 쉽지 않은 문제라고 본다. 그 이유는 조선, 자동차, 반도체, 휴대폰, 디지털 가전 등 기존의 주력 산업을 대체할 만한 신산업이 당장 떠오르지 않는 데 있다고 본다. 이러한 상황하에서는 다음과 같은 전략으로 대처하는 것이 바람직하다고 본다.

첫째로, 이상적인 답으로서 기존 스테이크홀더들과 싸울 일이 없는 새로운 블루오션 영역, 즉 대안 산업을 창출하는 일이다. 그러나 이러한 신산업 비즈니스 모델이나 파괴성 기술을 찾는 것은 결코 쉬운 일이 아니다. 그

간 국내 유수의 글로벌 대기업들이 차세대 먹거리로써 신성장 동력을 찾느라고 엄청난 노력을 해 오고 있으나, 기존의 주력 산업을 대체할 만한 것을 아직 찾지 못하고 있는 것이 그 예이다. 그 이유는 수많은 기술과 산업이 창출되었던 20세기와 달리, 21세기에는 대체 및 대안 산업이 이미 존재하고 있기 때문이다.

둘째로, R&D 기획 시 가치사슬과 비즈니스 모델이 철저하게 분석되어야 한다. 잘못하면 전혀 가치가 없거나, 남 좋은 일만 시켜 주거나, 기술을 위한 기술개발이 되기 십상이다. 이런 분석은 연구자들에게 가치 있는 연구 분야를 찾는 데 큰 도움을 줄 뿐만 아니라, 증권 투자 같은 재테크에도 도움이 된다. 실례로 나는 몇 년 전 대기업에서 태양전지 셀 제조 사업을 기획할 때, 셀 제조 가치사슬상에 있는 아주 작은 소재 관련 벤처 회사를 발견하고 여기에 투자해서 재미를 본 경험이 있다. 공과대학에서 기초연구를 기획할 때도 논문보다는 특허 조사를 더 철저하게 하는 것이 좋다고 본다. 나는 특허를 들여다보면서 공학적 가치가 뛰어난 논문 테마를 발견한 적이 여러 번 있다.

셋째로, 처음부터 너무 욕심을 내지 말고 일을 작게 만들어 반드시 성공하는 체험을 갖는 것이 중요하다고 본다. 이를 위해서는 제이슨 제닝스가 이야기한 대로 기존 질서를 뛰어넘을 수 있도록 생각은 크게 하고(think big) 활동은 작게(act small) 만들어 반드시 성취하는 전략이 바람직하지 않을까? 특히 그동안 규모에 의한 대량생산으로 경쟁력을 확보해 왔던 우리는, 이제 산업의 고도화를 위해서는 어느 정도의 레슨 비용, 특히 시간 지불이 필요하다고 본다. 예전에는 돈으로 (기술 확보 및 사업 경험에 필요한) 시간을 살 수 있었지만, 이제는 그렇게 하기 어려운 시대가 되었다. 정부의 R&D가 기업의 이러한 비용과 시간을 줄이는 데 도움이 되도록 추진되어야 할 것이다.

1990년대 초반 모 재벌 총수가 이야기한 대로 세상은 넓고 할 일은 많다. 우리 선배들은 직관에 의하여 글로벌 대기업을 창출하는 데 성공했다. 이제 우리 후배들은 이런 직관보다는 치밀한 전략과 실행을 통하여 포유류와 같이 비록 크기는 작지만 강한 기업을 창출해야 할 때라고 본다. 현재 국가 주도로 추진되고 있는 첨단 융합기술 개발 사업이 10~20년 뒤에 이러한 강소 기업 탄생으로 이어질 수 있는 밑거름이 되기 바란다.

참고문헌

- "국가융합기술 발전 기본계획(2009~2013)", 교육과학기술부, 2008.

한 욱(산업기술연구회 이사장)

육사와 서울대를 거쳐 미국 유타 대학교에서 지구물리학으로 석사 및 박사 학위를 받았다. 육군사관학교, 서울대학교, 연세대학교, 중국과학기술대학교 및 일본방위대학교에서 지구환경학을 강의하였으며, 남 · 북극 과학기지 및 독일 BWB 연구소 등의 환경 현장에서 수많은 연구 실적을 올렸다. 아태우주지구동력학회(APSG) 이사, 국가과학기술위원회 국가개발연구사업 평가 · 사전조정위원, 기초연구진흥협의회 위원, 원자력안전위원회 위원, 'UN이 정한 지구의 해' 한국위원회 공동위원장, 육사 명예교수 등을 역임했고 2008년 6월부터 산업기술연구회 이사장으로 재직 중이다. 저서로는 『환경과 함께하는 무기체계』 『지구환경과학』 『지구환경시스템』(공저) 등이 있다.

4장 기술융합과 산업정책

거스를 수 없는 시대의 변화

최근 서울 신당동 '떡볶이 골목'에 작은 변화가 생겼다. '며느리도 모른다'던 신당동 떡볶이의 원조 '마복림 할머니네' 떡볶이 맛의 비밀이 막내아들과 며느리들에게 전해져 근처에 분점이 탄생한 것이다. 주목할 점은 이러한 변화가 신당동 떡볶이 골목에 등장한 '문화 융합형' 떡볶이 집의 등장 때문이었다는 점이다. 디제이를 고용해 신청곡을 틀어 주는 떡볶이 집이 생기고 치즈 떡볶이, 해물 떡볶이 같은 퓨전 메뉴를 내놓은 떡볶이 집도 잇따라 등장했다. 이러한 '융합 떡볶이 집'들의 등장이 마복림 할머니로 하여금 맛의 비밀을 공개하게 만든 것이다.

현대는 변화의 시대이다. 세상에서 영원히 변하지 않는 법칙은 세상은 바뀐다는 것이다. 현대사회에서 국가의 미래를 책임지기 위해서는 먼저 세상의 물결을 따라서 흐르는 강과 하나가 되어 변해야 한다. 이는 비단 신당동 떡볶이 골목에서만 일어나는 일은 아니다.

지식기반사회에서 과학 및 산업 기술은 국가의 흥망성쇠가 달린 영역이며 성장 동력의 핵심이다. 우리는 세계가 하나로 연결된 정보화시대를 살고 있으며, 더 이상 다른 나라를 모방하고 따라가는 과학기술로는 유의미한 발전을 이룰 수 없다. 선진국 과학자들이 손대지 않은 미지의 영역에서 세계 최고가 되어 미래를 선도하는 기술, 그것이 바로 시대기술이다.

그럼 근래의 시대기술은 무엇일까. 바로 융합기술이다. 현재 산업기술계에서 융복합의 바람은 거스를 수 없는 대세가 됐다.

미국의 세계적인 기업 애플(Apple)사는 컴퓨터만을 생산하는 기업이었다. 하지만 IBM에 시장점유율이 밀리기 시작하자 MP3 플레이어 시장에 눈을 돌렸다. 이미 포화 상태였던 MP3 플레이어 시장에 진입하기 위해 애플사가 던진 전략은 바로 소프트웨어와 하드웨어의 융합이었다. 즉 아이팟(iPod)이라는 하드웨어에 온라인 음악 스토어 아이튠즈(iTunes)라는 소프트웨어를 연결한 것이다. 이 융합 전략은 크게 성공을 거둬, 애플사가 MP3 플레이어 아이팟으로 한 해 벌어들이는 매출액은 무려 35조 원이며, 그중 15퍼센트인 5조 원가량이 순이익이다.

또 다른 예로, 온라인 물류 유통의 혁명을 일으킨 세계 최대 온라인 쇼핑몰 아마존닷컴(Amazon.com)은 인터넷 책 판매 서비스에 전자 책 리더기를 융합했다. 홈페이지에서 다운로드한 '책'을 얇은 액정 화면에 담아 읽는 리더기 '킨들'로, 아마존닷컴은 한 해에 20조 원이 넘는 돈을 벌어들인다.

이제 융합기술은 'NT, BT, IT, 인지과학 등의 상호 의존적 결합을 통해 공동의 목표를 추구하면서 서로의 기술들을 가능하게 해 주는 기반기술'

융합 시대에는 각자의 벽을 허물고
소통의 장으로 나와야 한다.

이라는 기존의 정의를 넘어, 사회경제적 수요를 해결하기 위한 학문 및 산업과의 결합까지 포함하는 더 넓은 개념으로 확장되는 추세다.

테크닉보다 건전한 철학

우리 정부도 융합기술의 중요성을 인식해 2008년 '국가융합기술 발전 기본계획'을 수립하고 신기술 융합을 적극 추진 중이다. 우리나라가 융합기술 선진국이 되기 위해 필요한 일은 무엇일까.

첫째로 개방을 꺼리며 기술 간 융합을 어렵게 만드는 폐쇄적인 문화를 없애야 한다. '쟁이 정신'에서 비롯된 '칸막이 정신'과 다양성을 인정하지 않는 '엘리트 의식'이 융합기술 개발의 가장 큰 걸림돌이다.

유념할 것은 테크닉보다 중요한 것이 바로 건전한 철학이라는 점이다. 테크닉을 기르기에 앞서 다양한 사회적 성찰을 비판적으로 수용하는 자세를 배우는 일이 우선이라는 뜻이다. 과학기술 지식이 중요성을 더해 갈수록 가치와 정신, 문화 등 그 바탕이 되는 철학은 더욱 중요해진다. 철학은 하루가 다르게 발전하는 과학기술이 나아가야 할 방향을 정해 주는 지침이기 때문이다. '변화와 건전성'을 추구하여 연구기관의 체질과 문화를 격상시키고, 올바른 가치와 정신, 문화를 고양시켜 국가 R&D의 품격을 높여야 한다.

기존의 평범한 과학자, 곧 과학기술(established technology)을 배워서 활용을 잘한 모범적인 과학기술자(good scientist)보다는 도전 정신과 모험심, 신사도 정신으로 고정관념이나 통념을 깨고 상상력, 창의력이 풍부한 파괴성 기술(disruptive technology)을 배태한 과학기술 연구자(great scientist)가 존중받고 올바른 평가를 받는 문화를 만들어야 한다. 과학기술에서의 혁신, 추진력, 기업 정신 그리고 창의성은 의식과 열정의 문제이며 사명감과 도전 정신, 인성과 소양에 달려 있기 때문이다. 우리가 선대로부터 물려받은 문화유산보다 더 많은 양질의 고급 문화를 다음 세대에 넘겨주기 위해 진정성을 갖고 노력해야 한다.

이를 위해서는 도전과 실패, 시행착오의 경험을 통하여 문제해결 능력을 배양해 '21세기형 문제'에 능동적으로 대처할 수 있는 과학기술 인재 양성이 절실하다. 여기서 '21세기형 문제'란 20세기 학문적 틀에 구애받지 않고 인문학, 사회과학, 자연과학, 기술공학, 예술 등의 경계에 있거나 여러 분야에 영향을 미치는 문제들을 말한다. 지식기반사회의 연구자들은, 20세기 환원주의적 접근을 통해 얻은 각 분야별 지식을 통합하고 아우르는 식견을 가진 존재여야 한다.

세상은 단순한 것들의 조합을 넘어 새로운 가치를 창조할 것을 요구하고 있다. M.C. 에셔의 〈나선(Spirals)〉(1953)

칸막이 없는 융합의 장

'21세기형 문제'를 해결할 수 있는 식견을 가진 인재를 양성하려면 연구자들이 활발하게 충돌하고 융합할 수 있는 장을 만들어 주어야 한다. 이것이 우리가 융합기술 선진국으로 도약하기 위해서 거쳐야 할 두 번째 필수 요건이다.

세계적으로 높은 교육열을 자랑하는 나라로 흔히 우리나라와 이스라엘을 꼽는다. 그러나 학생들이 공부에 매진하는 두 나라의 도서관을 비교해 보면 놀랍도록 차이가 난다. 우리나라는 높은 칸막이로 둘러싸인 좁은 공간에서 각자 조용히 '자신과의 싸움'에 몰두하는 것이 전형적인 도서관의 모습이다. 반면 유대인의 전통 도서관인 '예시바'에는 칸막이가 없다. 예시바에는 여러 명이 서로 토론할 수 있는 개방형 책상만 있을 뿐이다. 이곳은 끊임없이 토론하는 학생들로 무척이나 시끄럽다. 토론을 통해서 새로운 지식, 새로운 견해를 받아들임으로써 자신을 더욱 발전시킨다.

유대인이 세계 인구 0.2퍼센트, 미국인의 2퍼센트밖에 차지하지 않지만, 세계의 명문 하버드 대와 예일 대 학생의 30퍼센트를 차지하고 다수의 노벨상 수상자를 배출하고 있는 비결은 지식의 융합을 가능하게 한 유대인들의 '칸막이가 없는 도서관'에 있을지도 모른다.

21세기 지식융합의 장에 대한 구체적인 사례로 미국 MIT의 미디어랩을 보자. 1980년대 니콜라스 네그로폰테 교수는 21세기까지 컴퓨터, 방송, 출판 산업이 수렴할 것을 예측하고, 다학제적 연구에 이해가 깊던 MIT 제롬 위즈너 총장의 지원 아래 미디어와 인간과 컴퓨터의 상호 작용 등을 연구할 목적으로 미디어랩을 설립하였다.

미디어랩은 현재 약 30개의 연구 그룹이 신경공학(neurotechnology)에서 미래 도시의 전기자동차까지 300여 가지의 다양한 프로젝트를 수행하고 있다. 이곳에서는 새로운 아이디어들이 융합기술의 용광로 속에서 매일같이 탄생하고 있다. 그 비결은 무엇일까.

미디어랩은 설립 초기 예술이나 교육처럼 MIT에 존재하지 않는 부분을 끌어들이는 한편, MIT의 기존 스폰서가 아닌 기업들을 스폰서로 끌어들여 대학 내 경쟁을 최소화하는 전략을 택했다. 또한 미학, 물리학, 전자공학 등 다양한 전공자들이 수평적인 관계를 기반으로 자율적으로 각 그룹의 연구 방향을 정하도록 했다. 실패는 용납하지만 정체는 금물인 문화, 그리고 파격적인 연구 수행과 끊임없이 변화하는 연구 영역의 변화가 바로 미디어랩을 세계 융합기술의 요람으로 거듭날 수 있게 한 원동력이다.

우리나라는 그동안 사회의 요구 반영에 미흡한 하향식 정책 때문에 좋은 연구라도 그 결과가 연구실 수준에 그치는 경우가 많았다. 우리나라가 진정한 융합기술 선진국이 되기 위해서는 '칸막이 문화(closed innovation)'에서 벗어나 '열린 혁신(open innovation)'이 가능하도록 과학기술의 유동성 확보에 역점을 두고 빠르고 복잡하게 변화하는 산업에 대응하는 기술 정책을 수립해야 한다. 여기에는 국가와 사회의 인내와 용기가 절대적으로 필요하다.

지혜가 풍부했던 우리 선조는 급할수록 한 번 더 뒤돌아보라고 했다. 실패를 용인하되 이를 통해 지식과 더불어 지혜를 쌓아 미지의 미래를 대비하는 분위기 조성, 산업기술 정책이 중요하며 필요한 이유가 바로 여기에 있다.

협력과 조정

과학과 기술은 본질적으로 다르다. 과학은 논리적으로 학습이 가능하며 기술은 경험, 실전 그리고 사례를 통해서 습득이 가능하다. 창조의 영역은 예술, 발견의 영역은 과학이며, 기술은 두 영역의 중첩이다. 그러나 과학기술의 격(格)을 높이는 일은 과학기술인 전체의 몫이다.

중국, 일본, 인도 등의 괄목할 만한 발전이 우리를 긴장하게 하는 현시점에서 우리에게 명확한 목적과 목표, 선택과 포기 전략이 없다면 키 없는 배처럼 갈 곳에 도달하지 못하고 방향 없이 빙빙 떠도는 위기를 겪게 될 것이다. 이러한 현실 속에서 위기의식을 가지고 위기를 극복하는 것은 필요조건이며 이를 도약의 기회로 삼는 것은 충분조건이다. 따라서 도약의 발판으로 삼을 산업기술 정책은 우리의 미래를 희망으로 만들어 가는 시발점이다.

융합 시대에는 서로 다른 전문 영역을 갖는 연구소, 연구원들 간의 협력이 무엇보다도 중요하다. 그들뿐 아니라 산·학·연·관 모두가 긴밀히 소통해야 한다. 향후 우리가 직면할 문제들은 단순한 기술의 진보로 풀리는 것들이 아니라 과학기술의 진보에 창조적 사고를 더하여야만 해결될 수 있는 종류의 것들이기 때문이다.

선진국들과 다른 우리나라의 실정을 감안하여, 우리의 미래를 책임질 신성장 영역을 전략적으로 발굴하고 자원을 집중하여 중장기 융합연구를 수행할 수 있는 R&D 체계와 환경을 만들어야 한다. 과학기술계에 대한 간섭을 최대한 자제하고 과감한 예산과 권한을 이양하여 연구원들 스스로가 자유로운 분위기 아래에서 책임감을 가지고 연구에 몰입할 수 있는 환경을 만들어 주는 것이 중요하다.

정부는 성실한 실패가 용인될 수 있는 사회 분위기를 조성하고, 창의성을 억누르지 않는 방향으로 각종 법과 제도를 제정·개정하여 창의성이 사회 내에 풍부하게 발현될 수 있도록 지원해야 한다. 동시에 지적자산을 엄격하게 보호해야 한다. 힘들게 만든 성과가 사장되지 않고 그것을 만들어 낸 연구원들이나 기업가들에게 충분한 보상으로 돌아갈 때, 세계적 학자들이나 연구원들이 우리나라를 찾고 또 그들과 협력하여 우리나라의 경제 발전에 기여할 수 있는 기회를 맞을 수 있다.

참고문헌

- *The Art of Strategy,* Avinash K. Dixit & Barry J. Nalebuff, Norton Co., 2008. / 『전략의 탄생』, 이건식 역, 쌤앤파커스, 2009.
- 『기술혁신의 경제학』, 이원영, 생능출판사, 2008.
- "새해 새설계 기관장에게 듣는다", 한욱 산업기술연구회 이사장 인터뷰, 〈전자신문〉, 2010. 1. 8.
- 『진화하는 테크놀로지』, 박영준 외, 생각의나무, 2009.

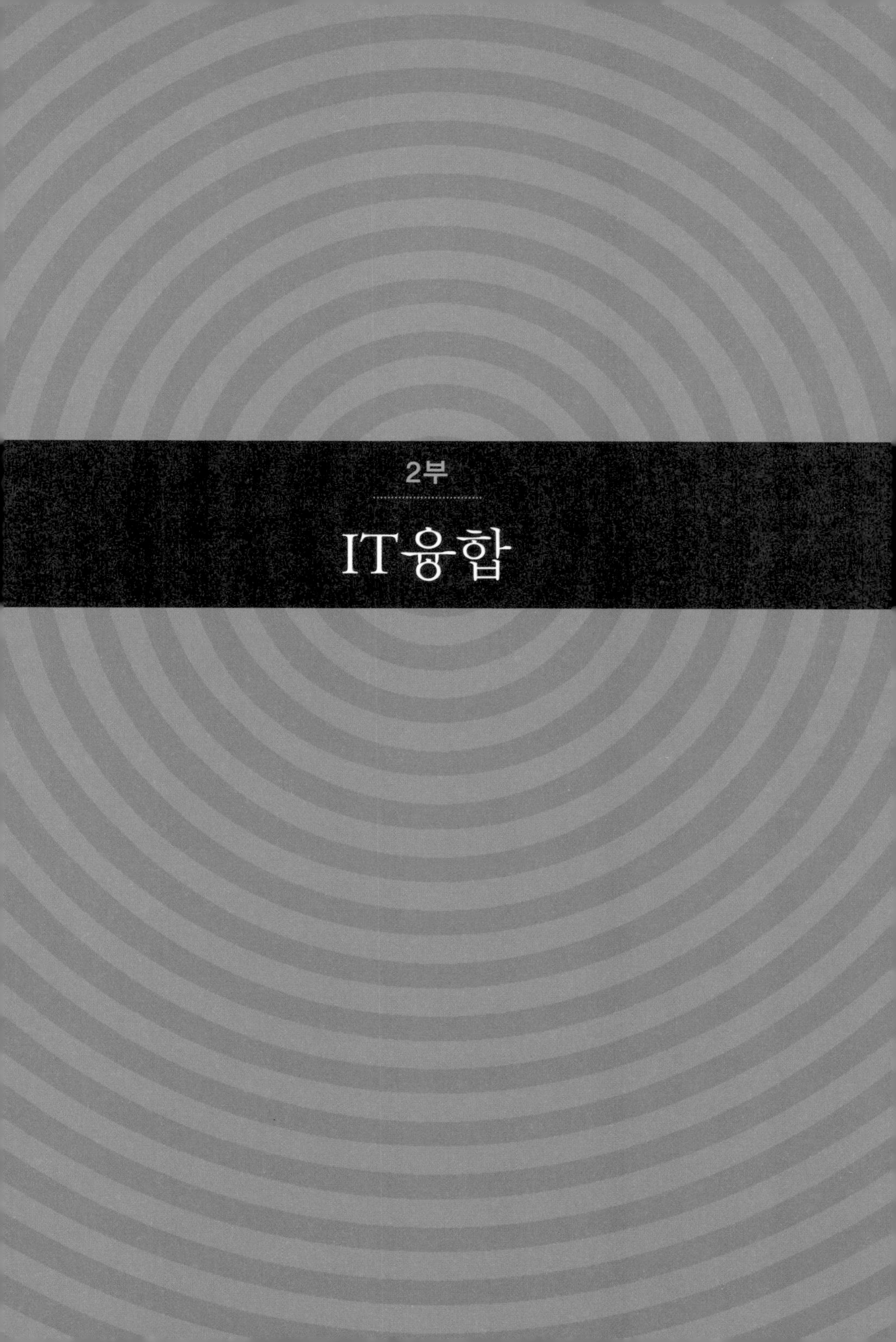

2부

IT융합

박영준(서울대학교 전기공학부 교수)

서울대학교 전기공학과에서 학사와 석사 학위를 취득하고 해군사관학교 교관으로 병역의무를 수행한 뒤 미국 매사추세츠 대학에서 반도체소자이론으로 박사 학위를 받았다. 미국 IBM과 한국 LG반도체에서 책임연구원으로 근무했으며, 하이닉스 반도체 연구소장을 지냈다. 1988년부터 서울대 전기공학부 교수로 재직하며 반도체공동연구소, 나노응용시스템 국가핵심연구센터 설립에 참여했다. 하이닉스 석좌교수를 역임하고 있으며, 한국공학한림원 회원으로 활동 중이다. 반도체와 나노기술의 융합과 바이오융합 분야의 신기술 창출에 몰두하고 있다. 100편 이상의 국제 논문을 발표했으며 저서로 『나노캐드와 함께하는 반도체소자이론』『VLSI 소자이론』 등이 있다.

1장 IT기술 융합(디지털 컨버전스)

정보의 가치를 나타내는 말 '지피지기면 백전백승'

상대방을 알고 나를 알면 항상 이긴다는 명언은 중국 춘추시대 전술가인 손자의 병법을 나타내는 가장 유명한 말이다. 요즈음 말로 하면 적의 정보를 알아내고, 나의 상황을 객관적으로 분석하면 필승한다는 말이다. 당연한 말 같지만, 전쟁이 아닌 일상생활에서도 정보의 힘이 얼마나 중요한지는 아무리 강조해도 지나치지 않다. 자본주의 경제를 결정하는 주식시장에서, 투자를 해서 이익도 얻고 우량 기업을 살리려면 회사의 정보와 경제의 흐름을 정확하게 파악해야 한다. 국가정책을 세우려면 국제사회에서 일어나는 일들, 세계 자원의 흐름, 상대 국가의 정책에 대한 정보를 정확히 파악하지 않고서는 불가능하다. 상대방의 정보를 알고 난 후 대응하는 것이야말로 개인의 선택과 정부의 정책 수립의 알파요 오메가라고 할 수 있다.

이와 같이 인간의 역사는 정보를 빨리 획득, 분석하고 통신하기 위한 역사라고도 할 수 있다. 1900년대 초까지는 기술 후진국이었던 미국이 독일의 유보트(U보트)를 이길 수 있었던 것, 제2차 세계대전에서 진주만 공격으로 초토화되었던 미국이 일본을 이길 수 있었던 것, 그리고 이순신 장군이 임진왜란에서 일본을 이길 수 있었던 것도 (당시로는) 첨단기술을 이용해서 정보를 획득할 수 있었기에 가능했다.

현대적 의미의 IT를 가져다준 전기(轉機)는 어디서 일어난 것일까. 필자는 서슴없이 두 가지 사건, 즉 무선통신의 발명과 반도체의 발명이라고 말하고 싶다.

1887년 패러데이가 자석을 움직이면 옆에 있는 코일에서 전류가 생긴다는 것을 발견한 이후, 인류는 이러한 전자기 전파 현상을 이용해서 '정보'를 멀리 보낼 수 있는 방법을 연구하기 시작했다. 그리고 10년 후, 마르코니가 헤르츠의 전자기를 이용해서 14킬로미터 떨어진 거리에서 통신이 가능하다는 것을 보였다.

두 번째 사건은 반도체를 이용한 트랜지스터의 발견이다. 트랜지스터 이전에 인류는 진공관을 이용해서 정보를 처리하였다. 진공관은 깨지기 쉬운 유리관으로 진공 상태를 만든 후 두 개의 전극 사이에 전류를 흘리기 위해서 한전극(cathode, 캐소드라고도 한다)을 뜨겁게 달구어야 하기 때문에 전력이 많이 들고 신뢰성에도 문제가 있었다. 진공관 대신에 고체인 반도체로 진공관의 기능인 정류 기능(전류를 한 방향으로만 흘리는 기능으로 무선기에 중요한 역할을 한다)과 증폭, 스위치 기능을 구현하고 나서, 인류는 마치 기다렸다는 듯이 정보혁명을 시작하게 되었다.

정보혁명은 반도체기술과 디지털기술로 가능

무선기술이 공간적으로 인간의 한계를 넓혀 주었다고 하면, 반도체기술은 정보의 양과 시간의 한계를 넓혀 주었다고 할 수 있다. 전류를 흘리기도 하고 차단시키기도 하는 기능을 가진 트랜지스터와 작은 신호를 증폭시키는 기능 소자(device)를 내놓은 후, 한 개의 반도체 조각(칩)에 수많은 트랜지스터를 집적시키는 기술이 출현했다. 집적회로(IC, Integrated Circuit)가 그것이다. 필자가 대학원생이었을 당시 한 개의 IC에 1,000개의 트랜지스터를 심은 '기억칩(DRAM)'이 인텔(Intel)에 의해서 출현하자, 인류는 경이로운 기술의 발전에 놀라움을 표할 뿐이었다. 그로부터 40년도 채 지나지 않아, 한국의 기술자들은 이제 기흥과 이천에서 같은 크기의 칩에 20억 개(40년 만에 100만 배 이상)의 트랜지스터를 디램(DRAM)에 집적시키면서, 기억칩 분야에서는 세계를 제패하게 되었다.

기억칩과 함께 정보기기의 핵심인 마이크로프로세서는 미국의 인텔이 제패하고 있다. 마이크로프로세서는 피시(PC)와 같은 정보처리 기기의 핵심 부품 자리를 차지하면서 디지털 혁명을 주도했다. 즉 정보의 처리, 전송을 아날로그로 처리하지 않고, 디지털 신호인 1과 0으로 변환시키자는 아이디어가 정보혁명을 가능하게 한 전환점이었다. 요즈음 보기 힘든 LP 판의 원리는 폴리머로 만든 판에 소리의 크기를 동심원의 자국으로 새겨 넣은 후, 가는 침의 떨림으로 재생해 내는 것이다. 이러한 아날로그 방식은 시간이 갈수록 마모되고 다른 곳으로 통신할 때 정확도가 떨어진다. 그러나 신호를 디지털로 바꾸면 1과 0으로 저장하고 통신하므로, 무한히 저장할 수 있고 오차 없이 통신할 수 있다.

[그림 1]은 각 IT기기들이 디지털 신호로 변환된 역사를 보여 준다. 약

[그림 1] IT기기들이 디지털 신호로 변환된 역사

	아날로그	디지털화	융합화	
물품	1954~1970년대	1980년대	1990년대	2000년대
가전제품	1954 컬러텔레비전 방송(미국)	1980 컬러텔레비전 방송(한국)	1998 디지털텔레비전(DVB) 방송(영국)	2001 디지털텔레비전(ATSC) 방송(한국)
	1964 VTR 1979 워크맨	1983 CD 플레이어 1986 DVD 플레이어	1995 DSC (디지털 스틸 카메라) 1997 MP3	2005 DMB
무선통신		1983 AMPS 1992 GSM	1996 CDMA 1999 블루투스 1999 WLAN -WiFi	2004 WCDMA 카메라폰 2005 DMB HSDPA RFID 2006 와이브로
피시	1975 알타이르 (Altair) 피시	1981 IBM 피시 1982 피시랜 (PC-LAN) 1983 IP, TCP 1984 PDA 1989 웹 표준 (Web std)	1993 모자이크 (웹 브라우저) 1994 넷스케이프 (웹 브라우저) 1995 3D 그래픽 1996 멀티미디어 피시 1999 초고속 인터넷 (ADSL)	
반도체	1958 IC 1970 1킬로비트 디램 1971 4비트 MPU	1980 VLSI 1982 DSP 1985 32비트 MPU	1996 1기가비트 디램 1997 디지털 텔레비전 칩셋	2006 와이브로

1980년대는 디지털화, 1990년대는 무선통신화, 그리고 2000년대는 디지털기기들이 융합화하는 경향을 보이고 있다. 이러한 정보혁명은 반도체기술(맨 아래)에 의해서 가능했다.

자로 된 이름을 이해하는 데도 어려움이 있을 정도로 많은 기기들이 있었다. 하지만 1980년대의 디지털화, 2000년대의 디지털 융합화를 거치면서 가전, 무선통신, 피시들이 서로의 기능을 '융합'하였다는 것과 이것이 반도체기술에 의해서 가능했다는 이해만으로 충분할 것이다.

최초의 디지털 혁명은 1980년 첫 개인용 컴퓨터인 IBM 컴퓨터가 출현하고 나서부터이다. 당시에는 70억 인구 개개인이 컴퓨터를 가지게 된다는 개인용 컴퓨터의 개념을 모든 사람들이 그저 물건을 팔기 위해 만든 구호 정도로 생각했다. 지금은 노트북, 그리고 휴대전화도 컴퓨터 기능을 가진 것을 고려하면 개인이 몇 대씩의 컴퓨터를 가지고 있는 셈이다. 당시에는 허황된 꿈이었던 '개인당 한 대의 컴퓨터'가 실현 가능했던 것은, 역시 계산을 위한 한 개의 칩(microprocessor)과 기억을 위한 또 다른 한 개의 칩(memory, 대부분의 계산 시 정보는 디램에 저장된다)으로 중요 컴퓨터 기능을 만들 수 있었기 때문이다. 다음에 필요한 것은 그저 큰 정보를 저장해 둘 하드디스크와 입출력을 시킬 자판과 모니터 정도이다.

마이크로프로세서는 미국의 인텔이, 디램은 한국의 삼성과 하이닉스가 세계 최고가 된 것을 생각하면 참으로 자랑스러운 일이다. 필자가 대학원에 재학 중이던 1975년에는 서울대학교 공과대학에 16킬로바이트 메모리가 하나 있었다. 그리고 가격이 만 달러는 더 나갔다. 그러나 지금은 그것의 백만 배가 되는 16기가바이트 메모리를 몇만 원이면 산다. [그림 2]는 1킬로비트 메모리를 자기코어를 이용해서 만든 장치와 같은 용량의 기억칩, 그리고 256메가비트 디램의 칩 사진을 보인 것이다. 40년간 인간이 이룩한 기술혁명을 느낄 수 있다.

두 번째 혁명은 디지털 융합이 가져왔다. 즉 계산과 저장의 기능에 '통신하고', '음악을 저장하고', '사진과 동영상을 찍는 기능'을 모두 디지털로 변

[그림 2] 기억칩의 변천

1킬로비트 자기코어 메모리

인텔의 1킬로비트
디램(1970)

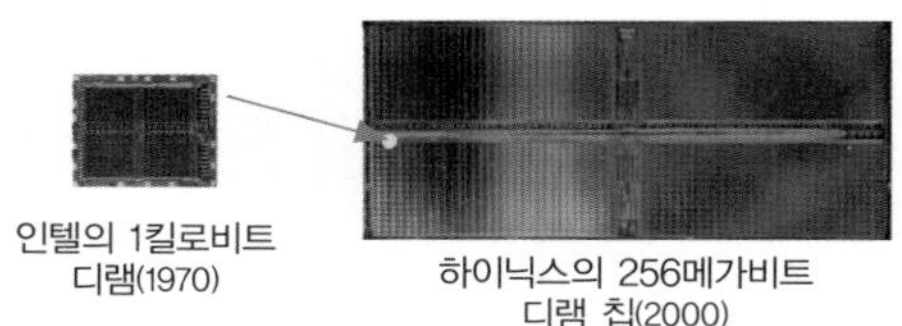

하이닉스의 256메가비트
디램 칩(2000)

1킬로비트 자기코어 메모리, 그리고 1킬로비트 디램과 256메가비트 디램 칩. 1킬로비트 자기코어 메모리의 크기는 가로세로 각각 1미터 정도이고, 1킬로비트 디램은 1센티미터 정도이므로 약 만 배 정도 크기가 작아졌다.

환하고, 위치나 시간의 제약 없이 통신하는 혁명이 그것이다. 지금은 일상생활의 일부가 된 디지털 음악이 출현한 것도 20년 정도밖에 되지 않았다. 사진 필름을 현상해 주던 사진점도 마치 호랑이 담배 피우던 시절로 느껴진다. 전화기 역시 CDMA라는 통신 방식을 채택하면서 디지털 정보를 빠르고 정확하게 통신할 수 있게 되었다. 이제 전화기, 음악, 영상, 심지어 컴퓨터 기능이 융합되면서 구분이 모호해지게 되었다.

1940년대 첫 IBM 컴퓨터가 출현할 때, 전 세계에 컴퓨터가 몇 대만 있어도 된다고 생각했던 것과는 다르게 디지털 혁명은 초기 컴퓨터 전문가가 상상할 수 없는 방향으로 전개되었다. 디지털 정보가 융합되면서, 단순한 계산의 영역을 지나 게임, 교육, 서로 간의 대화를 가능케 함으로써 인간에게 다른 문화를 만들어 주었기 때문이다. 집채만 하던 당시의 컴퓨터보다 기능이 좋은 손바닥만 한 컴퓨터가 매년 수억 대씩 생산되고 있다(휴대전화 역시 훌륭한 컴퓨터이다). 인간이 디지털 혁명을 주도하는 것인지, 디지털기술 자체가 어떤 생명력이 있어서 진화해 나가는지 모를 정도로 발전의 속도가 빨라지고 있다.

21세기 사람들은 이제 정보가 어디에 저장되어 있는지는 상관없다고 느끼기 시작했다. 어디에 있든지 내가 필요할 때, 안전하게 정보를 사용하고 처리하고 통신할 수만 있으면 된다고 생각하게 된 것이다. 이러한 요구는 소위 '클라우드 컴퓨팅'이라는 방식으로 새로운 디지털 혁명을 예고하고 있다.

21세기 IT 혁명은 분자와의 융합에서

반도체 트랜지스터가 출현한 지 60년이 되었다. 30년을 한 세대로 생각하면 두 세대가 지나가고 있는 셈이다. 이 두 세대 동안 인류는 정보혁명을 거쳤다. 인류의 역사를 약 100만 년이라고 잡는다면, 3일의 시간 중 마지막 1초 안에 모든 일을 마친 것과 같은 형국이다. 앞에 든 예에서 우리는 정보혁명의 두 가지 특징을 간파할 수 있다. 첫째는 빠르게 진행되었다는 점이고, 둘째는 인류 전체에 광범위하게 영향을 미쳤다는 점이다.

두 가지 특징의 뒤에는 다른 분야와의 '융합'이라는 얼굴이 숨어 있다. 디지털이 다른 분야와 융합되고 새로운 기술과 문화를 만들어 내지 않았다면 3일 동안 살던 사람이 1초 안에 모든 일을 뚝딱할 수 있겠는가.

IT 혁명이 디지털 문화와 융합되면서 과거의 혁명을 주도했다면, 21세기의 혁명은 IT와 타 분야와의 융합이 주도할 것이다. 영화 만들기에 필수가 된 그래픽 기술, 건축, 기계 설계, 패션 디자인 등에의 응용은 아주 작은 예이다. 인공위성으로 교통정보를 가르쳐 주듯이, 위험 요소를 미리 인식해서 교통사고를 없앨 것이다. 에너지원을 인공위성을 통해서 탐색하는 기술, 그리고 밤에 남는 에너지를 저장하고, 낮에 필요한 곳에 보내는 스마트 그리드 기술 등 IT 융합기술의 예는 셀 수 없이 많다. 오죽했으면 디지털 네이티브라고 하겠는가. 디지털로 태어나서 디지털로 생활하다가 디지털로 생을 마감하는 시대가 도래했다.

그러나 아직 밝은 면만 있는 것은 아니다. 여전히 심장이 설 때가 되어서야 심장병이 있었다는 것을 알고, 말기가 되어서야 암이었다는 걸 아는 사람들이 위험에 처해 있다. 또 급한 환자가 발생하면 이 병원 저 병원 찾아다니느라 소생할 기회를 놓치는 경우가 허다하다. 2009년 세계적으로 퍼졌던 신종 인플루엔자가 또 출현할지도 모르고, 조류독감이 무방비로 퍼져서 순식간에 수백만 마리의 가축을 죽일 수도 있다. 환경, 에너지 문제가 인류 전체의 앞날을 어둡게 만드는 요인으로 작용하고 있다.

이제 IT기술은 환경, 에너지, 그리고 건강 문제에 기여할 순서이다. 그리고 이는 IT기술의 '분자 융합'에 의해서 가능할 것이다. 20세기 말, 나노기술(사실 반도체기술이 이끌었지만)이 분자 단위로 물질을 조작하고 이용할 수 있는 길을 열기 시작했다. 그리고 자연이 나노 크기의 분자 단위를 이용해서 경이로운 생명현상을 만들어 냈다는 것을 이해하고 이를 모사하기 시작했다. 속세에 물들지 않는 사람을 비유하는 연꽃의 이파리도 사실은 표면이 나노 크기로 두둘두둘해서 물 분자가 잘 붙지 못하도록 한 자연의 조화이고, 바닷가의 아름다운 조개들 또한 화학 염료 같은 것이 빛깔을 띠는 것이 아니라 표면의 나노구조가 햇빛을 반사하는 나노광학의 조화라는 것을 알게 되었다. 이러한 것들은 자연을 화학, 물리, 생물학자들의 개별 분야가 아닌 학문 전체의 시각으로 바라보아야 한다는 점을 암시하고

[그림 3] DNA의 크기와 반도체 트랜지스터의 크기 비교

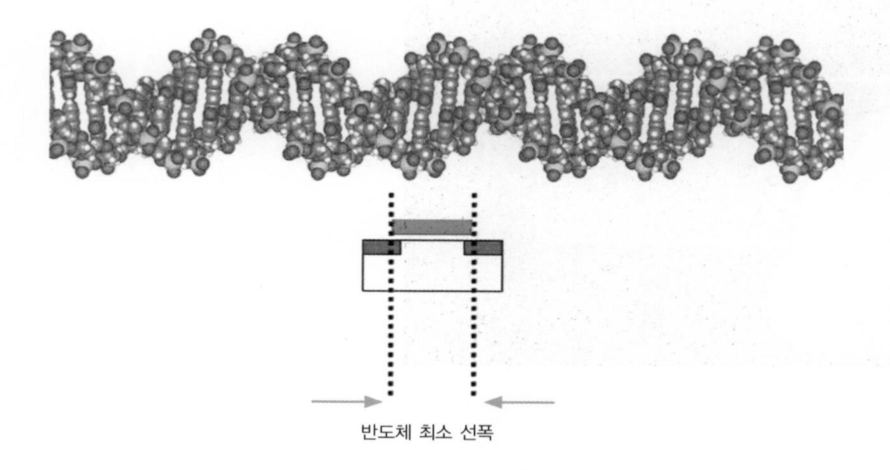

DNA 한 개의 정보를 저장하기 위한 길이는 약 4옹스트롬(1옹스트롬은 1미터의 10^{-10}배)이고 현재 개발된 최소 트랜지스터는 약 10나노미터이다. 따라서 DNA의 정보를 트랜지스터가 읽어 낼 수 있는 정도의 크기이다.

있다. 과학기술자들은, 반도체를 나노 크기로 조작해서 트랜지스터와 반도체 칩을 만들듯이 생명 코드인 DNA마저도 읽어 버리고 조작해서 생명의 모습을 바꾸고 싶어 한다. 생명 코드에 적혀 있는 수조 개의 정보들과 이들의 상호 연관, 그리고 환경과의 관련성을 이해해서, 미리 암에 걸릴 확률도 알아내고 태어나기 전에 유전병 여부도 알아낼 것이다.

이러한 모든 일들은 아마도 반도체 트랜지스터가 나노 크기로 변하면서 분자에서 일어나는 현상을 탐색하고 제어하는 데서 시작할지 모른다. 반도체는 IT 혁명을 주도했듯이 나노과학과 결합해서 분자 융합을 주도할 것이다. [그림 3]은 DNA의 크기와 현재 개발되고 있는 반도체 트랜지스터

DNA 칩은 반도체 칩이 IT 혁명을 주도한 것처럼 질병 예방에 혁명적 변화를 몰고 올 것이다.

의 크기를 개념적으로 표시한 것이다.

반도체가 몸 안에 있는 암 분자나 바이러스를 빠르게 탐색해 내어 병을 예방하고, 조류독감이나 수질오염을 신속하게 모니터할 수 있는 날이 올 것이다. 그리고 진정한 'IT융합'은 이 시점부터 시작될 것이다.

맺는말

지난 40년 동안 우리나라는 과학기술 불모의 땅에서 기술 강국을 실현하였다. 가장 큰 전환점은 아날로그에서 디지털로 변화하는 흐름을 잘 읽어 디지털형 인재를 배출하고, 기업이 투자하고, 정부가 정책을 세운 데서 시작되었다. 이제 우리는 앞이 보이지 않는 곳에 다다랐다. 따라가야 할 선두 주자가 잘 보이지 않기 때문이다. 또한 자원과 에너지가 빠르게 고갈되고 있고, 오염이 환경을 재앙으로 바꿀지도 모른다.

어떻게 하면 우리나라, 그리고 인류가 지속 가능한 발전과 행복을 추구할 수 있을까. 해답은 과학기술뿐만이 아니라 인문사회, 그리고 예술의 '옴살스러운(holistic)' 융합에서 구할 수 있을 것이다. 수많은 과학기술 발전이 다른 분야와의 융합에서 이루어졌듯이 말이다. 자기 분야에서 최고를 추구하면서, 길이 보이지 않을 때 타 분야를 받아들이는 데 IT융합이 먼저 모범에 서기를 기대한다.

참고문헌

- *Electric Universe: The Shocking True Story of Electricity,* David Bodanis, Crown, 2005. / 『일렉트릭 유니버스』, 김영남 역, 생각의나무, 2005.
- *Our Molecular Future*, Douglas Mulhall, Prometheus Books, 2002. / 『분자혁명과 준비된 미래』, 노영한 역, 한티미디어, 2004.

박성열(한국전자통신연구원 책임연구원)

미국 오번 대학교에서 산업공학 박사 학위를 받고 한국전자통신연구원(ETRI) 정보기술개발단장, 슈퍼컴퓨터센터장을 역임하였다. (주)우린정보 대표이사로 근무하면서 DASEN21 등 검색 분야의 5개 소프트웨어를 개발하여 공공기관에 보급하였다. 정보통신기업발전협회 회장, 충북대학교 경영대학 초빙교수를 거쳐, 2009년에는 ETRI 융합기술생산센터장으로 근무하면서 융합기술의 연구 결과물을 상용화하기 위해 기업으로부터 시장 기반 제품을 설계, 제작, 시험하는 연구생산 집적 인프라를 조성하기 시작했다. 베트남의 지상파 DMB 시험 방송 등 동남아 지역에 지상파 DMB 해외 마케팅을 추진하였다. 역서로『인터넷 방화벽과 네트워크 보안』(공역)이 있다.

2장 IT와 전통산업 융합

IT 발전의 새로운 파트너, 전통산업

한국 IT의 본격적인 발전은 1986년 전전자교환기(TDX)를 개발함으로써 1988년 서울올림픽 개최를 전후하여 1가구 1전화 및 전국 전화 자동화 실현으로 시작되었다고 본다. 20여 년 전만 하더라도 전화교환기 제작이 미국, 독일, 스웨덴, 일본에 국한되어 있어 집집마다 전화를 설치하려면 값비싼 전화교환기 회선비로 인한 고액의 신청금과 더불어 3년을 기다려야 했었다. 당시 전전자교환기의 국산화는 기계식에서 전자식으로 비약 발전함과 동시에 전화교환기의 수입 대체 등 사회경제적 파급효과가 매우 컸으며 베트남, 우즈베키스탄 등지로도 수출되어 해외에 경제적 혜택을 가져다주었다.

1988년에는 4메가 디램 개발에 성공하여 오늘날 세계 반도체 시장의 주도권을 장악하게 되는 계기를 마련하였고, 1996년에는 CDMA 방식의 무선통신을 세계 최초로 상용화하는 데 성공하여 무선전화 시대를 열고 대한민국이 IT 강국으로 도약하는 쾌거를 이룩하였다. 2004년에는 지상파 DMB의 개발로 모바일 텔레비전 시대를 열어 휴대 단말기와 더불어 텔레비전을 가지고 다닐 수 있도록 하였으며, 또한 휴대 인터넷인 와이브로(WiBro)를 개발하고 2007년에는 국제 표준을 획득하여 대한민국 IT기술의 위상을 크게 신장하였다. 이외에도 투명 스마트 창 기술, 유체 시뮬레이션, 감성 로봇, 바이오 셔츠, 인체 통신, 디지털 액터, 유기발광다이오드(OLED) 기술 등이 차세대 IT를 선도해 가고 있다.

현재 전체 가구의 95퍼센트 이상이 초고속 인터넷에 가입하였고, 반도체, 디스플레이, 휴대전화 등의 IT 제조업이 매년 10퍼센트 이상의 고성장을 거듭하고 있다. 지식경제부에 따르면 IT산업의 국내총생산(GDP) 기여율은 2008년에 23.4퍼센트에 달했으며, 앞으로 전통산업과 성공적으로 융합하면 30퍼센트까지 기여할 수 있을 것으로 전망된다. 하지만 총 수출의 33퍼센트 이상을 차지했던 IT산업도 2000년대 중반 이후 선진국 중심으로 시장 수요가 정체되고 후발국과의 시장 경쟁이 심화되면서 기술의 새로운 비약이 요구되고 있다.

대한민국은 굴뚝산업이라고 일컫는 전통산업으로 1973년 1월 중화학공업화 선언과 1970년대 중동 진출로 이어지는 해외 수출 드라이브 정책을 통해 꿈의 1만 달러 시대를 열었다. 나아가 IT의 비약적인 발전으로 오늘날 2만 달러 시대를 열어 3만, 4만 달러를 향한 국가 경제발전 전략을 실행하고 있다. 최근 IT는 신성장 동력으로서의 핵심 역할과 전통산업에서의 활용이 확대되고 있다. IT와 전통산업 간의 융합은 IT산업 성장의 한계를 극복하고, 타 전통산업의 부가가치 창출과 제품 혁신의 한계를 극복하는 데 일익을 담당함으로써 새로운 성장 전략이 되고 있다.

[표] IT융합 전통산업 성장 전망

구 분	2008년	2013년	2018년
세계 시장(조 원)	1,102	1,281	2,519
국내생산(조 원)	134.6	250.5	745.8
수출(억 달러)	1,256	2,042	4,804
부가가치(천억 원)	431	724	1,576
고용 효과(천 명)	521	929	2,014

(IT융합 전통산업＝IT+자동차 · 조선 · 건설 · 섬유 · 국방 · 항공 · 의료 · 교육)
출처 : 신성장동력기획단 신산업분과, 2008

[표]와 같이 한국산업기술평가관리원의 예측에 의하면 IT융합 산업의 시장규모는 2008년 1,102조 원에서 10년 후인 2018년에는 2,519조 원으로 두 배 이상 성장한다. 따라서 자동차, 선박 등 국가 기간 수출 효자 산업에 IT를 융합하면 수출 주력 제품의 기술혁신으로, 제품 자체의 부가가치화로, 제품의 기술 경쟁력과 제조 생산 공정, 환경의 혁신으로 제조 생산성 향상에 획기적인 기여를 도모할 수 있게 된다. 이제 IT산업은 전통산업과의 시너지 창출을 위한 지렛대의 역할을 해낼 것이며, 범위의 디지털 경제와 규모의 전통산업 경제의 만남은 경쟁우위의 원천으로 새로운 융합 경제를 전개할 것으로 보인다.

IT와 자동차산업의 융합

매년 1월 미국 라스베이거스에서 열리는 세계 최대의 IT 가전 전시회인 국제전자제품박람회(CES)에서, 2008년 기조연설자로 나선 제너럴 모터스(GM)사의 릭 왜고너 사장은 "제너럴 모터스는 앞으로 10년 안에 운전자 없이 스스로 목적지까지 운전하는 차량을 판매할 것"이라고 말했다. 차량과 IT의 융합은 단순한 교통정보 수집 정도의 보조적인 수단으로 제시되는 것이 아니라, 제한된 차량 공간을 일상생활의 상당 부분을 차지하는 '움직이는 사무실(mobile office)'로 변신시킴으로써, 외부와의 정보 송수신이 차단되는 일 없이 다양한 정보에 접근하여 차내 공간을 비즈니스나 여가 선용이 가능하게 할 것으로 예상된다. 따라서 차량과 IT 융합은 음성 명령에 의하여 제어되는 무선 단말기 서비스로 운전 중 인터넷 접속, 이메일 송수신, 디지털 음성 및 비디오 파일 다운로드 또는 교통정보의 획득이 가능하도록 하고 있으며, 제3세대 이동통신 서비스보다 훨씬 진화할 것으로 전망된다.

특히 전자산업이 전통적인 자동차산업 발전에 기여하는 비율은 현재의 20퍼센트에서 계속 증가해 2020년에는 약 30~35퍼센트가 될 것으로 전망되고 있다. 한국자동차공업협회에 의하면 한국의 자동차는 2008년도 기준으로 국내 총 수출액의 13.4퍼센트, 세계 시장의 5.02퍼센트를 넘어 세계 시장점유율 4위를 유지하고 있지만, 자동차 제조사는 자동차-IT 융합의 중요성을 더욱더 절감하고 있다. 한국에서도 전기자동차 및 첨단 안전자동차를 중심으로 텔레매틱스 기술, 유비쿼터스 교통체계 기술 등 경제적 시너지 효과가 매우 큰 차량과 IT 융합 산업을 국가 전략 산업으로 추진 중에 있다.

이미 애플, 마이크로소프트 등의 거대 IT 기업이 자동차 시장을 본격적으로 공략하여 자동차에 장착되는 IT기기 센서, 소프트웨어가 증가하고 있으며, 일본에서도 전자 부품 및 기기의 자동차 총 제조원가 비율이 약 20퍼센트(도요타 하이브리드 자동차 '프리우스'의 경우 47퍼센트)에 이른다. 자동차용 소프트웨어 비중도 2005년 10퍼센트에서 2015년 20퍼센트로 증가될 것으로 예상하고 있다. 우리나라도 차량 기반의 텔레매틱스 서비스 및 차량 탑재 단말기 시장을 중심으로 2012년 5300만여 대의 판매량과 240억 달러의 판매액을 기록할 것으로 전망하고 있고, 세계 시장 성장률을 17.7퍼센트로 추정하는 등 차량과 IT 융합산업이 국가 핵심 산업으로 정책적 자리를 키워 가고 있다.

최근 차량과 IT 융합에는 친환경 산업정책이 추가되고 있으며, 이와 연계한 고연비 저탄소 차량을 위하여 자동차 생산업체들이 IT 기반 친환경 차량 개발 투자를 확대함에 따라, 녹색차량에 IT기술 적용이 확대되어 자동차-IT 융합기술은 더욱더 IT 기반 융합산업으로 가속화되고 있다.

IT와 조선산업의 융합

2008년까지 대한민국의 조선산업은 국내 총 수출액의 10퍼센트, 세계 시장의 40퍼센트를 점유하여 세계 1위를 다년간 유지하고 있었다. 그러나 최근 세계적 경제 침체 기간 중에 중국이 저렴한 노동력을 앞세워 정상에 오르는 경쟁 구도에 와 있어, 세계 1위의 명성을 지키기 위해서는 IT를 결합한 제2의 도약이 요구되고 있다. 현재 대한민국의 선박 건조 기술은 호화 유람선 건조를 제외하고는 세계 최고이나 IT와의 융합 정도나 국제 표준화에 있어서는 아직도 개척해야 할 부분이 많다. IT의 특성상 정보의 수집, 처리, 가공, 전달의 기본적인 정보통신 역량과 하드웨어 제품의 첨단 기능을 구동할 내장 알고리즘(embedded software)의 역할, 제품의 설계, 제작과 생산, 시험에 이르는 일련의 공정에 깊숙이 접목됨으로써 제품의 기술 경쟁력과 생산성을 제고하는 데 가장 큰 역할을 수행할 수 있다.

건조 중인 거대 선박의 철재 구조물 등에 무선 주파수 식별(RFID)과 위치 추적 기능을 부착하여 선박 건조 공정을 최적화하고, 선박 내에 수십 킬로미터에 달하는 통신 선로에 최신 통신망을 구축하고 있다. 최근 국내 선박 건조 회사는 선박 통합 통신망(SAN, Ship Area Network)을 개발하고 위성통신망을 연결하여 해상과 육상, 해상 선박 간의 첨단 정보 교환 등을 위해 IT와의 융합을 확대하고 있다. 최근에는 휴대 인터넷인 와이브로를 개통하여 세계 최초로 첨단 IT를 접목한 스마트 조선소를 조성하고 있다. 삼성전자는 타이타닉호보다 5배 이상 큰 세계 최대 규모의 유람선, '바다의 도시'라고도 불리는 '오아시스 오브 더 시즈(Oasis of the Seas)'에 텔레비전 5,200대, 최첨단 대형 모니터 208대와 IT 솔루션을 제공하여 운항정보와 관광 서비스를 제공한다. 첨단 IT의 자율 운항 제어 시스템(INS), 위성통신망 원격 제어 기술(IMIT), 선박 자동 식별 장치(AIS), 접안 및 이안 제어 시스템, 선내 네트워크 시스템 등이 제공된다. 유람선 건조비는 15억 달러로 같은 크기의 유조선 건조비 1억 달러와 비교하면 부가가치가 매우 크다고 볼 수 있다.

조선산업의 IT 도입으로 선박의 개념이 디지털 선박으로 이동하면서 스마트 선박과 해양 플랜트 등 IT 기반 고부가가치 산업화와 선박 건조의 설계, 제작, 조립의 통합화 및 지능화로 고효율화, 안정성 제고, 신뢰도 향상에 기여하고 있다. IT와 조선 융합의 유망 기술인 e-내비게이션은 선박

운항, 선박 물류, 선박 통신 기술을 망라하고 있으며 IT 기반의 부가가치를 획기적으로 개선하고 있다.

IT와 건설산업의 융합

첨단 IT의 발달은 인간의 주거환경을 크게 개선하여 보다 나은 생활의 질을 확보하는 데 큰 영향을 미치고 있다. 소규모 주거 공간의 자동화를 위한 홈오토메이션부터, 업무 또는 상업용 빌딩의 인텔리전트 시스템, 첨단 IT기술을 이용하여 에너지, 교통, 통신을 주거 단지 또는 도시 단위로 원격 자동 제어하는 유비쿼터스 도시의 형태로 IT와 건설 분야의 융합은 자연스러우면서도 급격하게 진행되어 가고 있다.

덴마크 코펜하겐의 크로스로드(Crossroad), 핀란드 헬싱키의 버츄얼 빌리지(Virtual Village), 말레이시아의 멀티미디어 슈퍼 코리도(MSC), 두바이의 두바이 인터넷 시티(Dubai Internet City), 홍콩의 사이버포트(Cyberport) 등에서는 이미 인텔리전트 기능을 기반으로 하는 혁신 도시들을 건설함으로써 국가 경제력 도약의 기본 인프라로 활용하려는 노력이 경주되고 있으며, 우리나라도 경기도 화성시 동탄 지구에 유비쿼터스 도시의 시범 건설을 시작하여 현재 전국 36개 지자체(52개 지구)에서 건설이 추진 또는 계획 중에 있다.

건설과 IT의 융합은 교통, 환경, 에너지 등의 도시문제를 해결하고, 도시 경쟁력을 높일 수 있는 유력한 대안으로 평가받고 있다. 정부 차원에서도 유비쿼터스 도시 산업을 한국의 신성장 동력으로 육성하고 해외 진출을 활성화하고자 2008년 3월 '유비쿼터스 도시의 건설 등에 관한 법률'을 제정하여 건설 분야의 IT융합 기술발전을 위한 법적 기틀을 마련하였고, 국무총리실 주재로 '제1차 유비쿼터스 도시 종합계획(2009~2013)'을 심의 확정하여 국가 차원의 장기적인 청사진과 발전 방향을 종합적으로 마련하고 향후 5년간 국비 4900억 원을 집중 투자할 계획이라고 발표한 바 있다.

세계 건설 시장 점유율 5위, 정보통신 발전 지수 세계 2위인 우리나라의 입장에서, 건설산업과 IT 융합은 국내 건설 시장뿐만 아니라 해외 수출 모델로 발전시켜 나갈 수 있는 신성장 동력이 될 것으로 기대되는 분야이다.

IT와 의료산업의 융합

IT기기를 활용한 의료기기의 기술 향상과 정보통신 네트워킹 기술의 발전은 병원을 방문하여야 의료 서비스를 받을 수 있는 전통적인 의료 시스템 구조를 변화시키고 있다. IT와 의료산업의 융합은 고난이도의 수술용 로봇 등 첨단 기기를 활용한 치료 서비스 분야와 노환, 만성질환 및 암 등의 조기진단 예방 관리 서비스 분야를 중심으로 융합되고 있다. 치료용 첨단 의료기기는 정밀하고 안정적이며 반복이 가능함과 동시에 인간의 피로감과 손 떨림 현상을 극복해 주기 때문에 활용 사례가 크게 증가하고 있다. 그리고 영상진단 기기, 재활의료 기기, 한방의료 기기 등의 분야도 IT와 융합하여 본래의 기능을 강화하고 있으며, 병원에서 각종 의료정보의 디지털화로 인한 환자 기록의 네트워크 형태 공유로 효과적인 진단과 효율적인 처방 시스템을 발전시키고 있다.

수술용 로봇인 다빈치(Davinch)는 국내 유수 종합병원에 도입되어 대부분의 암 수술에 활용되면서 수술 후 부작용과 후유증 발생 빈도를 크게 줄여 주고 있다. 인공관절 수술용 로봇인 로보닥(Robodoc)은 숙련된 외과 의사의 수술 오차인 2~3밀리미터보다 정교한 0.5밀리미터 이하의 수술 오차를 가지고 있으며 재수술률도 15~20퍼센트에서 1퍼센트대로 크게 낮아졌고 회복 기간도 크게 단축하고 있다.

엑스선보다 에너지가 적은 테라헤르츠파를 이용하여 인체에 무해하면서도 고속의 분광영상 및 3차원 영상이 가능한 조기 암 진단용 내시경 개발이 추진되어 MRI, CT 등을 능가하는 시장 창출이 기대되고 있다. 2008년 10월 한국전자통신연구원이 상용화를 위한 시범 서비스로 '바이오 셔츠', '낙상폰', '약 복용 도우미' 등을 제공해 비만 관리, 골 성장 예측 시스템을 이용한 어린이 성장 예측, 휴대용 배뇨 분석 등을 시험하고 있다. 고령화와 생활 양식의 변화로 인해 고혈압, 당뇨병, 고지혈증 등 만성질환이 증가하는 현 추세로 보아, 지금까지의 질병 치료 위주의 전통적 의료 서비스는 앞으로 예방과 사후 관리 서비스로 전환되고 원격 진료 서비스도 늘어나게 될 것이다.

IT와 전통산업 융합의 과제

우리나라는 1997년 말에 불어닥친 IMF 사태를 극복했고, 2008년에는 미국의 서브프라임 신용 붕괴로 파급된 세계적 경기 침체 속에서도 가장 선전하고 있는 나라로 인식되고 있지만, 여전히 더블딥(재하강)이 우려되는 글로벌 경제의 일원이므로 이를 불식하기 위해서는 획기적인 성장 모멘텀(회복 계기)을 마련해야 할 시점에 와 있다. 이를 위해서는 시장성과 사업성이 높은 산업 간의 융합을 통해 산학연 협업의 개방형 기술혁신으로 신성장 동력을 마련하여 기술 제품의 경쟁력을 제고하는 일이 급선무라고 본

[그림] IT와 전통산업 융합 구조

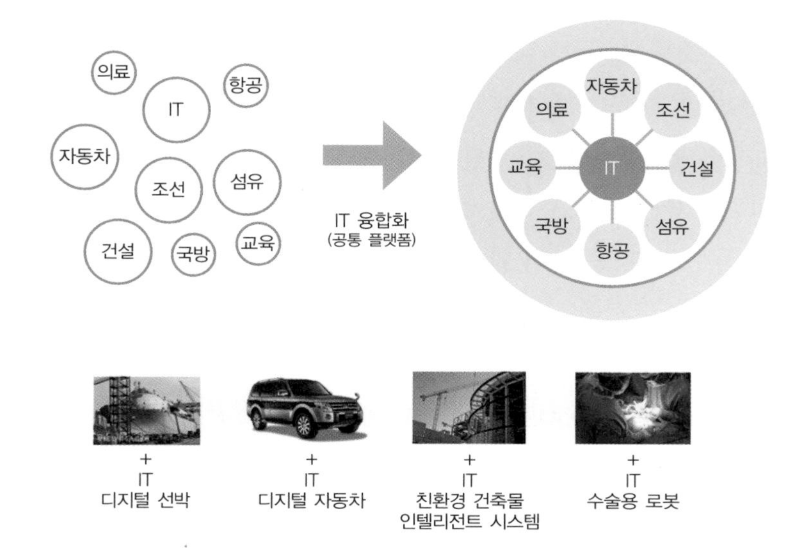

다. [그림]에서 보는 바와 같이 IT와 전통산업과의 융합은 IT기술의 지능화, 네트워크화, 내재화를 통하여 전통산업의 부가가치를 더한층 증대시킬 수 있다. 그리고 지능형 IT융합 분야의 공통 핵심기술인 임베디드(내장형) 소프트웨어는 임베디드 시스템을 움직이는 프로그램으로서 자동차, 선박, 통신 장비 안에 내장되어 소정의 기능을 수행하는 역할을 한다. 산업체에서 우선 시급한 단위기술 중심으로 개발되고 있으나, 신뢰와 안전이 보장되는 시스템 개발을 지원하기 위해 공통 기반 소프트웨어 플랫폼 기술 개발을 추진할 필요성이 커지고 있다.

융합기술의 신성장 동력 산업화를 활성화하기 위해서는 융합기술 지향 프로젝트의 기획과 산학연 간의 협업을 위한 융합기술 생산 인프라의 조성 등과 같은 촉매제가 요구된다. 미국 로렌스버클리 국립연구소(LBNL)에서의 외부인의 자유로운 공동 인프라 활용, 싱가포르의 퓨전폴리스(Fusionpolis)에서의 산업계의 융합기술 공동 프로젝트 수행, 그리고 중소기업 육성에 성과를 올리고 있는 대만 산업기술연구소(ITRI)에서의 중소기업과의 물리적 통합 공간 활용, 일본 이화학연구소(RIKEN)에서의 연구자의 겸업 및 기업 활동 모델을 벤치마킹할 만하다.

참고문헌

- "IT 기반 융합사례 분석 및 시사점", 이윤철 외, 〈INSIGHT 2009-02〉, 정보통신연구진흥원, 2009. 6.
- "녹색성장과 IT 융합기술", 정명애, 〈IT 산업전망 컨퍼런스 제1권〉, 지식경제부, 2009. 11.
- "국내외 IT 융합기술 R&D 동향 및 추진 전략", 박종현 외, 〈주간기술동향〉, 정보통신연구진흥원, 2009. 4.
- "뉴 IT 전략 : IT산업의 새로운 성장전략", 유수근, 『FKII Digital 365』, 한국정보산업연합회, 2008.
- "New IT 산업발전 기획보고서", 한국전자통신연구소, 2008.

김창곤(LG텔레콤 고문, 건국대학교 석좌교수)

한양대학교에서 전자공학을 전공하고 동 대학원에서 전자공학 박사 학위를 수여받았다. 1976년 기술고등고시에 합격하여 정보통신부 정책국장, 전파방송국장, 정보화기획실장, 기획관리실장 등을 거쳐 제8대 정보통신부 차관을 역임했다. 대통령 과학기술자문위원을 역임했으며, 한국정보화진흥원장과 한국정보보호진흥원장을 지냈다. 현재는 건국대 석좌교수로 재직 중이며 LG텔레콤 고문, 한국공학한림원 회원 등으로 활동하고 있다. 저서로는 『정보통신 서비스 정책』『미리 가 본 유비쿼터스 세상』 등이 있다.

3장 융합기술과 미래인터넷

인터넷이 몰고 온 변화들

20세기 말부터 시작된 컴퓨터기술의 발달과 인터넷의 보급으로 인류 문명은 일대 전환기를 맞고 있다. 18세기 산업혁명 이래 2세기 만에 대변혁기를 맞이한 것이다. 산업사회에서 가장 중요시되던 물질과 에너지보다 지식과 정보가 부가가치의 창출과 국가 경쟁력의 원동력이 되는 '지식정보 혁명'의 시대로 들어선 것이다.

정보기술이 기존 산업에 접목되면서 산업구조가 대폭 개편되고 있고 'e-비즈니스'와 같은 새로운 산업이 부상하고 있다. 특히, 인터넷의 급속한 확산으로 '사이버월드'라는 가상의 세계가 만들어지고 사회, 경제, 문화, 교육은 물론 정치에 이르는 모든 분야에서 획기적인 변화가 일어나고 있다.

지금까지의 산업사회에서는 상상할 수조차 없었던 일들이 사이버월드에서 일어나고 있다. 인터넷에 접속하기만 하면 웬만한 정보는 거의 실시간으로 제공되고, 어느 누구와도 자유롭게 소통할 수가 있다. 또한 신산업들이 속속 창출되고 있다. 온라인 쇼핑을 비롯해 온라인 게임, 인터넷 뱅킹, 온라인 교육, e-헬스 등 다양한 e-비즈니스들이 각광을 받고 있다. 인터넷 기업의 대표 주자 구글의 시가총액이 이미 IBM을 추월했으며, 국내에서도 포털 업체 NHN의 시가총액은 7조 원대를 돌파했다. 온라인 쇼핑의 경우 소매시장에서 백화점이 차지하는 비중을 이미 넘어섰다.

인터넷 뱅킹이나 온라인 트레이딩 등 금융과 기업 간 상거래 방식도 급속하게 온라인화가 진행되고 있다. 국내의 온라인 주식거래 비중은 이미 80퍼센트를 넘어섰고, 인터넷 뱅킹도 창구 텔러의 처리 비중을 넘어선 지 오래다. 온라인 교육도 활성화되고 있다. 안방에서 해외 유수 대학의 강의를 들을 수 있고, 온라인으로만 학업을 진행하는 사이버대학도 19개 교에 2010년 정원만도 2만 8천 명을 넘어섰다.

인터넷은 미디어 부문의 혁신도 촉진하고 있다. 신문이나 텔레비전 같은 매스미디어의 영향력이 점차 줄어들고 있는 반면 인터넷의 미디어적 영향력은 점점 더 커지고 있다. 인터넷 커뮤니티가 활성화되는 가운데 블로그나 트위터(블로그의 인터페이스와 미니홈페이지의 '친구 맺기' 기능, 메신저 기능을 한데 모아 놓은 네트워크 서비스) 등 미디어의 개인화가 급속히 진전되고 있다. 인터넷의 개방성과 참여 및 공유의 특성은 대중의 정치 참여를 확대하고 깨끗하고 투명한 민주주의의 발전을 촉진하고 있다.

미래인터넷의 진화 방향

지난 몇십 년 동안 인터넷이 가져온 변화가 이러할진대, 앞으로의 변화는 또 어떠할 것인가? 인터넷은 다양한 분야의 기술과 아이디어들이 상호작용함으로써 또 다른 가치를 만들어 내는 하나의 거대한 플랫폼의 역할로 옮겨 가고 있어, 그 진화 방향을 예측하는 것은 더더구나 쉽지가 않다.

특히 인터넷의 요소기술인 반도체와 컴퓨터의 발전을 지탱해 왔던 '무어의 법칙(마이크로칩의 밀도가 18개월마다 2배로 늘어난다는 법칙. 인터넷 경제의 3원칙 가운데 하나로, 1965년 고든 무어가 마이크로칩의 용량이 매년 2배가 될 것으로 예측하며 만든 법칙이다)'이 물리적인 한계에 부딪혀 수년 내로 더 이상 적용되지 못할 것이라는 전망이 나오고 있다. 그렇다고 컴퓨터기술의 발전이 정체되는 것은 아니다. 병렬 처리와 클라우드 기반의 가상화(virtualization) 기술 등이 또다시 결합됨으로써 오는 2020년이면 개별 컴퓨터의 지능이 인간의 그것을 능가하게 될 것이라는 예측도 나오고 있다. 게다가 나노기술이 결합되면서 반도체의 크기가 먼지 알갱이 정도로 축소되어 인체 내부나 작은 물체에도 이식해 넣을 수 있게 되는 이른바 '똑똑한 먼지(smart dust)' 개념도 실용화될 것이다.

이처럼 처리 능력의 비약적인 향상과

기능이 다른 세 종류의 똑똑한 먼지가 자동차 안에서 임무를 수행하고 있다.

극소형화 기술이 인터넷과 결합되면 우리가 의식하지도 못하는 영역까지 그 응용 범위가 확대될 것이며, 공상과학영화에서 등장하던 것들이 현실화 될 것이다.

그렇다면 과연 어떤 기술들이 어떠한 형태로 인터넷에 융합되어 개인 생활과 기업 활동과의 연계성을 높이는 서비스 모델과 가치를 만들어 낼 수 있을까? 이에 대해 해답을 찾기 위해서는 소비자 측면에서의 니즈(needs)와 가치 제공이라는 관점에서 다음과 같은 4가지 현상과 흐름에 주목할 필요가 있다.

첫째, 인터넷의 유비쿼터스화이다. 인터넷이 단기간에 보편화된 것은 초고속 인터넷망의 보급과 개인용 컴퓨터의 대중적 보급 영향이 컸다. 특히 국내의 경우는 '국민 피시'로 대표되는 정책적 드라이브와 '피시방'이라는 독특한 사업 모델이 생겨나는 등 인터넷의 접근성을 높이는 요인들이 복합적으로 작용해 조기 확산의 촉매제 역할을 했다.

이제 또 다른 접근성의 혁명이 무선 분야에서 일어나고 있다. 무선통신 기술의 눈부신 발전으로 인터넷 접속이 장소와 시간의 제약에서 해방되고 있기 때문이다. 향후 수년 이내에 상용화될 4세대 이동통신 환경에서는 초당 데이터 전송 속도가 최대 1기가비트급으로 높아져 유선을 오히려 능가하는 수준이 될 것으로 전망되고 있다. 이는 필연적으로 무선 브로드밴드의 보편화로 이어져 무선으로 인터넷에 접속하는 비중이 유선을 능가하게 될 것이다.

이와 아울러 인터넷에 접속하는 단말기기 또한 현재와는 판이하게 달라질 것이다. 피시와 노트북에서 휴대전화, 넷북, MID(Mobile Internet Device), 디지털카메라, MP3, 게임기, 자동차 내비게이션, 가전제품 등으로 다양화됨은 물론, 10여 년 후 휴대용 단말의 평균 메모리 용량은 테라바이트급이 기본이 되고 수백만 곡의 음악 파일을 저장해 휴대하는 시대가 된다. 나아가 웹 카메라, 온습도계, 진동 감지 등 각종 센서들이 자체 네트워크를 형성하고 이들이 다시 공중 인터넷과 연결되는 이른바 '사물 인터넷(Internet with Things)'도 등장하게 된다. 이로써 어디를 가든 도처에 네트워크들이 산재해 있고 또 원하는 때에 어떠한 단말로든 접근할 수 있는 '유비쿼터스 시대'가 펼쳐질 것이다.

이처럼 각 분야의 요소기술이 융합되고 인터넷의 접근성이 향상되면서 개인의 일상생활과 기업 활동이 실제로 연계될 수 있는 적용 범위도 비약적으로 확대될 것이다. 이러한 변화로 지금까지는 높은 비용 구조로 인해 사업화되기 어려웠던 서비스 모델들이 빛을 보는 계기가 된다. 특히 인터넷에 접속하는 이용자와의 접점이 휴대용 단말이나 센서들을 통해 다각화될 수 있다는 점은 이용자의 실생활에 녹아 있는 욕구를 서비스 모델로 발전시키는 데 핵심적인 요소가 될 것이다.

둘째, 인간 친화적인 인터넷의 등장이다. 음성 인식, 지문 인식, 필기체 인식, 동작 인식, 뇌파 인식 등의 생체공학적 기술과 위치 추적 기술들이 단말기기에 접목됨에 따라 사용자가 체감하는 조작성과 편리성이 획기적으로 향상될 것이다. 여기에 3D 입체 홀로그램 기술 등으로 디스플레이 사이즈 제약도 극복될 수 있어 더욱더 다양한 콘텐츠를 장소와 단말의 종류에 구애되지 않고 즐길 수 있게 될 것이다.

인간 친화적인 사용자 인터페이스 기술들을 적절히 조합한 증강현실(AR, augmented reality)이라는 기술이 주목을 받고 있다. 증강현실은 실제 현실세계와 인터넷상의 가상세계 간을 이어 주는 기술과 서비스를 일컫는 것이며, 실생활 기반의 현실 환경이다. 증강현실을 응용하게 되면, 가령 번거로운 검색어를 입력할 필요 없이 카메라폰으로 원하는 방향의 건물이나

증강현실을 응용하면 카메라폰으로 사물을 찍어 보내기만 해도
원하는 정보를 화면상에 오버랩하여 나타낼 수 있다.

풍경 사진을 찍어 보내기만 해도 원하는 정보를 현실세계의 화면상에 오버랩하여 나타내 준다. 주위 30미터 반경 내에 있는 사람들의 추천 내용도 받아 볼 수도 있다. 증강현실기술은 휴대전화뿐만 아니라 디지털 전광판(digital signage) 등 신개념의 단말과도 접목되어 일상생활의 모든 장면들과 떼려야 뗄 수 없는 관계로 발전해 갈 것이다.

이러한 사용자 인터페이스 기술의 향상에 힘입어 이용자는 더 이상 인터넷을 현실과 분리되는 가상세계로 인식하지 않고 인터넷 자체가 현실세계가 되는 이용 환경을 체험하게 될 것이다. 즉 이용자가 일상생활에서 겪는 일들이 바로 인터넷의 콘텐츠가 되며, 아울러 이러한 콘텐츠는 관심사를 같이하는 불특정 다수와의 실시간적 의사소통을 위해 공유될 수 있는 것이다.

셋째, 나를 알아주는 똑똑한 인터넷으로 지능화된다. 개방과 공유로 대표되는 지금까지의 인터넷 이용 환경에서는 이용자가 능동적으로 참여하는 형태가 중심이었다. 그러나 이제부터는 점차 수동적으로 서비스와 콘텐츠를 이용하고 소비하는 형태로 바뀌어 갈 것으로 예상된다. 인터넷상에서 콘텐츠의 범위와 종류가 기하급수적으로 늘어나면서 이용자 입장에서는 이들 모두를 능동적으로 수용하거나 참여하는 일 자체가 한계에 직면한다는 것이다.

이에 따라 이용자 개개인의 관심사와 서비스 이용 패턴을 사전에 인식하여 개인화된 서비스 형태로 제공해 주는 이른바 '지능형 플랫폼' 기술이 미래인터넷의 중요한 기반이 될 전망이다. 인터넷의 정체성이 단순히 콘텐츠를 소비하는 매체가 아니라, 나아가 실생활 전반의 행동을 지원하는 도구로 변모하게 될 것이다.

기술적 관점에서 보면, 인터넷 플랫폼의 지능화는 현재의 중앙집중식 포털 중심의 웹에서 시맨틱 웹(semantic web)이라 불리는 상호 연결형 구조로 전환됨을 의미하기도 한다. 미래인터넷 환경에서 각종 서비스와 콘텐츠들을 담아 낼 플랫폼은 시맨틱 웹 구조를 통해서 정보의 의미를 입체적 능동적으로 이해하고, 검색·추출·해석·가공 등 제반 처리를 이용자를 대신하여 수행하게 된다.

가령 인터넷 쇼핑몰에 방문하여 물품을 구매할 때, 쇼핑몰 플랫폼 시스템은 타 사이트에서의 고객의 서비스 이용 이력을 분석, 종합하고 이를 바탕으로 구매 성향을 파악하여 추천 상품을 제시하고, 해당 고객의 관심사와 성향에 가장 근접한 프로모션과 할인 혜택을 서비스로 제공해 만족도를 끌어올려 해당 쇼핑몰에 대한 고착성을 높일 수 있게 된다. 이렇듯이 지능화된 플랫폼이 유비쿼터스 컴퓨팅 환경과 접목되면 개인의 실생활과 기업 활동의 효율성과 만족도를 개선하는 데 기여할 수 있게 될 것이다.

넷째, 안심하고 이용할 수 있는 인터넷으로의 진화이다. 본래 인터넷은 여러 지역에 분산되어 있는 네트워크 간의 느슨한 연합체에서 출발했기 때문에 네트워크 접속의 신뢰성과 정보 보호를 체계적으로 보장하는 장치가 기존의 통신망에 비해 상대적으로 부족하였다. 물론 이러한 인터넷의 약점이 오히려 다양한 기술과 아이디어를 가진 플레이어들을 참여시켜 대중화를 앞당긴 요인으로 작용하기도 했다. 하지만 통신의 기본적 요구 조건인 안심과 신뢰라는 측면에서는 2퍼센트 부족한 것이 사실이다. 특히 현재의 인터넷이 안고 있는 안정성과 신뢰성 결여의 문제는, 이용자의 요구 수준이 상대적으로 높은 기업 애플리케이션 영역으로 확대되는 데 걸림돌이 되고 있다.

이에 따라 현재 운용되고 있는 인터넷 구조에서 신뢰성과 보안의 문제점을 보완하고 개선하는 기술들이 지속적으로 개발 및 적용될 것이다. 미래 인터넷은 현재에 비해 안정성이 크게 개선되어 개인과 기업 이용자들이 요구하는 수준의 서비스 품질(QoS)을 제공할 수 있게 될 전망이다.

그러나 인터넷의 신뢰성 확보를 둘러싼 이슈에는 두 가지의 상충된 목표가 충돌하고 있다. 먼저 소비자의 입장에서 보면, 신뢰성은 편리성과는 서로 상충되는 가치이다. 다시 말해 신뢰성을 위해서는 일정 수준의 이용상 불편을 감수해야 한다는 것이다. 또 다른 이슈는, 인터넷은 그 태생적 배경상 국경을 초월해 이음새 없는 연결을 지향한다. 그러나 신뢰성 확보를 위한 각종 법제적 장치는 해당 국가의 문화적, 사회적 환경에 따라 해석과 요구 수준이 달라질 수 있다는 것이다.

미래인터넷의 궁극적인 지향점은 인간성 회복

이렇듯 미래인터넷은 이용 환경이 실생활 및 실물경제와 더욱더 밀접하게 연계되어 누구나 보다 쉽고 안전하게 접근해 혜택을 누릴 수 있는 방향으로 진화해 갈 것이다. 그러한 진화 과정에서 다양한 분야의 기술들이 인터넷과 융합되어 새로운 서비스와 가치를 창출해 내는 융합형 산업구조의 모습을 갖추어 갈 것이다. 궁극적으로 미래인터넷은 메말라 가는 우리들의 인간성을 다시 회복시키는 방향으로 진화할 것이다.

참고문헌

- 『2009 한국인터넷백서』, 한국인터넷진흥원 편집부, 한국인터넷진흥원, 2009.
- 『국가정보화백서 2009』, 한국정보사회진흥원, 진한M&B, 2009.
- "Future Internet 2020: Visions of an Industry Expert Group", EU Future Internet Assembly, 2009. 5.

김흥남(한국전자통신연구원 원장)

서울대학교 전자공학과를 졸업한 뒤 미국 펜실베이니아 주립대학교에서 전산학 박사 학위를 받았다. KIST 시스템공학연구소 연구원, 한국전자통신연구원(ETRI) 임베디드 소프트웨어 단장과 기획본부장을 거쳐 2009년부터 ETRI 원장으로 재직 중이다. 대한임베디드공학회 회장과 한국정보과학회 부회장직을 맡고 있다. 저서로 『임베디드 시스템 프로그래밍 : 이론 및 실습』(공저)이 있으며, 『생활 속의 임베디드 소프트웨어』를 기획하고 감수했다. 정보통신부장관 표창, 철탑산업훈장 등을 받았다.

④장 방송통신 기술융합

무너지는 방송과 통신의 경계

물과 공기처럼 우리가 느끼지 못하는 사이에 늘 우리 곁에 존재하고 함께하는 정보사회의 이기(利器) 세 가지를 꼽는다면 아마도 텔레비전, 전화, 컴퓨터일 것이다. 이들은 인간의 생활을 혁신적으로 바꿔 놓았고 새로운 사회 질서의 형성을 주도하였다.

쓰는 사람의 입장에서 1 대 1, 1 대 n의 정보 전달 형태로 구분되어 왔던 방송과 통신의 대표 주자인 텔레비전과 전화는 이제 정보의 종류와 관계없이 n 대 n의 상호 작용 채널을 가지면서 양자 간의 경계를 허물어 버렸다. 방송통신 대융합 시대가 도래한 것이다. 이에 따라 대부분의 국가에서 방송과 통신을 함께 다루고, 이용자들은 부지불식간에 무수히 많은 새로운 기술과 제품을 향유하고 있다. 휴대전화를 이용한 DMB, 텔레비전 수상기를 통한 IPTV, 그리고 아이폰과 같은 다양한 단말을 통해 통신의 연결성과 전달 능력이 크게 확대되었고 개인화된 방송 서비스가 새로운 시대를 풍미하고 있다. 과거에 텔레비전이나 라디오로만 보고 들을 수 있었던 방송 콘텐츠를 이제는 휴대전화나 차량용 수신기 등으로 받아 보고 있고, 방송 시청 중에도 인터넷을 사용할 수 있게 되었다.

거슬러 올라가 보면 2000년대 초반, 세계적으로 인터넷 방송이나 사업자들의 결합 서비스(유선방송+인터넷+전화)가 화두가 되면서 방송과 통신의 경계 허물기가 본격화되었던 것 같다. 당시 기존 질서를 바꾸기 위해 기술적 측면, 산업적 측면, 사회적·규제적 측면 등 다양한 관점에서 방송통신 융합을 정의하려는 시도가 있었다. 그 결과 방송과 통신의 역사성을 안고 있던 규제의 벽이 상당히 낮아졌고 급기야 산업적 측면에서 추세 따라잡기에 바쁜 실정이다. 이용자의 욕구나 시장의 트렌드를 반영하는 것이기도 하지만 이 모든 변화를 주도한 것은 결국 방송통신 융합기술의 발전이라 하겠다.

방송통신 융합이란

급속한 방송통신 융합의 진전에도 불구하고 아직은 융합이라는 표현이 필요한 정도의 차이는 존재한다. 그러나 향후 기술혁신과 시장 수요는 서로 상승작용을 일으키며 방송통신 융합을 더욱 가속화시키고 새로운 사업 모델들을 만들어 낼 것이다. 더구나 그 영역이 전 지구적으로 확장되고 있기 때문에 이러한 흐름을 거스르는 것은 불가능해졌다.

이런 의미에서 2004년 OECD가 방송통신 융합에 대해 내린 정의, 즉 "유사한 종류의 서비스를 각기 다른 네트워크로 전송하거나, 유사한 종류의 서비스를 다른 종류의 단말기로 받거나 새로운 서비스가 나타나는 현상"과 같이, 융합의 대상을 기기와 서비스에만 국한시킨 개념적 정의는 향후 역동적으로 전개될 방송통신 융합의 패러다임을 다 담아 내기에는 역부족이다.

반면 2006년 미디어학자 헨리 젠킨스가 제시한 "융합은 다양한 미디어 기능들이 하나의 기기에 융합되는 기술적 과정이 아니라 소비자로 하여금 새로운 정보를 찾아내고 서로 흩어진 미디어 콘텐츠 간의 연결을 만들어 내도록 촉진하는 문화적 변화"라는 정의는 대단히 함축적이다. 단순히 기술과 서비스의 변화가 아니라 기술, 산업, 시장, 수용자, 나아가 장르들 간의 상호 관계에 영향을 주며, 그 자체가 최종 목표점이 아니라 과정이 되고, 이에 참여하는 모든 이들이 이런 흐름을 주시하고 인지하여 사회 내 변화를 초래하는 것이 진정한 융합이라는 것이다.

융합이라는 단어적 개념이 가지는 근본은 앞으로 수 세대가 흘러도 변화가 없을 것이다. 하지만 어떤 융합인지, 그 융합이 초래하게 될 사회, 경제, 문화적 파급이 어떤 형태로 일어날지는 매우 다양할 수 있다. 현재 출현하고 있는 방송통신 융합 서비스들을 살펴봄으로써 방송통신 융합의 진화 방향을 좀 더 알아보도록 하자.

방송통신 융합의 현주소

방송통신 융합 서비스의 선두 주자로 모바일 방송 서비스인 DMB가 있다. 2005년 5월 본방송을 개시한 위성 DMB는 어려운 여건 속에서도 200만 가입자를 확보한 상태이며, 지상파 DMB는 단기간 내에 2천만 대 이상이 보급되면서 방송과 통신이 융합된 대표적 서비스로 자리매김하였다. 지상파 DMB는 본래 유럽의 디지털 라디오 기술을 기반으로 기존의 음성만 실어 나르던 것을 영상까지 실어 나를 수 있도록 한국전자통신연구원에서 개발하여 세계 최초로 상용화시킨 기술이다. 현재는 기술을 진일보시켜 노르웨이, 프랑스, 이탈리아, 네덜란드 등 유럽 선진국에 수출했으며 가나, 말레이시아, 몽골 등 개발도상국에까지 진출하고 있다.

또 하나의 대표적인 융합 서비스로 IPTV가 있다. DMB가 대역폭의 한계로 콘텐츠 및 채널 제공에 한계가 있는 반면, IPTV는 인터넷을 통하여 수십, 수백 개의 채널, HD급 고화질 콘텐츠를 마음대로 즐길 수 있는 서비스이다. 국내 실시간 IPTV 서비스는 개시 1년 만에 약 174만 가입자를 확보함으로써 아직까지는 가입자 수 측면에서 시장 진입에 성공한 뉴미디어로 평가받고 있다.

우리나라는 최근 몇 년간 방송통신 융합 서비스로 DMB와 IPTV 서비스에 주목해 왔다. 그러나 현재 우리는 그다지 주목하지 않았던 다른 융합의 큰 물결에 직면하고 있다. 대표적인 것이 '아이폰'으로 촉발된 스마트폰 기반의 융합 서비스와 'SNS' 서비스일 것이다. 77개국 이상에 보급된 아이폰은 전용 앱스토어를 통해 게임, 비즈니스, 뉴스, 스포츠, 건강, 여행 등 20여 개의 카테고리에서 10만 개의 애플리케이션이 제공되고 있는데, 최근 국내에서 아이폰 판매가 시작되자 마니아들이 생겨나면서 스마트폰 기반의 융합 서비스 시장을 거세게 흔들어 놓고 있다.

아이폰의 등장은 산업계에도 큰 반향을 불러일으키고 있다. 세계 휴대전화 시장의 성장이 2008년 13퍼센트, 2009년 2.1퍼센트로 급속히 둔화되고 있는 상황에서 아이폰은 스마트폰의 대중화를 촉발시키면서 시장 성장을 주도하고 있다. 컨설팅 회사인 가트너(Gartner)의 발표에 의하면, 애플의 스마트폰 판매량은 2007년 330만 대에서 2008년 1천만 대로 245퍼센트의 성장률을 보이고 있다. 또한 아이폰은 모바일 인터넷 콘텐츠 사용을 기존의 휴대전화 대비 10배, 스마트폰 대비 2배 이상 증가시켜 이동통신사의 수익을 높이고, 디지털 콘텐츠 시장의 성장도 견인하고 있다. 이와 같은 아이폰 열풍의 주요인인 혁신적인 사용자 인터페이스 기술도 중요하지만, 무엇보다도 개방형 구조를 통해 이용자 주도의 애플리케이션 성장 환경을 조성하였으며, 하이 테크(High-Tech)의 적용과 함께 이용자의 감성을 자극하는 하이 터치(High-Touch)에 성공하였다는 점에 주목해야 할 것이다.

또 하나 주목해야 할 서비스는 SNS(Social Network Service)이다. SNS는 사람과 사람을 연결하고 정보 공유, 인맥 관리, 자기 표현 등을 통해 타인과의 관계를 관리하는 서비스이다. 우리나라는 '싸이월드'라는 세계 최초의 SNS 사이트를 기반으로 아바타 관련 상품을 판매하는 특유의 사업 모델을 제시하였으나, '세계 최초의 SNS'라는 화려한 등장 이후 이렇다 할 발전이 없는 정체된 모습을 보이고 있다. 반면, 세계 SNS 시장은 빠르게 성장하여 전 세계 이용자 수가 10억 명에 달하고 있다. 최근에는 모바일 SNS가 급속히 성장하여 2009년에 2억 명을 돌파하였으며, 2012년에는 8억 명에 이를 것으로 예상된다. 세계적으로 SNS 이용자 수가 증가하면서 광고 등 마케팅 도구로의 활용도가 높아지고 있으며, 기업에서 사내 SNS로 정보의 흐름을 효율화하는 사례도 늘고 있다.

그간 우리가 주목해 온 DMB와 IPTV를 단말, 네트워크, 서비스 차원에서 영역 간 경계를 허무는 1차원적 융합의 진전이라 한다면, 해외로부터 밀려오고 있는 아이폰과 SNS 열풍은 기술적 혁신성은 그다지 높지 않다 하더라도 우리의 행동 양식은 물론 사고방식까지 바꾸는 헨리 젠킨스의 '문화적 변화'를 초래하는 2차원적 융합으로의 진전이라 볼 수 있다.

방송통신 융합기술의 진화 방향

이용자들은 서비스나 단말기에 대한 적극적인 니즈 표현이나 웹2.0 수준을 넘어 이제 개방, 공유, 참여의 가치를 지향하는 웹3.0 시대로 나아가고 있다. 기술의 발전은 이러한 변화의 동인인 동시에 변화를 대비할 수 있게 하는 수단이다. 급격한 미래의 변화에 대비하기 위한 방송통신 융합기술의 나아갈 방향은 무엇일까? 이에 대해 크게 두 가지 관점에서 살펴보고자 한다.

첫째, 융합의 핵심은 이제 사람, 즉 이용자가 되어야 한다. 이용자에게 친화력이 있는 기술과 서비스는 선택되고, 선택된 기술은 사회적 니즈에 따라 발전하면서 점차 사회적 영향력을 확대해 간다. 이용자에게 친화력 있는 기술이란 이용자가 편하고 재미있게 이용할 수 있을 뿐만 아니라, 이용자의 생활을 편리하게 하고 업무 활동을 개선시킬 수 있는 기술을 말한다. 이를 사회적, 국가적 차원으로 확대한다면 방송통신 서비스는 경제성장의 동력일 뿐만 아니라 미래 사회의 변화를 대비할 수 있는 도구로 준비되어야 함을 의미한다. 즉 고령화, 온난화, 에너지 고갈, 글로벌화, 기술 진보로 인한 환경 변화 등 각종 정치, 경제, 사회 문제를 해결하는 도구로 기능할 수 있도록 준비되어야 한다.

둘째, 방송통신 융합은 좀 더 거시적이고 중장기적으로 국가 차원에서 준비해 나가야 한다. 최근 출현하는 방송통신 융합 서비스들은 근본적으로는 디지털기술과 방송통신 기술의 발전으로 이루어진 것이다. 즉 융합을 일으키는 연결성 기술들도 중요하지만 융합의 근간인 방송과 통신, 인프라 기술의 발전이 현재의 융합 서비스의 출현을 가능하게 한 것이다. 따라서 미래사회의 편리하고 앞선 방송통신 융합 서비스의 확보를 위한 준비로 ① 차세대 방송기술, ② 차세대 이동통신 기술, ③ 융합 서비스 기술, ④ 차세대 융합 인프라 기술 등 네 가지 주요 기술들에 대한 지속적인 연구개발이 필요하다.

편리하고 앞선 방송통신을 위한 4대 주요 기술

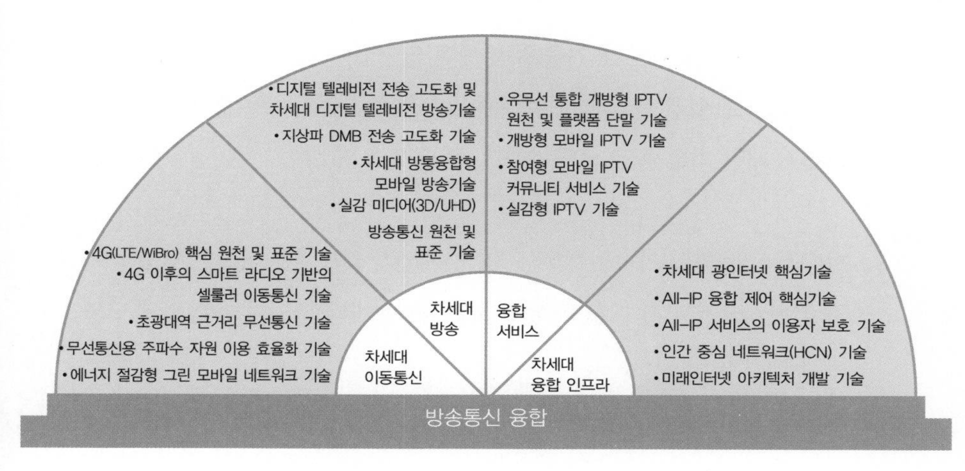

① 차세대 방송기술은 현재의 지상파 디지털 텔레비전 전송 고도화를 비롯한 3D 및 초선명 텔레비전인 UHD TV를 가능하게 하는 기술들을 포함한다. 즉 현재의 방송망을 고도화하여 보다 많은 데이터를 보낼 수 있게 하는 기술과, 콘텐츠를 보다 현실감 있게 볼 수 있도록 하는 기술 등을 포

함한다.

② 차세대 이동통신 기술은 현재의 이동통신망보다 많은 데이터를 효율적으로 보낼 수 있게 하는 4세대 이동통신 기술을 비롯해 초광대역 근거리 무선통신 기술 및 에너지 절감형 그린 모바일 네트워크 기술을 포함한다.

③ 융합 서비스 기술은 새로운 융합 서비스를 가능하게 하는 가장 직접적인 기술들로 유무선 통합 개방형 IPTV 플랫폼 및 단말 기술, 개방형 모바일 IPTV 기술, 참여형 모바일 IPTV 기술 등을 포함한다.

④ 차세대 융합 인프라 기술은 차세대 광인터넷 핵심기술, All-IP 융합제어 핵심기술, 인간 중심 네트워크(Human Centric Network) 기술, 미래인터넷 아키텍처 개발 기술 등을 포함한다.

방송통신 융합이 지속적으로 진화, 발전하기 위해서는 이러한 연결성 기술과 기반기술이 각각 그리고 상호 보완적으로 발전되어야 융합의 속도와 효과가 배가될 수 있다.

백문이 불여일견

우리는 이미 융합의 시대를 살면서도 융합이 무엇인지, 왜 일어나는지, 어떤 의미가 있는지를 생각하지 못하는 경우가 많다. 융합은 기존 사고의 틀을 벗어나는 현상을 초래하기에, 융합의 파괴력을 인지하지 못할 경우

사회변화에서 낙오되기도 쉬울 것이다.

방송통신 융합의 진전은 우리에게 어떤 의미로 다가올 것인가? 미래에 대한 답을 오랜 속담, '백문百聞이 불여일견不如一見'이라는 말에서 찾아보고자 한다. 방송통신 융합 시대의 우리는 지구촌 곳곳의 일을 손쉽게 볼 수 있게 되었다. 실감 미디어의 발전은 스크린을 통한 간접 경험을 보다 직접 경험에 가깝게 느낄 수 있도록 해 줄 것이다. 이제 뉴욕에 다녀오지 않아도 실감 영상을 통해 뉴욕을 현실감 있게 느낄 수 있고, 뉴욕의 거래처와 화상회의를 진행할 수 있으며, 모바일 SNS를 통해 뉴욕에 있는 친구나 가족들과 언제 어디서나 편리하게 교류할 수도 있다. 즉 비행기 표를 살 수 없어도, 뉴욕 거리를 돌아다닐 시간이나 체력이 없어도 우리는 뉴욕을 느낄 수 있게 된다. 이렇게 백문百聞이 아닌 천문千聞을 통해서도 전달하기 어려운 정보를 언제 어디서나 한눈에 파악하고 체험할 수 있게 하는 기술이라면 글로벌 경쟁의 심화, 자원 고갈, 고령화 등으로 인해 회색빛으로 내다보이는 미래를 대비할 수 있는 도구로서의 가능성은 충분하지 않을까 생각한다.

참고문헌

- "방송통신융합의 철학과 비전", 황주성, 『한국사회의 방송통신 패러다임 변화연구』, 정보·통신정책연구원, 2008. 12.
- "아이폰이 가져올 변화 그리고, Beyond iPhone", KT경제경영연구소, 2010. 1.
- "트렌드로 보는 미래사회의 5대 특징과 준비 과제", 〈IT&Future Strategy〉, 한국정보화진흥원, 2009. 10.
- "한·미·일 SNS 서비스 비교 분석", IT정책연구시리즈 제11호, 한국정보화진흥원, 2009. 12.

박노성(시스코 부사장)

서울대학교 전기공학과를 졸업한 뒤 약 4년간 금성통신·반도체에서 연구원으로 근무하였으며, 그 후 미국 디트로이트 대학교와 미시간 대학교에서 컴퓨터과학과 컴퓨터공학으로 석사 학위를 받았다. 1987년부터 미국 일리노이 주 네이퍼빌에 위치한 AT&T 벨 연구소에서 10년 동안 5ESS 스위치 소프트웨어 개발연구원으로 재직하였다. 1996년 5월 현대전자 CDMA 개발임원으로 국내에 진출하였으며, 수년간 CDMA 해외영업을 총괄하다가 2001년 1월부터 시스코의 부사장으로 재직 중이다.

5장 유무선 통신기술 융합

유선, 무선 통신의 역사

1876년 3월 알렉산더 그레이엄 벨이 음성을 전달할 수 있는 전화기라는 기계를 발명한 이래 약 20년 전 휴대전화를 통한 무선통신이 태어나기까지, 모든 통신은 유선에 의하여 이루어져 왔다. 국내에는 1896년 최초로 덕수궁에 내부용 전화기 100대가 설치되었고 1902년 한성전화소가 다섯 명의 가입자로 최초의 일반 가입자 서비스를 시작하였으나, 통신의 본격적인 비약은 1980년대부터라고 볼 수 있다. 또한 1998년 KT가 시작한 초고속 인터넷 서비스가 통신 강국의 대열에 들게 하는 기폭제 역할을 하였다.

유선통신은 전화선, 동축·광케이블 등을 통해 양쪽 사용자의 통화기기가 물리적으로 연결되어 있어야 가능하므로 무선통신이 등장하기 전까지

최초의 전화기를 발명한 알렉산더 그레이엄 벨

의 이 시기에는 모든 국가 기간 유선통신 사업자가 95퍼센트 이상의 통신 시장 점유율 갖고 있었다. 한국에서는 KT가 그 주체였고, 미국에서는 AT&T가 거의 모든 통신 시장을 지배하였다.

무선(Wireless)통신기술은 사용자 간에 주파수를 매개로 하여 물리적 매체 없이도 통신이 가능케 하는 획기적인 기술이다. 1946년 벨 연구소가, 동 연구소의 조엘 엥겔이 소유한 무선 원천기술로 개발한 셀룰러 통신 서비스를 경찰서에 제공한 것이 최초라고 할 수 있겠다. 그 후 일본에서 1973년 최초의 상용 셀룰러 시스템이 설치되었으나 이때까지의 사용자 단말기는 휴대용이 아닌 '카폰'이라고 하는 제법 커서 휴대하기 어려운 장치였다. 사용자 단말기가 휴대전화로 등장한 것은 1983년 모토로라가 최초로 상용화시킨 '다이나텍' 휴대폰부터였다. 그 후 1983년 미국 시카고에서 아메리텍(Ameritech)이 최초로 아날로그 셀룰러 서비스(AMPS, Advanced Mobile Phone Service)란 이름으로 개인 휴대전화를 이용한 무선 휴대전화 상용 서비스를 제공할 수 있게 되었다.

우리나라는 1988년 올림픽이 열리던 해 AMPS 시스템을 도입하여 모토로라의 다이나텍 8000(당시 가격 240만 원) 휴대폰으로 무선통신을 시작했다가, 1996년 세계 최초 상용화에 성공한 CDMA로 이동통신 강국의 대열에 들어갈 수 있는 계기를 만들었다. 무선통신은 20여 년밖에 안 된 역사도 불구하고 무선 그 자체가 장점이 되어 급속도로 시장을 파고들어 유선 시장을 반분하기에 이르렀고, 특히 기본 통신 인프라가 모자랐던 인도나 중국에서는 매월 6백만~9백만 명꼴로 신규 가입자가 늘고 있다.

유무선 융합 시대의 도래

유선, 무선 통신은 IP(Internet Protocol), 반도체, 컴퓨터 등의 기본 첨단기술 발전과 함께 서비스의 종류나 속도, 보안, 품질 면에서 거의 폭발적 발전을 거듭하여 왔으며, 그 산물로 탄생한 초고속 인터넷은 오늘을 사는 현대인들에게 필요불가결한 '세상과의 연결(connected to the world)' 수단이 되고 있다. 정치, 경제, 문화 모든 분야에서 세상을 하나로 엮어 주는 초고속 인터넷의 이용도가 한 나라의 경쟁력의 척도가 된 것은 당연한 귀결이며, 이것이 모든 나라가 초고속 인터넷의 확장을 위해 국가적인 차원에서 정책적 경주를 하고 있는 이유라 하겠다.

기술적인 면에서 유선, 무선 모두 초고속 인터넷이 가능한 시대에 이미 도달해 있다. 80년대 유선으로만 가능했던 초당 9.6킬로비트의 데이터 전송 속도가 이제는 유선, 무선 모두 초당 1~10메가비트로까지 보편화된(유선은 초당 기가비트 단위까지 가능) 전송 속도를 보장하고 있어, 통신의 개념은 물론 모든 일상생활의 패턴을 바꾸기에 충분하다고 할 수 있겠다. 여기서 별개의 서비스로 시작한 유선과 무선의 융합(FMC, fixed-mobile convergence) 통신 서비스의 필요성이 대두된 필연적인 배경 두 가지를 순서대로 논하기로 한다.

첫 번째, 유선과 무선 모두 음성통신 서비스로 시작하였으나 데이터나 화상까지 하나로 융합된 통신 서비스(트리플 플레이 서비스 : 음성+데이터+영상)로 진화하였다. 일상이 날로 복잡해지는 한편 끝없이 배우고 활동하며 여가를 즐기려 하는 현대의 삶은, 음성통신 서비스만으로는 더 이상 충족시킬 수 없게 되었다. 기초적인 음성통신에 이메일을 포함한 데이터는 물론 얼굴을 보며 통화할 수 있는 화상통신까지 융합된 통신은, 개인과 가정은 물론 일터에서도 아주 기본적인 생활의 일부가 되어 버리고 만 것이다.

트리플 플레이 서비스를 통해 통신 전달 매체가 융합된 멀티미디어 세상은 이미 누구나 기본으로 생각하는 서비스이다. 텔레비전을 보며 이메일을 보내는 동시에 전화도 주고받을 수 있는 유선 서비스, 그리고 음성통신으로 시작된 휴대전화로 이메일 송수신, 내비게이션, 전자 독서 및 DMB를 통한 텔레비전 시청을 가능케 하는 무선 서비스가 세상을 이끌고 있다. 유선, 무선 통신은 각기 진화(evolution)와 변혁(revolution)을 거쳐 축적된 기술로, 과거에 생각조차 할 수 없었던 많은 서비스는 물론 요즘을 살아가는 사람들의 생활 패턴을 바꿀 정도로 강력하고도 효율적인 다자간 통신 매체를 제공하고 있다.

두 번째, 다른 첨단기술과 마찬가지로 통신기술과 서비스도 사용자들의 요구에 따라 발전하였으며, 그들의 요구는 끝을 알 수 없이 더욱더 다양해진다. 사용자의 욕구는 이미 보편화된 멀티미디어 서비스를 언제, 어디서든, 어떤 장비로도(anytime, anywhere and any device) 받겠다는 데까지 이르렀다. 유선과 달리 이동성을 기본으로 시작된 무선기술은 간편한 휴대전화라는 한손에 들어오는 기기를 통해 현대를 사는 사용자에게 통신의 이동성을 주었다.

초기 음성 위주의 이동통신의 등장은 2세대 CDMA와 GSM을 시작으로 2.5세대 IS95와 GPRS, 3세대 CDMA2000과 WCDMA, 3.5세대 HSxPA, 그리고 4세대 LTE와 Wimax(국내에선 와이브로)에 이르기까지 20여 년 만에 급속한 세대적 기술발전을 거듭하여, 데이터와 화상까지 포함하는 멀티미디어 서비스를 가능케 하였다. 이로써 이제까지 제공된 멀티미디어 서비스에 이동성을 추가한 '쿼드러플(음성+데이터+영상+이동성)' 서비스가 등장하게 되었다. 집에서는 유선상으로 텔레비전과 피시를 통해서, 이동 중에는 휴대전화를 통해서 주식거래와 은행 송금을 하며, 친구와 화상통화를 하고 방금 오지에서 찍은 사진을 전송하며, 전 세계 어느 사이트든 접속하여 정보를 얻을 수 있는 서비스가 보편화된 것이다.

이제 기업은 물론 개인 사용자에게 유선과 무선이 융합된 멀티미디어 서비스는 나날의 삶의 기본이 되었고, 유선과 무선 별도의 서비스보다는 용이성과 경제성이 하나로 융합된 서비스에 대한 욕구는 필연적인 것이 되었다. 통신 사업자와 제조업체들의 유무선 융합에 대한 기술적, 상업적 노력은 당연한 결론이라 하겠다.

유무선 통신 융합의 현황과 추세

한국의 전통적 유선통신 사업자인 KT가 최근 이동통신 업체인 KTF를 통합하여 단일 사업자로 출범하였고, 국내 최대의 이동통신 사업자인 SK텔레콤이 SK브로드밴드(구 하나로텔레콤)를 인수하고, LG가 텔레콤, 파워콤, 데이콤을 하나로 엮어 통합 LG텔레콤이라는 새로운 회사를 탄생시키려는 국내 유무선 통신 사업의 배경과 시장의 의미는 과연 무엇일까? 이러한 통합 추세는 국내뿐 아니라 전 세계적인 것으로, 이미 대다수의 기간 통신 사업자들은 유선과 무선 사업을 동시에 보유하거나 상호 전략적 제휴를 통하여 유무선 서비스를 동시에 제공하면서, 다양해진 사용자들의 욕구를 충족시키며 사업 모델의 다변화를 꾀하고 있다.

첫째, 유무선 사업자들은 유선과 무선을 서로 경쟁적인 사업으로보다는 보완적으로 보아야 하는 시장이 도래했다. 이미 음성, 데이터 인터넷 가입자가 유선과 무선 서비스로 분산되고 있어 각 사업자는 사업 모델 서비스의 다양화를 통한 가입자 추가 및 유지와 수익 창출에 눈을 돌려야 하는 시장이 형성된 것이다. 사용하기 쉬우면서도 다양한 서비스를 언제 어디서 어떠한 장비를 통해서든 가장 경제적으로 하나의 통합된 서비스로 제공할 수 있어야만 가입자의 확보 및 유지를 통해 최첨단 통신 시장에서의 경쟁에서 이길 수 있다.

둘째로, 기술적인 면에서 별개로 태동해 별개의 통신 수단으로 사용되어 왔던 네트워크 인프라를 효율적으로 통합하는 것이 진정한 유무선 통합의 열쇠가 된다. 동일한 서비스를 유선, 무선에 상관없이 최대한의 용이성으로 사용자에게 제공할 수 있도록 기술적 통합이 이루어져야 한다. 서비스의 경제성은 물론 차후 서비스 도입의 용이성 등을 고려해야 하기에 최고의 전문성을 요하는 통합 요건이라 하겠다. 기술 분야와 사업자별로 각기 다른 전략과 다른 수준에서 통합을 진행하고 있다.

셋째로, 서비스 측면에서 보면 이미 유무선 통합 서비스가 제공되고 있다고 할 수 있다. 집 전화와 이동전화, 텔레비전, 인터넷이 하나의 서비스로 제공되고 있으며, 프로그램을 통해 시간별 전화 수신이 유무선 전화를 따라오는 서비스 등은 쉽게 볼 수 있다. 최근 국내를 포함한 유비쿼터스 도시 건설 프로젝트에는 유무선과 IT, IP의 최첨단 기술이 완전히 통합된 서비스들이 계획되고 있다.

유무선 통신 융합의 방향

인간의 욕구가 끊임없이 진화하는 한, 유무선 통신의 융합은 전 세계 어느 통신 사업자도 지나칠 수 없는 통신산업의 기본 방향이자, 새로운 시장과 서비스를 공략하기 위한 필연적인 목표가 되고 있다.

기존의 사업자는 존재하는 유무선 네트워크를 효율적으로 융합하여 미래 지향적인 통신망을 지어 나가고, 신규 사업자는 처음부터 유선과 무선을 동시에 고려한 통신망을 설계하여, 고객에게 유무선 통합 서비스를 제공하려는 궁극적인 목표를 향한 노력을 계속할 것이다. 이 통합 작업은 지

유무선 통신 융합(FMC)이 가져올 '연결된 삶'의 모습

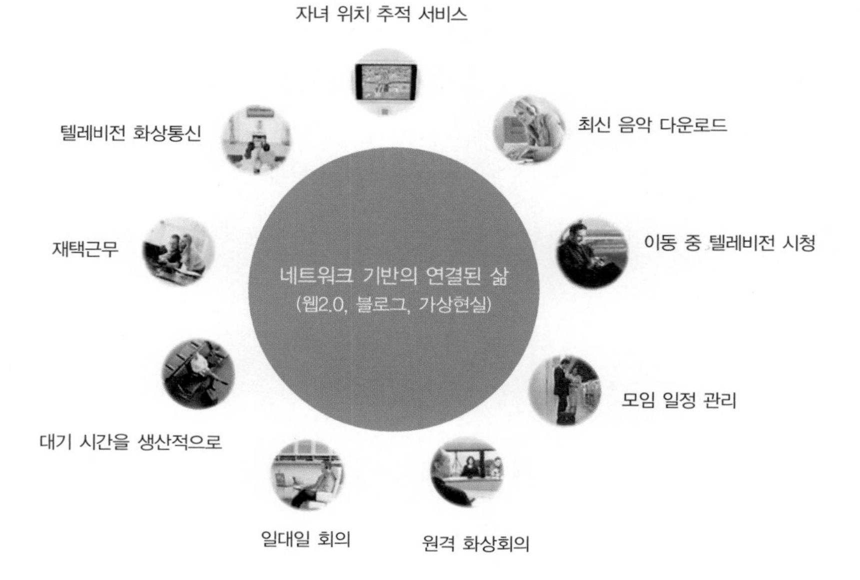

속적으로 진행되는 유선과 무선 각각의 기술발전과 별개로 각 기술의 장점을 최대한으로 활용하며 진행될 것이다.

이렇게 만들어진 유무선 융합 서비스는 새로운 수요와 시장을 창출하여 종래의 수평형 시장(horizontal market)인 개인 가입자에게 차별화된 서비스를 제공함은 물론, 전자 정부, 전자 병원, 전자 학습, 전자 도서관과 같은 새로운 형태의 수직형 시장(vertical market) 사업을 가능케 하는 원천적 서비스를 실현할 것이다. 전자 병원의 예를 들면, 병원에 직접 가지 않더라도 가상 사설 네트워크로 전 세계 어디든 각 분야의 전문 의사에게 연결하여 진료 서비스를 받을 수 있다. 이는 서비스를 제공하는 가상의 업체 사업들로, 유무선 융합의 멀티미디어 서비스가 필수적인 미래의 사업이다.

이렇듯 유선, 무선이 융합된 멀티미디어 통신은 우리에게 일상생활에서 끊김이 없는(seamless coverage) '연결된 삶(The Connected Life)'을 제공하는 필수 도구가 되어, 생각지도 못했던 새로운 서비스, 새로운 사업 모델, 그리고 새로운 삶을 부여하기 위해 끊임없이 발전해 나가고 있다.

참고문헌

- "Debate on Convergence", Stanford University, http://graphics.stanford.edu/~bjohanso/cs448/
- "Going all-mobile-the real meaning of FMC", Francois Mazoudier, *Financial Times,* 2008. 6. 18.

3부

BT융합

박영훈(한국생명공학연구원 원장)

서울대학교 화학공학과를 졸업한 뒤 KAIST 생물공학과에서 이학 석사 학위와, 미국 버지니아 공대 화학공학과에서 생물화학공학 박사 학위를 받았다. KIST 식품생물공학부 연구원, 유전공학센터 책임연구원을 거쳐 1995년 1월부터 생명공학연구소 선임연구부장, 실용화 사업단장을 지냈다. 2001년부터 (주)CJ제일제당의 부사장으로 2007년까지 바이오연구소장을 지내며 산업 바이오기술 개발에 기여하였으며, 2008년 8월부터 한국생명공학연구원 제9대 원장으로 재직 중이다. 현재 한국공학한림원 회원으로 활동하고 있다. 선도기술개발사업 등 많은 정책 기획에 참여하였으며 그 공로로 국민훈장 석류장, 과학기술훈장 웅비장 등을 서훈받았다. 2009년 포브스 경영품질대상(창의경영 부문)을 수상했다.

1장 바이오메디컬 융합기술

고령화되는 미래사회

1876년 그레이엄 벨의 전화기술에 대해 유니언웨스턴의 사장 윌리엄 오튼은 "그 장난감을 가지고 우리가 할 수 있는 게 뭐요?"라는 유명한 말을 남겼다. 세계 최대 IT 기업의 수장인 빌 게이츠는 1981년에 "메모리 640킬로바이트면 이용자들에게 충분할 것"이라고 예견했다. 미래를 내다보는 것이 얼마나 어려운지 단적으로 보여 주는 사례들이다.

최근 OECD, 세계미래학회(WFS), UN밀레니엄프로젝트, 미국국가정보위원회(NIC), 삼성경제연구소, 과학기술정책연구원 등 국내외 많은 두뇌집단들이 미래 예측 결과들을 발표하였다. 하지만 복잡한 변수들이 작용하는 현실 사회에서 미래를 예측하기란 매우 어려운 일이며, 그 예측이 실제로 현실화될 것이라고 기대하는 것 또한 무리일지 모른다.

하지만 이들이 미래 예측에서 공통적으로 제시하는 요인들이 있다. 바로 고령화되는 인구구조의 변화, 웰빙과 건강에의 관심, 기술의 융복합화 등이 그것이다.

주지하고 있다시피 고령화는 이미 급속하게 진행 중이며, 전 세계 65세 이상 고령 인구는 2008년 5억 600만 명에서 2040년 13억 명으로 급증할 것으로 전망된다. 이러한 인구구조의 변화는 개도국의 경제발전으로 인한 소득 증가와 맞물려 웰빙과 건강에의 관심을 높이고 의료 비용을 증대시키고 있다.

특히 우리나라는 고령 인구 비율이 1980년 3.8퍼센트에 지나지 않았으나 2010년에는 10.4퍼센트, 2040년에는 28.9퍼센트로 크게 증가하여 세계에서 가장 빨리 초고령화 사회로 진입할 것으로 예측된다. 또한 우리나라의 GDP 대비 의료비 지출은 현재 6.8퍼센트로 OECD 회원국의 평균 이하의 수준에 머무르고 있지만, 2000~2007년간 연평균 증가율은 9.2퍼센트로 30개 회원국 중 가장 높은 증가율을 보이고 있다.

바이오메디컬 융합기술, 파괴성 혁신의 원동력

이러한 사회적인 트렌드의 변화와 함께 의료 분야에서도 대변혁이 예상된다. 바이오 컨설팅 기업인 버릴 앤 컴퍼니(Burrill&Company)에 따르면 동일한 질병에 걸린 모든 환자에게 같은 약을 처방하는(one-size-fits-all) 의사 중심의 의료 개념이 환자 중심의 '4P(맞춤의료[Personalized], 예측[Predictive], 사전 예방[Preventive], 환자 참여[Participatory])'로 변화하고 있다고 한다. 하버드 비즈니스 스쿨의 클레이튼 크리스텐슨 교수는, 고도의 전문 지식을 가진 전문가(의사)만의 영역이었던 의료가 주치의 → 간호사 → 부모 → 환자 본인으로 이동하고 있고, 사업 모델도 종합병원 → 전문병원 → 외래 클리닉 → 사무실 → 가정 → 환자 본인으로 이동하고 있다고 강조한다.

미국 컨설팅 기업인 딜로이트(Deloitte)의 설문조사 결과에 따르면 55퍼센트의 병원 고객이 이메일을 통해 의사와 건강정보에 대해 의사소통을 하기를 원하고 있으며, 68퍼센트는 가정에서 자가진단하고 그 결과가 의사에게 전송되는 재택 모니터링 기기에 관심을 가지고 있다. 이러한 의료 수요의 변화는 환자들이 병원에 찾아가 병실에 입원하고 의약품을 처방받는 기존 의료 시스템에 근본적인 변화를 요구하고 있다.

크리스텐슨 교수는 이러한 급진적 변화를 '파괴성 혁신(disruptive innovation)'이라는 용어로 설명하고 있다. 그는 현재의 주력 시장에서 주 고객들이 평가하고 기대하는 수준에 따라 기존 제품의 성능을 개선하는 혁신이 존속성 혁신(sustainable innovation)이라면, 파괴성 혁신은 고객들이 하고 싶었지만 못 했던 욕구를 충족시키기 위해 지금까지 존재하지 않았던 새로운 시장을 만들어 내는 혁신이라고 하였다. 이러한 파괴성 혁신이 기존 선진국의 대형 종합병원이나 다국적 제약 기업들이 장악해 온 글로벌 의료 산업의 판도를 바꾸어 놓을 것으로 예상된다.

이러한 의료 분야의 파괴성 혁신을 따르는 글로벌 트렌드로, 삼성경제연구소는 맞춤의료의 발전, 바이오가 주도하는 의료산업, u-헬스의 보편화, 의료 서비스의 글로벌화, 소비자주의의 확산 등 5가지를 제시하였고, 프로스트 앤 설리번(Frost&Sullivan)은 파워 고객의 등장, 환자의 고객화, 예방, 맞춤의료, 스마트 의약품 등의 10가지 트렌드를 발표하였다. 이러한 트렌드를 종합하면 환자 데이터는 현재 개별적 관리에서 통합·자동화로, 진단 및 치료는 침습에서 비침습·예방으로, 치료의 초점은 의사 및 병원 중심에서 환자 중심으로, 접근 방식은 one-size-fits-all에서 맞춤의학으로, 도구는 치료 혹은 진단에서 치료 진단(theranostics)으로, 의료 목적은 질병 치료에서 질병 예방(웰빙)으로 변화하고 있고, 이러한 글로벌 트렌드를 구현하는 기술적 핵심 트렌드는 바이오기술과 메디컬기술의 융합, 즉 바이오메디컬 융합이다.

바이오메디컬 융합의 주요 이슈

바이오메디컬 융합 분야의 주요 이슈를 연구개발, 협력, 연구 인력 측면에서 살펴보면 다음과 같다.

첫째, 연구개발 측면에서 유전체, 시스템생물학, 합성생물학, 줄기세포, 나노바이오 등 혁신적 질병 치료 기술들이 급속하게 발전하고 있다. 유전체기술은 바이오기술, 정보기술, 나노기술, 기계기술 등의 융합기술을 말한다. OECD는 보건의료, 농식품, 산업 분야에서 바이오기술 연구개발이 개별적으로 이루어지고 있지만, 미래에는 유전체를 중심으로 한 데이터 집약형(data-intensive) 기술로 통합될 것이라고 전망하고 있다. 이러한 전망의 배경에는 유전체 해독 기술의 급속한 발전이 자리하고 있다.

유전체 정보 해독의 생산성은 지난 10년 동안 500배 이상(2년마다 2배) 증가하였고, 비용은 1,000분의 1로 감소하였다. 생물의 전체 유전체 해독에 소요되는 비용과 시간도 혁신적으로 줄어들고 있다. 2001년 인간게놈프로젝트에는 12년간 30억 달러가 소요되었으나, 2004년 마우스 유전체 해독에는 3년간 3억 달러, 2008년 소 유전체 해독에는 1년간 3천만 달러로 감소하였다. 전문가들은 가까운 미래에 1천 달러 시대(해독 기간 1~2주)에 진입하고 맞춤의학이 현실화될 것으로 전망하고 있다. 이와 함께 보건의료의 정보산업화가 가속화되면서 디지털 의학(digital medicine) 시대가 도래할 것으로 예상된다. 이미 의료 시술, 의약품 개발 등을 위한 환자 데이터 분석에 적지 않은 기업들이 투자하고 있으며, 향후 급속한 투자 확대가 예상된다.

이와 함께 생명현상에 대한 통합적 연구가 활성화될 것이다. 특히, 시스템생물학과 합성생물학은 바이오메디컬기술 발전의 변곡점으로 작용할 것으로 예상된다. 시스템생물학은 수학, 전산학, 통계학적 기법을 통해 생체 구성 요소의 상호 관계와 상호 작용을 분석하여 생명체를 시스템 관점에서 이해하려는 기술을 말하며, 합성생물학은 다양한 생태자원과 분자 조절 기구를 표준화된 바이오 부품(biobricks)으로 활용하여 신기능 합성 경로를 찾고 맞춤형 대사효소를 생산하는 플랫폼 기술을 말한다.

또한 선천적 혹은 사고등 후천적 원인의 상실 조직과 기관을 재생하고 치료하는 재생의학과 줄기세포 치료 기술이 의약산업의 패러다임을 근본적으로 변화시킬 것으로 전망된다. 줄기세포기술은 기존 불치병의 치료 가능성을 연 혁신기술로, 손상된 세포, 조직, 장기를 건강한 것으로 바꿀 수 있는 가능성을 제시하고 있다. 특히 세포 분화의 시계를 거꾸로 돌려 분화가 끝난 세포를 줄기세포로 되돌리거나 다른 분화 세포로 만드는 역분화 줄기세포는 윤리적 논쟁을 피할 수 있다는 점에서 세계적으로 각광을 받고 있다.

바이오칩, 바이오센서, 나노메디신과 같은 나노바이오기술도 의료 분야의 혁신적인 발전을 이끌 수 있다. 바이오칩, 바이오센서는 u-헬스, 예측 의학 시대를 가능하게 하는 핵심 열쇠로 인식되고 있다. 바이오칩을 통해 수

많은 DNA와 단백질들의 복잡한 상호 작용을 동시에 확인할 수 있고, 바이오센서를 이용하여 여러 가지 질병을 동시에 그리고 조기에 진단할 수 있다. 이러한 바이오칩과 바이오센서가 유비쿼터스와 결합되면 언제 어디서나 질병을 진단할 수 있는 u-헬스를 구현할 수 있다. 나노메디신은 나노 크기 혹은 나노구조의 물질이 가지는 특성을 의학, 진단, 치료에 이용하는 융합기술을 말한다. 나노조영제를 이용한 질병의 조기 진단 분야, 나노약물전달 시스템을 이용한 특정 질병의 표적 치료, 세포 및 생체 내에서 일어나는 분자 수준의 현상을 광학, 자기공명, 초음파, 방사선 등을 이용하여 영상화하는 바이오이미징 등이 대표적인 예이다.

바이오나노기술을 이용하여 약물을 특정 부위에 정확히 전달할 수 있다.

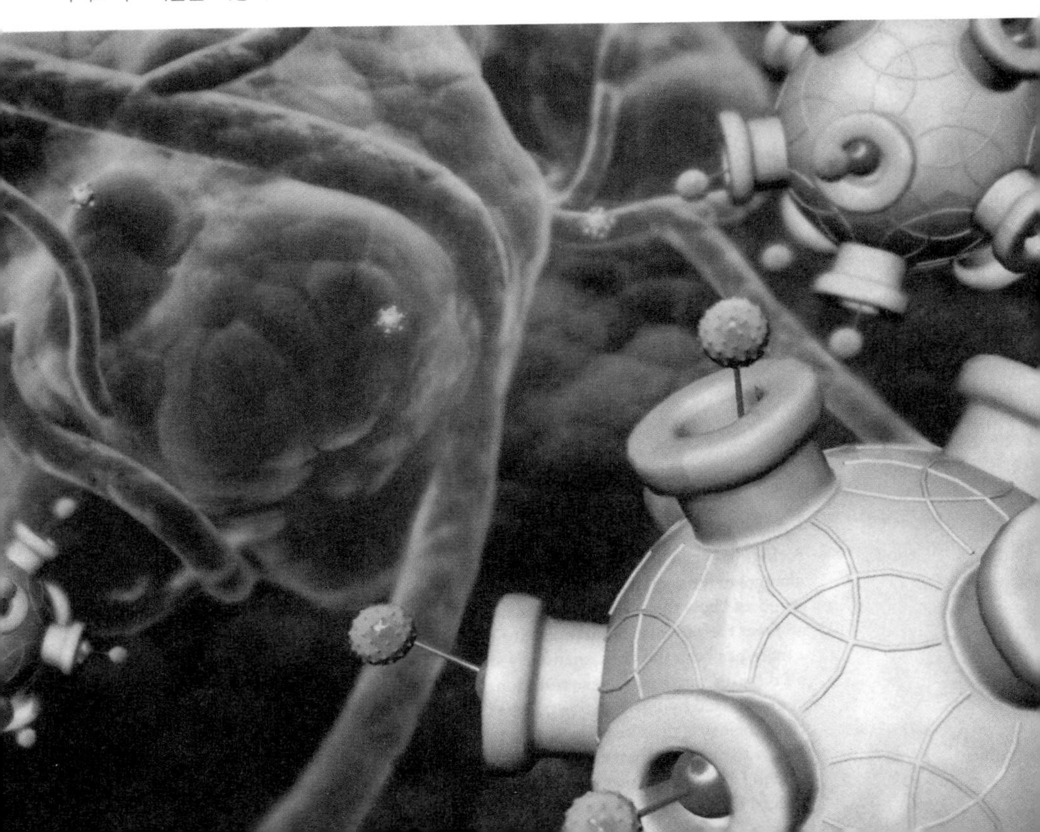

둘째, 제약 기업-바이오 기업, 바이오 기업-바이오 기업 간 협력이 꾸준히 증가 추세에 있다. 1990년대 초반에는 500여 건에 불과하던 것이 2000년 이후 2,000여 건으로 증가하였다. 특히 다국적 제약 기업들은 혁신적인 바이오기술을 확보하기 위해 분자 진단 기업들과의 파트너십을 적극적으로 추진하고 있다. 글로벌 상위 20대 제약 기업을 대상으로 분자 진단 기업과의 파트너십 체결 건수를 조사한 결과에 따르면 2004년 3건에서 2005년 6건, 2006년 10건, 2007년 17건으로 지속적으로 증가하고 있다는 것을 알 수 있다. 이러한 파트너십은 의약품 개발에 투입되는 연구개발비는 지속적으로 증가하고 있지만 미국식품의약국의 허가를 받아 시장에 출시되는 신약의 수는 매년 감소하고 있는 이른바 혁신 갭(innovation gap)과 의료 시장의 글로벌 트렌드에 대응하기 위한 노력으로 이해할 수 있다. 이와 함께 대기업들의 의료 시장 진입이 가시화되고 있다. 델은 월마트와, 제너럴일렉트릭은 인텔과 손을 잡고 의료정보 시장에 뛰어들었다. 뿐만 아니라 오라클, 휴렛패커드, 구글, 마이크로소프트, 삼성SDS 등도 경쟁에 가세하고 있다.

셋째, 우수한 연구 인력의 확보와 활용이다. 2004년 우리나라의 인구 중 이공계 박사 학위자는 0.4퍼센트로 OECD 평균인 0.5퍼센트에도 미치지 못하는 수준으로 연구 인력 수가 절대적으로 부족하다. 그러나 희망적인 것은 2009년 주요 대학의 정시모집에서 생명과학부 진학 경쟁률이 가장 높은 수준을 기록하는 등 바이오 분야의 질적 수준은 지속적으로 증가하고 있는 추세에 있다는 것이다. 또 하나의 특징은 최고급 두뇌의 의학 분야 선호 현상이 뚜렷하다는 것이다. 2003년부터 2005년까지 전국 수능 수석자 전원이 의대를 진학하였고, 역대 국제과학올림피아드 입상자 중 20.4퍼센트가 의대에 진학하였다. 따라서 바이오메디컬 융합 분야에 의사들의 참여를 유인하기 위한 정책적 배려가 필요하다.

기술융합으로 바이오 경제 시대가 열린다

OECD는 바이오 신기술이 타 기술들과 융합을 지속하여 2030년경에 글로벌 경제에 대규모 변화를 가져오는 바이오 경제 시대로 진입할 것으로 전망하고 있다. 바이오기술은 과거의 연장선상에 있지 않아 예측이 불가능하다는 특성을 가지고 있다. 따라서 기존의 의료기술과 융합되어 예측의학, 맞춤의학, 예방의학 등을 구현하는 파괴성 혁신의 핵심 원동력으로 작용할 것이다.

이러한 새로운 블루오션의 기회를 선점하기 위해서는 바이오 분야의 기초연구 지식을 임상과 연계하는 중개 연구가 중요하다. 미국의 경우 하버드 대학과 부속 병원이 매사추세츠 공과대학과 공동으로 복합학위과정(MD-Ph.D) 다학제 융합연구를 수행하고, 인력을 양성하기 위한 브로드 연구소(Broad Institute)를 설립하여 운영하고 있고, 일본의 경우에도 도쿄 대학에 질환생명공학센터를 설립하고 기초 의과학, 공학, 임상 의학을 접목하는 융합연구를 수행하고 있다.

우리나라도 생명공학 연구소의 의과학 연구 분야와 병원의 임상 연구 분야를 연계하는 중개 연구를 활성화하고 융합 인력 양성을 위해 정부가 나서서 학연 및 해외 협력 거점 구축을 적극적으로 지원해야 할 것이다. 이와 함께 바이오메디컬 융합 분야의 연구개발을 활성화하고 지원하기 위해 바이오뱅크, 바이오팹(Fab), 유전체센터, 이미징센터 등의 미래형 인프라를 구축해야 할 것이다.

참고문헌

- "An Aging World: 2008 International Population Reports", Kevin Kinsella and Wan He, U.S. Census Bureau, 2009.
- "Biotech 2009: Life Science Navigating the Sea Change", Steve Burrill, Burrill&Company, 2009.
- *The Innovator's Prescription: A Disruptive Solution for Health Care,* Clayton Christensen, McGraw-Hill, 2008.
- *The Innovator's Dilemma: When New Technologies Cause Great Firms to Fail,* Clayton Christensen, Perseus Distribution Services, 1997. / 『혁신기업의 딜레마』, 이진원 역, 세종서적, 2009.
- "의료산업의 5대 메가트렌드와 시사점", 강성욱, 삼성경제연구소, 2007. 3. 5.
- "360 Degree CEO Perspective of the Global Healthcare Industry", Frost&Sullivan, 2008.
- *The Bioeconomy to 2030: Designing a Policy Agenda,* OECD, 2009.
- "과학기술 고급두뇌 확보 방안", 류지성, 삼성경제연구소, 2008. 2. 19.

원세연(생물정보연구소장, (주)바이오니아 바이오인포매틱스 본부장)

고려대학교 생물학과를 졸업한 뒤 미국 웨인 주립대학에서 석사 학위와 KAIST에서 박사 학위를 받았다. KAIST 인공지능연구센터 연구원과 과학기술정보연구원 사실정보실 실장을 거쳐, 현재는 생물정보연구소장과 (주)바이오니아 바이오인포매틱스 본부장으로 일하고 있다. 지난 10여 년간 생물정보학 교육 과정과 생물정보학 관련 정보를 전달하는 홈페이지를 운영해 왔다. 최근 신종 인플루엔자 확진 검사에 쓰이는 컴퓨터 알고리즘을 개발하기도 했다.

2장 생물정보학

밝혀진 생명현상의 설계도, 어떻게 읽을 것인가

생명체는 자연이 만든 나노기계이다. 그 부품은 단백질과 핵산(DNA와 RNA), 지질, 그리고 탄수화물 등으로 이루어져 있으며, 단백질로부터 가장 다양한 부품들이 만들어진다. 단백질로 만들어진 부품들은 자신을 포함한 다른 모든 부품들을 만들어 내는 역할을 한다. 생물체를 구성하는 하나의 세포 속에는 수십만 가지의 각기 다른 단백질 부품들이 들어 있다. 이 부품들이 복잡한 상호 작용을 하는 것이 결국 생명현상이다.

부품을 만들기 위해서는 설계도가 필요하다. 생명체의 경우 이 설계도는 DNA 속에 담겨 있다. DNA는 염기라고 불리는 4가지 단위체가 사슬 형태로 연결된 매우 긴 분자이다. 24개의 한글 자음과 모음의 조합이 인간의 모든 사상과 정보를 표현할 수 있는 것처럼, DNA를 구성하는 4가지 염기의 조합은 수십만 가지의 단백질 부품들을 포함하여 세포의 작동에 필요한 모든 부품들의 설계도와 행동 지침 등을 담고 있다.

지난 60년간 분자생물학의 발전 덕분에 세포로부터 DNA에 담긴 설계도를 읽어 내 컴퓨터 하드디스크에 파일로 옮길 수 있는 기술을 가지게 되었으며, 이 기술은 급속한 발전을 거듭하고 있다. 그런데 여기에는 심각한 문제가 하나 있다. 대부분의 경우에 우리는 이들이 무엇을 하는 부품인지, 어떤 부품과 서로 연결되는지도 제대로 모른 채, 단지 설계도들만 하드디스크에 잔뜩 담을 수 있게 된 것이다. 이것이 바로 인간게놈프로젝트가 완료되었다는 소식이 들린 지 여러 해가 지났지만, 그래서 도대체 달라진 것이 무엇인지 묻게 되는 그 핵심적인 이유이다.

인류는 자연이 만든 위대한 나노기계의 설계도를 막 입수한 상황이다. 이제 남은 일은 이 설계도를 토대로 이 위대한 기계 장치 내부의 작동을 이해할 차례이다. 앞으로 얼마나 걸릴지, 어떠한 끝이 있을지도 알 수 없는 대장정의 초입에 들어선 것이다. 그렇다면 이러한 대장정에서 생물정보학이라 불리는 학문은 어떤 역할을 하는 것일까?

생물정보학이란

우선 생물정보학에서 다루는 정보들에는 어떤 것들이 있는지 좀 더 구체적으로 살펴보자. DNA에 담긴 정보는 사람 세포 하나의 경우에 약 3기가바이트의 컴퓨터 파일이 된다. 그리고 사람들은 서로 조금씩 다르므로, 개개인의 것을 각기 3기가바이트의 컴퓨터 파일로 만들 수 있을 것이다. 이 일은 실제로 진행되고 있는 일이다. 또한 사람 이외의 생물체들은 그 자체로 중요하며, 때로는 사람에게 직접 실시해 볼 수 없는 실험들의 대상이 된다는 면에서도 중요하다. 더불어 DNA에 담긴 부품 설계도만이 아니라 하나의 세포 안에 실제로 어떤 일들이 일어나고 있는지, 즉 세포 안에 있는 수십만 가지의 부품들이 어떤 상호 작용을 하고 있는지를 조사한 데이터도 내부의 작동을 이해하기 위해서 중요하다. 이러한 데이터는 과학자들이 새로운 실험을 할 때마다 얻게 되므로 그 양은 무궁무진하다 할 수 있을 것이다.

그런데 단지 양적인 면만이 문제가 아니라는 것이 더욱 어렵게 하는 점이다. DNA에 담긴 부품 설계도 정보는 [그림 1]에서 볼 수 있는 것처럼 사람의 눈에는 무의미한 암호에 불과하다. 부품들의 상호 작용에 관한 실험 데이터 또한 끝도 없는 수치들의 나열에 불과하다. 이러한 대량의 데이터 속에 생명현상의 복잡함이 감추어져 있는 것이다. 생명현상을 이해하고 나아가 인간에게 유용한 지식을 얻고자 하는 것이 생물학이며, 이 과정에 수반되는 대량의 복잡한 데이터를 컴퓨터로 다루고 분석하는 도구로써의 분야가 바로 생물정보학이다.

[그림 1] 사람의 눈에는 무의미한 암호에 불과한 DNA 염기서열

TGAGAAGGTGGCCAACCGAGCTTCGGAAAGACACGTGCCCACGAAAGAGGA
TTTAAAAAGATGCGCTATCATTCATTGTTTTGAAAGAAAATGTGGGTATTG
GAAGCTGATTGAATAGAGAGCCACATCTACTTGCAACTGAAAAGTTAGAAT
TTCTAAGAAACTAAAAATACTTGTTAATAAGTACCTAAGTATGGTTTATTG
CATACAGGTGCCATGCCTGCATATAGTAAGTGCTCAGAAAACATTTCTTGA
GCTTAAAGTATTTATTGTTATGAGACTGGATATATCTAGTATTTGTCACAG
TATTTTGAAAAAAGTTACTTCACAAGCTATAAATTTTAAAAGCCATAGGAA
CATAGCCTAATGTGATGAGCCACAGAAGCTTGCAAACTTTAATGAGATTTT

신생물학자의 등장

생물정보학과 생물학의 관계에 대해서 조금 더 풀어서 적어 보면 다음과 같다. 우선 생물정보학은 다른 융합학문들과는 달리 그 자체로 독자적인 목적을 가진 학문은 아니다. 어디까지나 생명현상을 연구하기 위한 학문, 즉 생물학의 도구로써의 역할만을 가지고 있다. 그렇다면 생물학자들이 스스로 알아서 하면 될 터인데 굳이 이렇게 독자적인 분야인 양 자리를 잡게 된 이유는 무엇일까? 이것은 생물정보학의 묘한 특징에 기인한 것이다. 만약 간단한 계산 정도만 하면 되는 일이었거나, 소수의 컴퓨터 프로그램을 자세한 것은 알 필요 없이 단순히 사용하면 되는 수준의 일이었다면 생물정보학이란 용어도 생겨나지 않았을 것이다.

막대한 양의 복잡한 정보, 기본적인 원리와 사용법 소개만 싣는다 해도 두꺼운 책 하나에 다 담을 수 없는 다양한 컴퓨터 소프트웨어들, 한 사람은 그 일부분밖에 섭렵할 수 없는 지식의 넓이 등과 같은 점들이 생물정보학을 독자적인 학문으로 취급받을 수 있게 하는 것이다.

또한 생물학자가 생물정보학 분야의 복잡한 컴퓨터 소프트웨어를 손수 만들어 낼 수는 없을 것이므로, 전산학과 통계학 등을 제대로 공부한 사람에 의해서 소프트웨어가 만들어져야 한다는 점을 이해할 수 있다. 반대로, 데이터의 성격을 제대로 이해해야만 이를 다루고 분석하는 소프트웨어를 만들 수 있으므로, 생물학 지식이 거의 없는 프로그래머가 쉽게 접근할 수 있는 분야가 아니라는 점도 이해할 수 있다. 즉 어느 한쪽에서 완전히 소화하는 것이 현실적으로 가능하지 않으며, 이로 인해서 생물정보학은 독자적인 목적을 가지지 않은 분야임에도 특이하게 독자적인 분야를 형성하게 된 것이다.

소프트웨어를 직접 만드는 일까지는 아니고 이미 만들어진 것을 사용만 하는 경우에는 어떨지 한번 살펴보자. 이 경우에도 쉽지 않은 문제가 생기는데, 생물정보학 분야의 소프트웨어 대부분은 상당한 공부를 해야만 무엇을 어떻게 할지, 그리고 얻어진 결과의 의미가 무엇인지 이해할 수 있다는 점이 그것이다. 이조차 문제가 되고 있는 주된 이유는 기존 생물학 분야의 특징으로 인한 것이다. 수학이나 전산학 등과는 담을 쌓고서도 얼마든지 훌륭한 생물학자가 될 수 있었던 것이 최근까지의 상황이었으며, 이공계 분야는 좋아하나 수학에는 자신이 없는 경우에 택할 수 있는 좋은 분야가 바로 생물학이었다.

그런데 이 상황이 최근의 급속한 발전들로 말미암아 상당히 바뀌게 되었다. 물론 생물학의 많은 연구 분야들은 앞으로도 상당 기간 현재처럼 '수학이 필요 없는' 모습으로 남아 있을 것이다. 그렇지만 생물학 연구의 핵심 줄기 속에 '생물정보학적인 지식이 필요한 방식의 연구'가 이미 확고히 자리를 잡은 것이 현재의 상황이며, 그 줄기는 점점 더 굵어지고 더 많은 가지를 쳐 가고 있는 중이다. 이것은 적어도 일부의 생물학자들은 생물정보학 지식을 제대로 가진 사람들이 되어야만 함을 뜻하며, 이러한 '신생물학자'들을 키워 내기 위해서는 기존의 생물학 교육과는 다른 형태의 교육이 필요하게 된다.

이 교육의 핵심을 한마디로 적으면 수학, 통계학, 전산학의 기초 지식을 충분히 가진 생물학자를 양성해 내는 것이다. 물론 생물정보학 자체의 지식들도 이 과정에서 최대한 다양하게 가질 수 있도록 해야 할 것이다. 그런데 이것은 여러 현실적 이유로 인해 결코 쉬운 일이 아니며, 선진국들에서도 여전히 더 나은 방법을 찾아 지속적으로 노력하고 있다.

생물정보학을 사용한 생물학 연구

이제 생물정보학적 도구가 핵심적으로 사용되는 생물학 연구의 구체적인 예를 하나 살펴보자. 우리 몸에는 사람 세포의 수보다 세균의 수가 더 많다는 사실을 알고 있는가? 즉 세포의 수만으로 따지면 우리 몸은 사람이라기보다는 세균 덩어리인 것이다. 단지 세균이 사람 세포보다 크기가 훨씬 작으므로 육안으로는 사람 세포만 주로 보이는 것이다. 조금 징그러운 상상이지만 어디까지나 과학적인 사실이므로 받아들일 수밖에 없다.

그런데 지금까지는 우리 몸에 몇 종의, 그리고 어떤 종의 세균들이 살고 있는지조차 제대로 알지 못했는데, 그 이유는 이러한 세균들을 몸 밖에서 대량으로 증식할 수 없었기 때문이었다. 최근에 개발된 기술들로 인해 개별 종을 일일이 분리하여 증식할 필요 없이 우리 몸에서 얻어진 종들의 혼합물 시료로부터 한꺼번에 DNA를 추출하고, 추출된 긴 DNA 분자를 짧은 조각들로 무작위로 자른 다음에 이 조각들의 DNA 염기서열을 알아낼 수 있게 되었다. 이때 풀어야 할 문제는 이 조각들을 같은 종끼리 묶어 주는 일이다. 즉 많은 종들의 혼합물에서 무작위로 자른 DNA 조각들이므로 어느 조각이 어느 종의 것인지를 알아내야 한다.

우리가 전혀 알지도 못하는 세균들인데 어떻게 이것이 가능할까? 개별 종을 분리하여 대량 증식을 한 것은 아니지만, 사람의 몸에서 긁어 낸 시료에는 이미 많은 수의 동일 종 세균 개체들이 들어 있다. 또한 같은 종의 세균은 같은 DNA 분자를 가지고 있을 것이다. 그런데 위에서 무작위로 잘랐다고 했으므로, 이 무작위로 잘린 조각들로부터 얻어진 DNA 염기서열에는 같은 종의 것인 경우에는 서로 겹치는 부분이 존재하게 될 것이다. 예를 들어, 100권의 동일한 책을 무작위로 갈기갈기 찢어 놓았다고 하자.

100권이나 되는 동일한 책을 찢은 것이므로 같은 페이지가 찢어진 조각들이 많을 것이며, 이들로부터 문장을 비교하여 원본을 복구할 수 있을 것이다(만약 이 설명이 이해가 된다면 여러분은 생물학자, 나아가 신생물학자가 될 자질을 갖춘 것이다).

이때 컴퓨터가 해야 할 일은 무엇일까? 수백만 개의 DNA 조각들의 염기서열을 서로 일일이 비교하여, [그림 2]처럼 겹치는 부위가 존재하는 것끼리 모으면, 이때 모아지는 그룹의 수만큼이 바로 시료가 채취된 우리 몸의 해당 부위에 살고 있는 세균 종의 숫자가 된다. 물론 단지 종의 숫자만을 파악하는 데 그치지 않고, 얻어진 DNA 염기서열을 더 자세히 들여다보고 이미 잘 연구가 된 어느 세균 종과 유사한지를 찾아낼 수도 있을 것이며, 다양한 연구들을 더 진행할 수 있게 된다. 이 과정에서 필요한 컴퓨터 알고리즘들은 지난 30여 년에 걸친 생물정보학자들의 노력의 산물이며, 이러한 알고리즘들이 들어간 소프트웨어들을 부담 없이 사용하여 대량의 복잡한 데이터를 다루는 일에 주저함이 없는 것이 바로 신생물학자들이 가져야 하는 모습인 것이다.

[그림 2] 컴퓨터를 이용한 생물학 연구

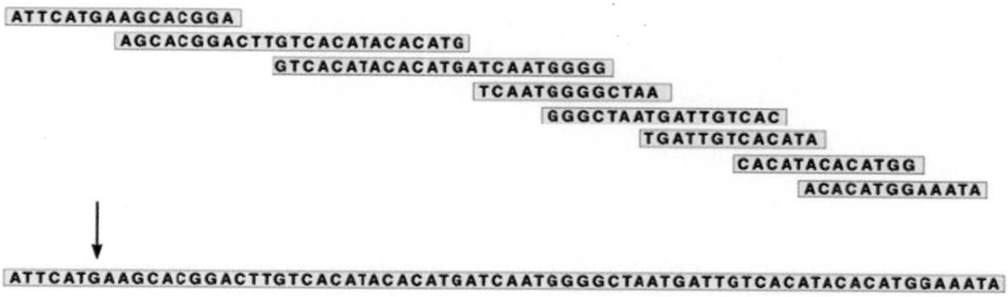

```
ATTCATGAAGCACGGA
          AGCACGGACTTGTCACATACACATG
                         GTCACATACACATGATCAATGGGG
                                        TCAATGGGGCTAA
                                             GGGCTAATGATTGTCAC
                                                   TGATTGTCACATA
                                                        CACATACACATGG
                                                            ACACATGGAAATA
        ↓
ATTCATGAAGCACGGACTTGTCACATACACATGATCAATGGGGCTAATGATTGTCACATACACATGGAAATA
```

무작위로 잘린 DNA 조각들에서 서로 겹치는 부분을 찾아내 원본을 복구한다.

DNA의 염기서열을 따라 거슬러 올라가 보면,
아프리카에서 현생인류의 조상을 만날 수 있다.

앞의 예처럼 컴퓨터가 중요한 도구로 사용되는 생물학 연구에는 매우 다양한 것들이 있다. 일란성 쌍둥이는 가지고 있는 DNA 염기서열이 같으므로 모든 점에서 서로 그토록 닮았다. 반대로 사람들이 서로 조금씩 다르고 때로 다른 질병에 걸리게 되는 것은 상당 부분 DNA 염기서열이 서로 다르기 때문이다. 많은 사람의 DNA 염기서열의 차이를 비교하면 어느 유전자가 어떤 질병의 원인이 되는지 찾아낼 수 있다. 이때 컴퓨터가 중요한 역할을 하게 됨을 짐작할 수 있을 것이다.

지구상에 존재하는 많은 종들은 하나의 조상으로부터 오랜 세월 진화를 거듭하여 생겨난 것들이다. 이 과정의 핵심은 DNA 염기서열의 점진적인 변화이며, 그 흔적들이 오늘날 존재하는 종들의 DNA 속에 고스란히 남겨져 있다. 다양한 종들로부터 얻어진 DNA 염기서열을 서로 비교하여 이러한 진화의 과정을 재구축해 보는 것은 그 나름의 의미가 있는 일이다. 또한 현생인류의 조상은 아프리카에서 출발하여 전 세계로 퍼져 나간 것이며, 이 과정의 흔적 또한 우리들의 DNA 염기서열 속에 고스란히 남아 있다. 현재 이 과정을 세밀히 살펴보는 일이 빠르게 진행되고 있다.

앞에서 단백질이 세포 속에 들어 있는 부품의 대부분을 차지하는 것이라 언급을 했는데, 이러한 단백질들은 3차원적인 실체이다. 이들의 입체적인 모양을 서로 비교하고 작동 방식을 확대해서 들여다보기 위해서는 컴퓨터의 도움이 필수적이다. 또한 어느 세포가 어떠한 조건에서 어떠한 단백질 부품들이 서로 어떻게 상호 작용을 하고 있는지 그 전체적인 그림을 들여다볼 수 있는 기술들이 빠르게 발전하고 있다. 이러한 기술을 사용한 실험으로부터 얻어진 데이터는 대규모의 컴퓨터 파일로 우리에게 주어지게 된다. 이 모든 데이터로부터 유용한 지식을 얻어 내기 위해서는 생물정보학 분야의 지식은 필수불가결의 것이다.

참고문헌

- *Bioinformatics and Functional Genomics,* 2nd ed., Pevsner, Wiley-Blackwell, 2009.
- *An Introduction to Bioinformatics Algorithms,* Jones and Pevzner, MIT Press, 2004.

조광현(KAIST 바이오및뇌공학과 교수)

KAIST 전기및전자공학과를 졸업하고 동 대학원에서 석사와 박사 학위를 받았다. 영국 맨체스터 대학교, 옥스퍼드 대학교, 글래스고 대학교의 초빙교수, 아일랜드 해밀턴 연구소의 초빙석학, 스웨덴 왕립대학의 초빙교수를 지냈으며, 서울대학교 의과대학 의학과의 교수를 거쳐 현재 KAIST 바이오및뇌공학과 교수로 재직 중이다. 국제 인간 프런티어 과학 프로그램(HFSP)의 시스템생물학 전문 위원, 국제전기전자기술자협회(IEEE)의 수석회원이며, 국제저널인『IET 시스템즈바이올로지』와 뉴욕 스프링거 출판사의『시스템생물학 백과사전』편집위원장을 맡고 있다.

3장 시스템생물학

생명체의 복잡계 네트워크

우리는 과연 '우연'한 진화의 산물일까? 우리 몸을 구성하는 세포 내의 수없이 많고 복잡하게 얽혀 있는 분자들의 정교한 구성과 동작 원리를 이해하고 나면, 이러한 생체의 구성이 억만 년 시간 끝에 얻어진 우연한 진화의 결과물이라고 믿기 어려워질 것이다. 그렇다면 과연 무작위적 발생과 적자생존의 선택에 따른 진화 이외에 어떤 또 다른 원인(driving force)이 현재 우리 몸의 세포를, 그리고 우리의 몸을 존재하게 만든 것일까?

1929년 월터 캐논이 유기체를 하나의 동역학 시스템으로 간주하기 시작한 이래로 카우프만의 예지 넘치는 진화적 논제를 거쳐 인간게놈프로젝트를 통해 인간의 유전자 서열 정보가 밝혀지자 이제는 급기야 '가상 세포',

[그림 1] 내외부 섭동에 대한 생체분자 네트워크의 반응

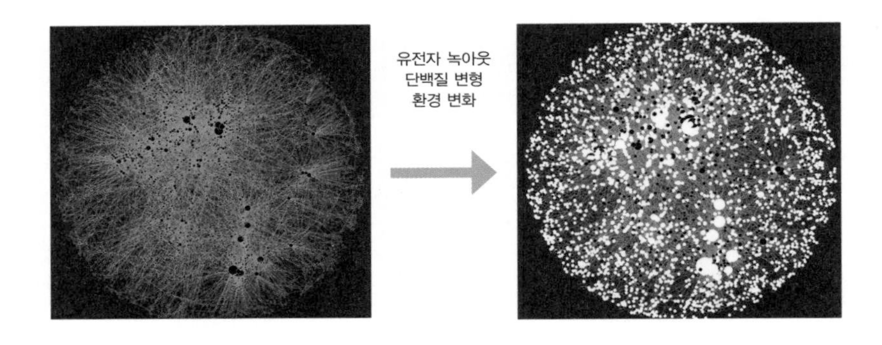

더 나아가 '가상 인간'을 구현하려는 시도가 이루어지고 있다. 과연 가능한 것일까?

우리 몸은 약 60조 개의 세포로 구성되어 있으며, 각각의 세포는 또다시 수많은 단백질과 유전자들로 이루어져 있다. 더욱이 이러한 각각의 세포와 분자들은 서로 독립적으로 존재하는 것이 아니라 끊임없이 생성과 소멸을 반복하며 이웃한 세포, 분자들과의 긴밀한 상호 작용을 통해 거대한 '네트워크'를 형성함으로써 정교한 생명현상을 유지하고 있다. 우리가 음식을 섭취하거나 운동을 하는 등 일상적인 생활을 유지하는 이면에는 이렇듯 복잡하고 거대한 생체분자들의 네트워크가 동작하고 있다. [그림 1]에서 보듯이 우리 몸에 내외부로부터의 자극(이를테면 약물, 자외선 또는 유전자 돌연변이 등)이 주어지면, 이러한 생체분자 네트워크에 일종의 섭동(perturbation)이 주어진 효과로 이어지며, 이 경우 서로 연결된 분자, 세포들이 상호 작용하는 네트워크의 회로에 의해 섭동의 효과에 대처함으로써 몸의 항상성(homeostasis)을 유지해 나가게 된다.

여기에서 두 가지 특징에 주목할 필요가 있다. 첫 번째는 앞의 예와 같이 생명현상이 독립된 요소들의 집합체가 아닌 긴밀히 상호 작용하는 '복잡한 네트워크'에 의해 유지된다는 것이다. 두 번째는 이러한 네트워크의 집합적 성질이 시간에 따라 변화하는 매우 동적인 메커니즘, 즉 '네트워크 동역학'을 지니고 있다는 것이다. 따라서 복잡하고 정교한 생명현상을 지배하고 있는 근본적인 원리를 이해하기 위해서는 이와 같은 두 가지 특징을 규명해야만 한다.

시스템생물학, 새로운 시스템적 사고로의 전환

생체분자 네트워크에는 분명 개별 분자들이 따로 떨어져 있을 때에는 존재하지 않지만 이들이 서로 상호 작용하여 거대한 네트워크를 형성함으로써 유발되는, 소위 '창발적 성질(emergent property)'이 나타나게 된다. 그리고 이러한 창발적 성질이 비로소 생명의 고유한 특징을 만들어 내는 것이다. 따라서 생명현상에 대한 근원적인 이해를 위해서는 이러한 창발적 성질의 원인을 밝혀내야만 한다. 분자생물학이 지난 수십 년간 이루어 온 괄목할 만한 업적에도 불구하고 21세기에 접어들며 기존의 환원주의(reductionism)적 관점에서 탈피해 다시 전체주의(holism)적 관점으로 선회하게 된 원인도 바로 여기에 있다.

생체를 구성하는 요소들 하나하나의 물리 화학적 특징을 찾아내는 것으로부터 벗어나 구성 요소들이 서로 유기적으로 상호 작용하여 하나의 집합적 성질을 만들어 내는 과정을 시스템 관점에서 이해하고자 하는 새로운 패러다임이 형성되었으며 이를 '시스템생물학(systems biology)'이라고 부른다.

사실 역사적으로는 이미 1968년 메사로비치 박사가 이러한 개념을 정의한 바 있으며(그 어원 자체는 시스템과학[systems science]과 생물학[biology]의 합성어이다), 여러 과학자들이 관련된 연구를 시도하였으나 당시의 기술 수준으로는 그러한 연구를 위한 정량적이고 체계적인 실험 측정이 불가능하였기에 큰 성과로 이어지지 못한 채 역사의 뒤안길에 머무르게 되었다. 이러한 역사적 배경 가운데 위버, 마인하트, 카우프만, 헤이켄, 해리슨, 굿윈 등에 의한 자연계의 비조직적 복잡성(disorganized complexity)과 조직적 복잡성(organized complexity)에 대한 연구는 시스템생물학의 부활에 직접적 동기를 제공하였다. 즉 시스템생물학은 이러한 복잡계에 대한 연구를 현대 생명과학의 포스트게놈 시대로 연장하며 재조명받게 된 분야라고 할 수 있다.

그러나 시스템생물학은 생명 시스템의 동역학 특성을 신호 및 시스템 차원에서 접근한다는 측면에서 종래의 복잡계 연구와 분명 차별화된다. 아울러 최근 기술의 진보로 인해 가능해진 대량의 분자생물학 실험 데이터의 생성은, 시스템 이론의 적용이 가능한 수준의 정량적 데이터를 얻을 수 있게 함으로써 시스템생물학이 재조명받는 또 다른 직접적 동기를 제공하게 되었다.

시스템생물학의 근원적인 목표는 단순히 생명현상에서 관측되는 상관관계(correlation)를 분석하고자 하는 것이 아니라 세포(또는 세포 내의 여러 분자들)가 외부 자극에 대해 어떻게 내부적인 동역학 변화를 유발하고 이로 인해 자극에 대한 반응을 비로소 만들어 내는지에 대한 인과관계(causality)를 밝히고자 하는 것이다. 생명 시스템 구성의 기본 단위인 세포는 시공간상에서 상호 작용하는 분자들로 이루어져 있으며 자가조절 기능을 갖춘 일종의 동역학 시스템이다. 그런데 이러한 세포 네트워크의 구조, 기능, 그리고 조절 작용 등을 지배하는 상호 관계는 현재까지 대부분 밝혀져 있지 않다. 시스템생물학은 실험과 이론적 방법론 개발의 융합연구를 통해 이러한 상호 관계를 규명하고 설명하려는 데 그 목적이 있다.

이렇듯 시스템생물학 연구가 새롭게 중요시되는 이유는 종래의 생물정보학에서 데이터를 마이닝(mining)하는 방식으로는 구성 요소 혹은 변수들 간의 상관관계만을 밝힐 수 있을 뿐 정작 필요한 상호 인과관계와 동적인 상호 작용 등에는 접근할 수 없기 때문이다.

세포의 분자적 특성을 볼트와 너트의 조합만으로 이해하는 것이 아니라 그 본질적 기능을 탐구하기 위해서 게놈 데이터의 마이닝 방식이 아닌 시스템과 신호 관점에서의 방법론 개발이 절실하다는 데에 초점이 집중되고 있다. 따라서 시스템생물학은 보다 많은 실험적 발견과 지식을 집대성하려는 것이라기 보다는, 새로운 시스템적 사고로의 전환을 요구하고 있다고 볼 수 있다.

융합연구로 생명현상의 수수께끼를 풀다

시스템생물학은 현대의 생명과학이 직면한 복잡한 생명현상의 수수께끼를 풀기 위해 그동안 전혀 다른 영역에서 발전되어 온 공학, 수학, 물리학 등 이른바 드라이 사이언스(dry-science)와 전통적 실험생물학인 웨트 사이언스(wet-science)가 융합되어 탄생한 새로운 학문 분야이다[그림 2]. 그 이면에는 지금까지 생명과학계의 주된 연구가 특정 현상에 관여하는 요소를 '발견'하는 차원에서 이루어져 온 데 반해, 생명현상의 숨은 동작 원리를 규명하기 위해서는 그와 같은 요소들이 어떻게 상호 작용하여 비로소 복

[그림 2] 시스템생물학의 연구 수행 방식

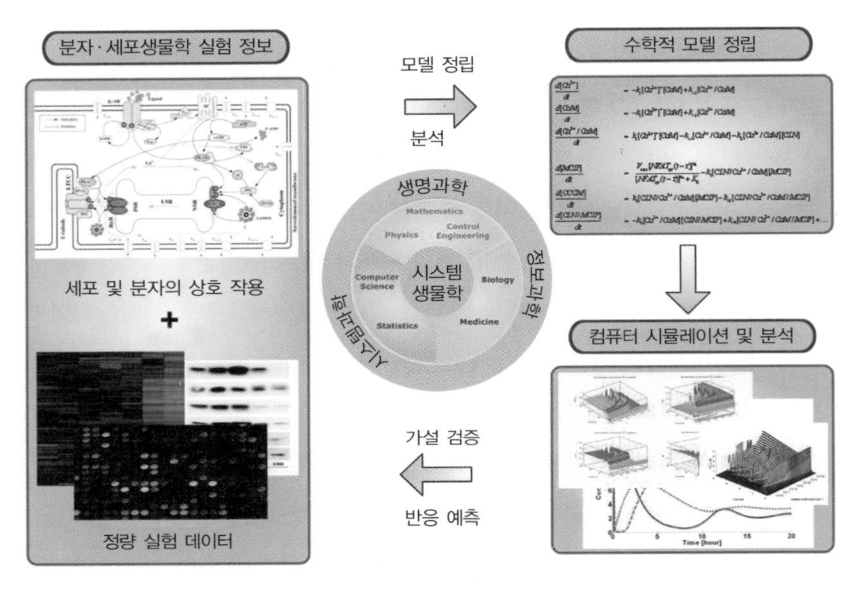

생명현상의 구체화된 질문을 공유하는 서로 다른 영역의 과학자들이 함께 모여서 가설을 수립하고 이를 테스트해 보기 위해 정교한 실험을 계획한다. 측정된 정량 데이터로부터 수학적 모델을 정립하고 컴퓨터 시뮬레이션을 통해 다양한 상황에서 가설을 검증해 본다. 분석 결과에 따라 가설을 수정하거나 수학적 모델을 보완하거나 새로운 실험을 설계한다. 가설이 성공적으로 검증되면 시스템 차원의 새로운 동작 원리를 발견할 수 있으며 질병 치료와 다양한 바이오산업 발전에 응용할 수 있다. 이 과정에서 전체 연구의 핵심적인 설계는 시스템과학자가 생물학자의 도움을 받아 효율적으로 진행해야만 성공을 기대할 수 있다. 즉, 기존 실험생물학적 방식만으로는 풀 수 없었던 복잡한 생명현상의 수수께끼에 대한 새로운 실마리를 찾아나갈 수 있는 것이다.

잡한 생명현상을 만들어 내는지에 대한 '논리'적인 탐구가 필요하다는 시대적 요청이 잠재되어 있다. 우리는 특정 질병과 관련된 유전자, 단백질 등의 발견에 관한 뉴스를 종종 접하여 왔지만 그와 같은 발견으로 인해 질병이 극복된 사례는 들어본 적이 없다. 이는 생명현상이 특정 요소의 작용만으로 설명될 수 없는 복잡성을 지니고 있음을 보여 주는 단적인 예라고 할 수 있다.

시스템생물학은 단순히 여러 다른 형태의 데이터를 집대성하는 집합적 생물학(integrative biology)의 개념이 아니다. '시스템'이란 키워드는 여러 요소들이 어떻게 상호 작용하여 하나의 유기적인 전체를 구성하는지에 주목한다는 것을 의미하기 때문이다. 바로 이러한 이유로 공학, 수학, 물리학 등 다른 영역과의 학제 간 융합이 필요한 것이며, 기존 실험생물학만으로 풀 수 없던 복잡한 생명현상에 대한 수수께끼를 풀어 나갈 수 있는 새로운 기회가 마련되는 것이다. 향후 시스템생물학은 유전체(genomics), 단백질체(proteomics), 대사체(metabolomics) 등의 오믹스 연구를 그 궁극적인 결론에 도달하게 해 줄 수 있는 견인차 역할을 하게 될 것이다.

흔히 20세기 초엽이 물리학의 전성시대였다면 21세기는 생명과학의 전성시대가 될 것이라고 한다. 하지만 정반대로 현재가 생명과학의 위기의 시대라고도 한다. 이는 복잡한 생명현상을 근원적으로 이해하고 이를 토대로 질병을 극복하기 위해서는, 생명과학이 더 이상 실험자의 경험과 숙련된 기술에 크게 의존하는 '발견'의 학문이 아닌 현상 이면의 동작 원리를 설명할 수 있고 재현 가능한 '논리'의 학문으로서 접근되어야 함을 강조하는 의미이다. 즉 복잡한 현상에 관여된 중요한 구성 요소들을 발견하고 그 특징을 기술하는 차원에서 더 나아가, 그러한 구성 요소들이 어떠한 인과관계와 작동 원리를 통해 상호 작용을 일으켜 비로소 창발적 현상을 만들어 내는지를 논리적으로 설명할 수 있는 시스템 차원의 새로운 패러다임으로 정립될 때 비로소 생명현상의 수수께끼를 풀 수 있음을 의미하는 것이다.

생명체를 복잡계 네트워크로 인식하고 이를 정량적인 방식으로 모델링

시스템생물학의 발전으로 가상 인간을 구현할 날이 머지않았다.

하여 네트워크의 근본적인 동역학을 탐구함으로써 생명현상의 창발적 성질과 그 동작 원리를 이해할 수 있을 때, 비로소 궁극적으로 이를 제어할 수 있는 길이 열릴 것으로 기대된다. 시스템생물학의 발전과 더불어 가상 세포와 가상 인간이 만들어질 날도 머지않은 듯하다.

참고문헌

- "Analysis and Modelling of Signal Transduction Pathways in Systems Biology", K.-H. Cho and O. Wolkenhauer, *Biochemical Society Transactions,* 2003. 12.
- "시스템생물학—신기술 융합연구의 새로운 도전", 조광현, 〈제어 · 로봇 · 시스템 학회지〉, 2004. 1.
- "Systems biology: Discovering the Dynamic Behavior of Biochemical Networks", K.-H. Cho and O. Wolkenhauer, *BioSystems Review,* 2005. 3.
- "시스템생물학 연구 동향", 조광현, 〈정보과학회지〉, 2005. 5.
- "Systems Biology—An Interdisciplinary Approach to Solve Complex Bio-Puzzles in the 21st Century", K.-H. *Cho, Crossroads: Journal of Asia Pacific Center for Theoretical Physics,* 2006. 1.
- "시스템생물학의 개념 및 국내외 연구 동향", 조광현, 〈보건산업기술동향〉, 한국보건산업진흥원, 2006. 6.
- "시스템생물학 : 수학적 모델링과 분석에 기반하여 생명현상의 지배 법칙을 탐구하는 바이오 융합연구", 조광현 · 추상목, 〈대한수학회 소식지〉, 2006. 7.
- "시스템생물학 개론", 조광현, *Bioinformatics and Biosystems,* 2007. 3.
- "시스템생물학 : 복잡한 생명현상의 근원적인 동작 메커니즘을 탐구하는 학제 간 융합연구", 조광현, 〈대한생화학 · 분자생물학회 소식지〉, 2007. 12.
- "Systems biology: Towards Understanding the Design Principle of Emergent Properties in Complex Biological Systems", K.-H. Cho, *The Science&Technology,* 2009. 10.

김성준(서울대학교 전기공학부 교수)

서울대학교 전자공학과를 졸업하고 코넬 대학교에서 전기전자공학으로 석사와 박사 학위를 받았다. 벨 연구소에서 6년간 연구한 뒤 귀국하여 1989년부터 서울대 전기공학부 교수를 지내고 있으며, 초미세생체전자시스템연구센터 소장을 맡고 있다. 인공신경을 통한 장애 극복, 특히 제3세계의 형편이 어려운 사람을 이 기술로 도우려는 목표를 가지고 연구하며, 인공청각기술로 국가 지역 균형에 이바지한 공로로 2005년 과학기술부총리 표창을 수여받았다. IEEE 의공학회지 편집위원이자 수석회원이며, 한국공학한림원 회원으로 활동 중이다. 저서로 『제3기 인생, 디지털 날개를 달자』 『미래를 들려주는 생물공학 이야기』(공저) 『IT의 미래』(공저)가 있다.

4장 생체전자공학(바이오닉스)

누구나 텔레비전 혹은 영화를 통해 한 번쯤은 과학의 힘을 빌려 특출한 능력을 부여받고 악의 무리와 싸우는 자신을 상상해 봤을 듯하다. 80년대 인기리에 방영된 〈육백만 불의 사나이〉와 〈바이오닉 우먼 소머즈〉, 90년대의 〈로보캅〉이나 〈터미네이터〉, 그리고 최근 〈신세기 에반게리온〉이라는 만화에 이르기까지 인간과 의과학기술이 융합된 상상 속의 캐릭터들은 차가운 기계가 아닌 우리와 비슷한 인간이라는 점에서 많은 이들의 공감과 사랑을 받아 왔다. 물론 극에서 등장한 대부분의 기술은 여전히 요원하나, 그중 몇몇은 끊임없는 기술의 발전으로 어느덧 허구의 틀을 벗어나 조금씩 현실에 있을 법한 단계로 변화하고 있다. 다만 앞서 말한 캐릭터처럼 인간의 일반 시력이나 청력 등을 뛰어넘는 초능력적인 기술의 개발이 연구의 주된 과제는 아니다. 생체전자공학의 궁극적인 목표는 나이가 들거나

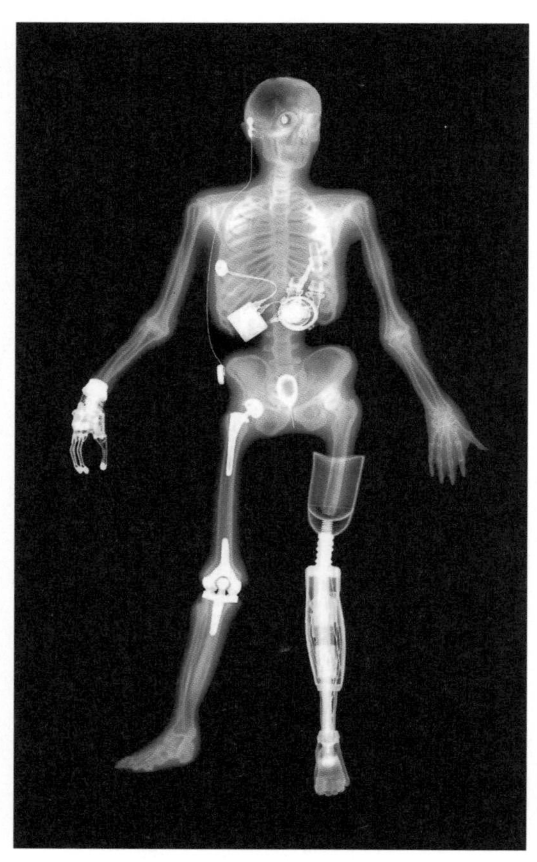

바이오닉 휴먼.
생체전자공학으로 장애를 가진 사람들의 손상된 신경기능을 회복시킨다.

다른 문제로 인하여 귀가 안 들리게 되거나 눈이 먼, 혹은 운동기능에 장애를 가진 사람들의 손상된 신경기능을 공학기술로 회복시키는 것이다. 이는 모든 기술의 마지막 프런티어라 여겨지는 인체에 적용되어 듣지 못하는 사람을 듣게 하고 보지 못하는 사람을 보게 하며 걷지 못하는 사람을 걷게 할 수 있는 혁신적인 기술이며, 급속도로 진행되고 있는 고령화 사회를 준비하는 데에 반드시 필요하다.

베토벤 소리를 되찾다! - 인공청각기술

우스갯소리 같지만 타임머신을 통해 누군가를 데려올 수 있다면 현대의 과학이나 의학 기술로 도움을 주고 싶은 예술인이 있는가? 아마도 청각에 한해서라면 베토벤을 떠올리는 사람이 많을 것이다. 동서고금을 막론한 가장 위대한 작곡가인 그에게 있어서 정말 안타까운 일은 자기가 작곡한 곡을 직접 들어볼 수 없다는 것 아니었을까?

인간의 귀는 매질의 진동에너지인 소리를 증폭하고 분석하여 전기적인 신경 신호의 형태로 변환하여 뇌에 전달한다. 귀의 내부에 위치한 기관 중 '와우(cochlea, 달팽이관)'는 이러한 에너지 변환의 최종 단계를 담당한다. 와우 내에 자리한 24,000여 개의 유모세포(hair cell)들은 진동에너지인 소리에 반응하여 전기적인 신경 신호인 펄스들을 생성하며, 이 신호들은 청각 신경절 세포와 청신경을 거쳐 청각 대뇌피질로 전달되어 소리로 인식된다.

만약 여러 선천적 혹은 후천적인 요인들에 의해 유모세포들에 심각한 손상을 입을 경우 와우는 그 고유의 에너지 변환 기능을 상실하여, 결과적으로 심각한 청력의 손실을 야기한다. 이와 같은 신경기능 장애에 의한 청력 손실은 보청기 등 기존의 청각 보조 장치가 수행하는 음성 증폭 기능만으로는 그 회복이 불가능하지만, 인공와우이식기(Cochlear Implant)라는 새로운 기술의 장치를 이용함으로써 효과를 볼 수 있다.

인공와우이식기는 와우 내의 신경절 세포를 전기적으로 자극하여 손상된 청각 기능을 회복시키기 위한 장치이다. 1957년 조르노와 에리에 의해 최초로 청각 신경에 대한 구체화된 전기적 자극이 시도된 이후 인공와우이식기는 그 발전을 거듭하여 현재 호주, 미국, 오스트리아 등을 중심으로 상업적인 모델이 제작 판매되고 있다.

인공와우이식기의 작동 원리 및 시술 대상자

인공와우이식기는 기본적으로 마이크로폰, 어음처리기, 외부전송코일로 이루어지는 체외부와 수신코일, 내부자극회로, 자극전극으로 이루어지는 체내부로 구성된다. 음성 신호는 마이크로폰을 거치면서 전기 신호로 변환되어 어음처리기로 전달된다. 어음처리기는 전달된 신호를 여러 개의 주파수 대역으로 나누고 각 주파수 대역의 음성 신호의 크기를 분석한 후, 이에 상응하는 전기 자극이 가해질 수 있도록 디지털 부호화된 자극 신호를 생성하여 내외부 송수신 코일 링크를 통해 체내부로 전달한다. 내부자극회로는 전달된 신호를 해석하여 자극전류 펄스를 생성하고, 이를 지정된 위치에 전달하여 최종적으로 와우 내의 신경절 세포를 자극함으로써 청감각을 유발하고 이 신호가 뇌로 전달되어 소리로 인식하게 된다.

난청을 가진 모든 환자가 인공와우이식기의 시술 대상자가 되는 것은 아니다. 그 대상은 양쪽 귀 모두 90데시벨 이상의 역치를 가지는 고도 난청자이면서 보청기 등 청각 보조 기구 착용 시 문장 인지 정확도 30퍼센트 미만의 스코어를 가지는 환자에 한정된다. 아동의 경우 2세 전후에 역치 90데시벨 이상의 신경성 고도 난청을 가질 경우 시술 대상이 될 수 있다.

국내에서의 인공와우 기술개발

인공와우이식기는 1982년 호주의 코클리어(Cochlea)사를 필두로 미국의 어드밴스드 바이오닉스(Advanced Bionics)사, 오스트리아의 메드엘(Med-El)사 등 3개 회사가 상용화에 성공했으며, 지난 2000년까지 전 세계적으로 70여 개국 5만여 명의 청각 장애 환자에게 이식되었고 2001년 10,000건, 2003년 13,000건의 시술이 행해지는 등 연간 30퍼센트 정도의 성장을 지속하고 있다.

국내의 경우 지난 1988년 최초로 시술이 시행된 이래 1998년까지 230여 건의 시술이 이루어졌고, 연간 시술 건수가 약 50퍼센트씩 증가하고 있으며 세계적으로는 2009년 현재 약 10만 명이 이 기술의 혜택을 보았다. 그러나 시술 대상이 되는 청력 상실 환자가 전 세계적으로 1억 명이 넘으며 이들의 80퍼센트 이상이 저개발 국가에 거주하고 있는 현실이다. 즉 그 장치 및 시술 비용이 적지 않아(2천만~3천만 원) 현재까지는 지극히 제한적인 환자들만이 그 혜택을 받고 있다고 할 수 있으며, 이를 위해 저가이면서도 고성능인 인공와우이식기의 개발이 꼭 필요하다고 할 수 있다.

상용화 준비 단계에 있는 (주)뉴로바이오시스의 인공와우 장치

서울대학교와 (주)뉴로바이오시스는 산학 협력과 미국 NIH의 신경보철 연구 그룹 전문가들과의 국제 협력을 통하여 이러한 취지를 만족시키는 다채널 인공와우를 개발하여 2010년 2월 현재 식약청의 적합성 판정을 받았고, 임상 실험을 앞두고 있다.

팝 가수 스티비 원더의 계속되는 꿈 – 인공시각기술

검은 선글라스와 호소력 짙은 목소리로 반세기 가까이 청중들의 가슴을

사로잡아 온 미국의 팝 가수이자 사회활동가인 스티비 원더. 여러 가지 악기를 다루는 데에 능숙하고 지금까지 총 1억 장이 넘는 음반 판매고를 올렸음에도 불구하고, 그가 끊임없이 열망하는 바는 유아기에 불의의 사고로 실명한 눈을 통해 다시 사물을 보는 것이다. 그의 꿈은 일견 불가능하게 보일지도 모른다. 하지만 그의 소박하지만 이뤄지기 어려운 꿈은 과학기술과 의학기술의 눈부신 발전을 등에 업은 시각보철이라는 기술을 통해 점차 현실화되고 있다.

시각보철을 필요로 하는 질병은 주로 망막에 문제가 생긴 환자에 해당한다. 망막에 생기는 질병으로 시력 회복을 불가능케 하는 질병에는 RP(Retinitis Pigmentosa, 망막색소 상피변성증)와 AMD(Age-related Macular Degeneration, 연령관련 황반변성증)가 있다. 사람이 사물을 보는 첫 단계는 외부의 빛이 수정체를 통해 안으로 들어와 안구 내벽에 자리 잡은 망막에 맺히고, 망막의 가장 아래쪽에 있는 광수용체가 사물의 빛 정보를 신경 신호로 변환하는 것이다. 하지만 RP와 AMD 환자의 경우 시간이 경과할수록 점차 광수용체의 영역이 사라져 결국 빛 신호 변환을 하지 못하게 되어 실명에 이른다. 통계적으로 약 4만 명 정도가 이 질병으로 고생한다고 추측할 수 있다. 또한 국가배상법 시행령에서 정한 장해 등급표에 따르면, 양쪽 눈의 시력을 상실한 경우 100퍼센트 노동력을 상실했다고 보므로, 시각보철은 단순히 개인의 만족을 떠나서 경제적으로도 사회적으로도 필요한 기술이다.

시각보철의 방법

시각보철의 목적은 위의 RP, AMD로 인해 손실되는 광수용체의 빛 자극을 전기 자극으로 변환시키는 역할을 대신하는 방법인 전기생리학적인 방법과, 광수용체와 색소 상피층을 외부에서 배양하여 이식시키는 방법이 연구되고 있다. 이 중 이식을 통해 광수용체의 역할을 회복하는 기술의 경우, 현재의 기술력으로는 이식체가 기존 세포층에 안착되는 정도가 낮아 아직까지는 요원하다. 전기생리학적인 방법을 이용한 기술은 현재 여러 그룹에서 다각도로 연구되고 있으며 최근 미국식품의약국의 승인을 받은 몇몇 그룹들이 사람을 대상으로 실험을 수행할 수 있는 정도가 되었다.

시각보철기술의 현재와 미래

여러 연구 팀들이 여러 가지 기초 및 임상 실험 데이터를 보여 주고 있다. 그중에서도 가장 앞선 실적은 USC(남가주 대학) 팀의 망막 상부 자극 실험과 벨기에 팀의 시신경 자극 실험이라고 할 수 있다. USC 팀은 수 명의 환자로부터, 벨기에 팀은 한 명의 환자로부터 수년간 지속적인 임상 데이터를 획득하고 있다. 이들에 의하면 현재의 수준은 대조가 뚜렷한 바탕과 무채색(예를 들어 검정색 배경에 흰 컵)일 경우 1분 이내에 그 물체를 인식하는 정도이다. 대상 환자는 모두 후천성 RP 환자였다.

이러한 연구 결과들은 1990년대에 들어서야 연구가 본격적으로 진행되었음을 고려할 때 불과 십여 년 만에 임상적으로 의미 있는 데이터를 보인 것이므로 상당히 고무적이다. 다만 질 높은 이미지를 제공하기 위해서는 망막의 신경망과 뇌에서의 학습과 관련한 신경생리학적인 연구가 필요하고, 이를 토대로 한 신호 처리 연구가 뒤따라야 할 것이다. 또한 서두에 언급한 스티비 원더와 같이 시각 기능이 뇌에서 형성되기 전에 이미 시력을 상실한 경우는 뇌에서 시각 정보를 처리하는 기능 자체가 없으므로 단순히 상실한 시력을 회복하는 것 이상의 기술 및 체계적인 교육 과정 역시 개발해야 한다.

국내에서의 인공망막 기술개발

서울대학교 전기공학부와 안과학교실이 주축이 된 인공망막 개발 팀은 2000년 한국과학재단의 지원을 받아 설립된 초미세생체전자시스템연구센터(공학)와 2004년 보건복지부의 지원을 받아 설립된 나노인공시각센터(의학)에서 인공시각에 대한 연구를 진행해 오고 있다. 전자공학팀, 안과팀, 생리학팀의 연계 아래 현재 부드러운 폴리이미드라는 물질을 기반으로 한 전극을 개발하여 생체 안전성을 검증했으며, 망막 상부 자극을 위한 망막 못, 망막 상부 및 하부 자극을 위한 시술법 등의 개발을 진행하였다. 앞으로 본격적인 인공시각 개발을 위하여 전기 자극 칩 개발, 신호 무선 전송 시스템 개발, 동물을 이용한 전임상 실험, 환자를 대상으로 하는 임상 실험 등을 앞두고 있다.

무하마드 알리, 안타까운 영웅의 오늘-심뇌자극기술

아마도 충격이었을 듯하다. 1997년 애틀랜타 올림픽의 마지막 성화 봉송 주자. 그는 더 이상 우리가 머릿속에 그려 오던 전설의 복서 무하마드 알리가 아니었다. 나비처럼 날아 벌처럼 쏜다는 문구에 걸맞게 가벼운 움직임과 속사포처럼 꽂아 대는 그의 펀치는 그 시절 아이들의 영웅심을 자극시키기에 충분했다. 하지만 이러한 전설을 그토록 처참히 무너뜨린 것은 권투가 아닌 파킨슨병이라 불리는 일종의 운동신경 장애였다. 운동장애에는 파킨슨병(Parkinson's disease), 본태성 진전(essential tremor), 이상운동증(dyskinesia), 근긴장이상증(dystonia), 간질(epilepsy) 등이 있는데, 그중 파킨슨병은 교황 요한 바오로 2세, 영화배우 마이클 제이 폭스 등의 유명 인사들이 이 질병의 환자로 알려져 국내에서도 관심과 인식이 높아진 바 있다.

1817년 영국인 의사인 제임스 파킨슨에 의해 처음으로 학계에 보고된 파킨슨병은 노인성 치매 다음으로 가장 흔한 비혈관계 퇴행성 뇌 질환 중 하나로 주로 노인층에 많이 발생하며, 노령 인구가 증가하면서 발병률도 높아지고 있다. 일례로 미국의 경우 파킨슨병 환자가 수백만 명으로 추산되며 발병 빈도는 일 년에 10만 명당 20명 정도로 알려져 있다. 우리나라는 현재 10만 명당 10명 정도로 고령화에 따라 점차 그 수가 증가 중이므로 관심도가 점차 높아지고 있다.

파킨슨병의 발병 기전과 재활 치료 방법

파킨슨병의 발병 기전은 현재까지 명확히 밝혀지지 않고 있으며, 이 질병이 생기는 직접적인 원인은 뇌 신경전달물질의 일종인 도파민의 고갈 때문으로 알려져 있다. 도파민은 인체의 운동을 부드럽고 조화 있게, 또는 정확하게 수행할 수 있도록 해 주는 기저핵 동작을 조절하는데, 이유가 정확히 밝혀지지 않은 흑색질 신경세포의 파괴에 의한 도파민의 고갈로 인해 기저핵의 기능을 잃게 되어 파킨슨병을 비롯한 운동장애를 유발하게 된다.

파킨슨병의 치료 방법에는 부족한 도파민을 보충해 주는 약물 치료법(drug medication), 도파민 부족으로 인해 비정상적 활동을 하는 뇌 구조물을 완전히 제거해 주는 수술법(ablative surgery) 및 심뇌자극법(deep brain stimulation)이 있다. 약물 치료법은 뇌에서 부족해진 도파민을 보충해 주고, 도파민 부족으로 인해 생긴 신경전달물질의 불균형을 맞추는 방법이지만 근본적인 치료가 아닌 증상의 조절을 목적으로 하므로 증세 호전 비율이 낮고 시간 경과에 따라 효과가 떨어지는 단점이 있다. 제거 수술법은 가장 고전적인 치료 방법이고 현재까지도 사용되고 있지만 절제 시 부작용에 의해 주변 뇌의 기능에 손상을 야기할 수 있다는 문제를 안고 있다. 최근 세포 배양술 및 수술 기법의 발달로 도파민을 생성할 수 있는 세포를 직접 뇌에 이식하는 방법이 가능하게 되었지만 그 효과 및 연구 성과에 있어서는 아직 미흡한 실정이다.

심뇌자극법은 병반 주위에 미세한 전극을 삽입하고 전기 자극을 가함으로써 운동장애를 치료하는 방법으로, 파킨슨병뿐만 아니라 떨림(tremor)을 포함한 각종 운동장애에 효과가 있는 것으로 밝혀져 활발히 연구가 진행되고 있다. 특히 약물 치료나 수술에 비해 치료 효과가 크고, 뇌 손상의 위험이 적으며, 뇌 조직을 제거하지 않기에 추후 새로운 치료법이 개발될 경우 적용이 용이하다는 장점을 지니고 있다. 다만 무하마드 알리와 같이 반복된 뇌 충격이 1차적인 병인으로 작용하거나 마이클 제이 폭스와 같이 일찍 병이 발병하고 병세가 빠르게 진행되는 등의 특수한 경우는, 현재의 자극 방식만으로는 효과를 볼 수 없기 때문에, 차후 개발하는 시스템에서는 보다 넓은 영역의 조건을 만족시켜 수혜 계층을 넓힐 수 있도록 심도 있는 연구를 수행해야 할 것이다.

국내에서의 심뇌자극기 기술개발

심뇌자극기는 1997년 미국식품의약국의 허가를 획득했으며, 해마다 15,000명에 해당하는 환자들이 시술 후보가 된다고 보고되고 있다. 현재 메드트로닉(Medtronic)사에서 '액티바 파키슨병 · 수족부의 떨림 제어 치료법(Activa™ Parkinson/Tremor Control Therapy)'이란 이름으로 전 세계에 공급 중이며, 국내에는 2000년 2월부터 세브란스 등 주요 대학병원에서 시술을 하고 있다.

현재 서울대학교 전기공학부 심뇌자극 연구 팀은 연세대학교 신경외과 및 (주)엠아이텍과의 산학 연계를 통해 심뇌자극기의 연구를 진행하고 있다. 기존에 시술되고 있는 심뇌자극기의 단점인 제한된 배터리 수명으로 인한 잦은 교체와 큰 크기로 인한 수술의 복잡성 등을 극복하고, 원하는 자극 부위에 대한 생체 신호의 피드백을 통한 효과적인 심뇌자극을 위해 차세대 심뇌자극기의 개발을 진행 중이다.

참고문헌

- "'Bionic' Eye Restores Vision after Three Decades of Darkness", Larry Greenemeier, *Scientific American*, 2009. 3. 4.
- "A Vision for The Blind", Ingrid Wickelgren, *Science*, 2006. 5. 26.
- 『재활청각학 : 인공와우/ 보청기/ 양이청취』, 허승덕 · 최아현 · 강명구, 시그마프레스, 2006.
- "Design for a Simplified Cochlear Implant System", Soon Kwan An, Se-Ik Park, Sang Beom Jun, Choong Jae Lee, Kyung Min Byun, Jung Hyun Sung, Blake S. Wilson, Stephen J. Rebscher, Seung Ha Oh and Sung Jun Kim, *IEEE Trans. Biomed. Eng.*, 2007. 6.
- "How Deep Brain Stimulation Works for Parkinson's", Tina Hesman Saey, *Science News*, 2009. 4. 11.

박정극(동국대학교 의생명공학과 교수)

연세대학교 화학공학과를 졸업한 뒤 미국 리하이 대학에서 생물화학공학으로 석사 및 박사 학위를 받았다. 리하이 대학과 유시데이비스 대학에서 박사후과정을 거쳐 1988년부터 동국대학교 화학생물공학과에 재직하였다. 현재 동국대 의생명공학과 교수로 재직 중이며, 바이오시스템대학 학장을 맡고 있다. 지식경제부 국가바이오기술 산업위원회 위원, 교육과학기술부 국제기술협력지도 비전위원회 생체재료팀장, 한국공한한림원 회원 등으로 활동하고 있다. 『생체조직공학』(공저)과 *Fundamentals of Tissue Engineering and Regenerative Medicine*(공저) 외 15여 편의 저서가 있다. 2009년 과학기술훈장 웅비장을 서훈받았다.

5장 생체조직공학

신생명공학산업은 정보통신산업과 더불어 21세기 미래를 이끌 유망 산업으로 발전하고 있다. 이에 발맞추어 우리나라도 국가의 미래 유망 성장동력 기술로 6T(IT, BT, NT, CT, ET, ST) 분야를 집중적으로 육성하고 있으며, 특히 생명공학기술은 인류의 4대 숙원 사업인 질병 퇴치, 식량문제 해결, 환경오염 및 생태계 파괴 방지, 그리고 미래 청정에너지 확보 문제를 해결할 수 있는 21세기 차세대 유망 기술이다.

사고나 질병으로 조직이 손상되었을 때 이를 대체할 수 있는 새로운 조직을 실험실에서 제조하여 이식하는 분야를 조직공학이라고 하며 좀 더 폭넓게는 재생의학이란 용어를 사용한다. 기존의 조직공학에서는 세포를 실험실에서 대량으로 배양한 다음 이를 천연 또는 합성한 생체재료에 넣은 후 생물 반응기를 이용하여 제조하였다. 이러한 기술이 처음 소개되었을 때는 상당한 센세이션을 일으켰지만 현재는 초기의 기술 수준을 넘어 구조적으로나 기능적으로 실제와 유사한 조직을 만들기 위해 다양한 분야의 기술들이 융합된 형태로 발전하고 있다.

발전된 조직공학의 주요 분야는 생명과학, 의학, 공학이고 주요 구성 요소는 기존 조직공학에서의 세포, 생체재료, 생물 반응기, 신호물질뿐만 아니라 줄기세포공학, 생체재료공학, 나노공학, 정보공학 등이 포함된다.

① 줄기세포공학(stem cell engineering)

조직공학의 세포 공급원으로는 체세포와 줄기세포가 있다. 체세포는 인체에 존재하는 성숙한 세포를 의미하고, 줄기세포란 다양한 세포로 변할 수 있고 실험실에서 대량으로 배양이 가능한 미성숙 세포를 의미한다. 체세포는 조직공학적으로 사용하기에 아주 좋으나 잘 증식하지 않기 때문에 사용하는 데 한계가 있다. 최근에는 배아줄기세포, 유도만능세포, 그리고 성체줄기세포 등의 줄기세포를 조직공학의 세포원으로 사용하려는 시도가 진행되고 있다. 줄기세포의 경우 여러 가지 분화 과정을 거쳐야 제 기능을 발휘하는 성숙세포로 변하는데 이러한 분화 과정이 완전히 밝혀지지 않은 관계로 아직도 많은 연구가 진행되고 있다.

② 생체재료공학(biomaterial engineering)

실제 조직에서처럼 세포가 안주할 수 있는 골격이 필요한데 이 골격이 바로 생체재료다. 이미 상용화에 이른 콜라겐 등 천연 생체고분자와 미국 식품의약국의 승인을 받아 제품화된 PLA, PGA, PLGA 등의 합성 생체고분자 외에도, 세포와 기질 간 상호 작용을 조절할 수 있는 온도 민감성 고분자, 사용이 간편한 주입형 하이드로겔 생체고분자 등 생체재료의 기능 향상과 더불어 임상적 이용이 가능하도록 기술개발이 이루어지고 있다.

③ 나노공학(NT)

아주 미세한 나노 수준에서 세포와 생체재료 간 상호 작용을 조절할 수 있는 나노생체재료를 만드는 기술을 의미하며 상 분리(phase separation), 전기 방사(electrospinning), 자가조립(self-assembling) 등을 활용한다. 그 결과 독특한 기계적, 전기적, 광학적, 생물학적 특성을 지닌 생체재료를 개발할 수 있다.

④ 정보공학(IT)

기존의 조직공학에서는 손으로 제조하거나 아니면 주물(몰드)을 이용하여 생체재료를 제조하였으나 실제 조직의 구조와 유사하게 만들기 위하여 최근에는 컴퓨터 이용 디자인(CAD, computer-aided design) 또는 청사진(blue-print) 등 디자인 설계와 컴퓨터 시뮬레이션 같은 정보공학기술을 접목하는 연구가 진행되고 있다. 그리고 그동안 반도체 제조에 이용되었던 석판술(lithography), 광석판술(photolithography), 마이크로패터닝(micropatterning) 등 미세가공기술들이 조직공학에 접목되어 생체고분자의 배열 및 방향성 등을 조절하려는 연구가 시도되고 있다.

생인공 간 기술

최근 개발이 어느 정도 완료되어 임상 실험 중에 있는 대표적인 융합 시스템으로는 생인공 간(bioartificial liver)이 있다. 간이 급격히 나빠져 생명이 위급할 경우 간 이식을 받기 전까지 일시적으로 간 기능을 대신해 주는 장치를 생인공 간이라고 한다. 우선 혈장 분리기를 통해 환자의 혈액 중 혈장만 분리되어 생인공 간으로 전달된 후, 간 기능을 대신하는 간세포 반응기에서 해독 작용을 거쳐 다시 환자에게 되돌아가는 것이 생인공 간 시스템의 기본적인 흐름이다[그림 1].

[그림 1] 생인공 간 시스템

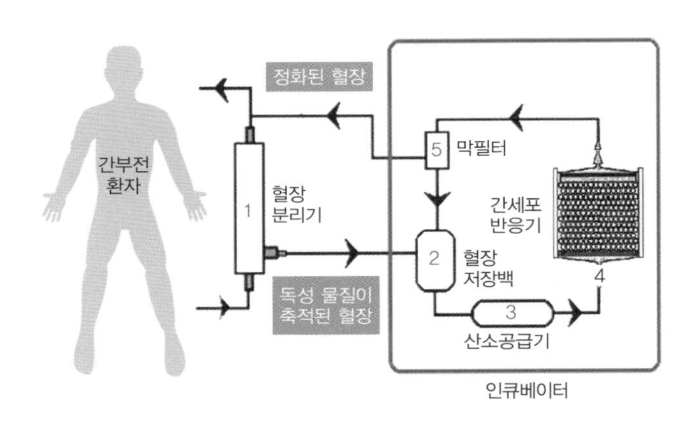

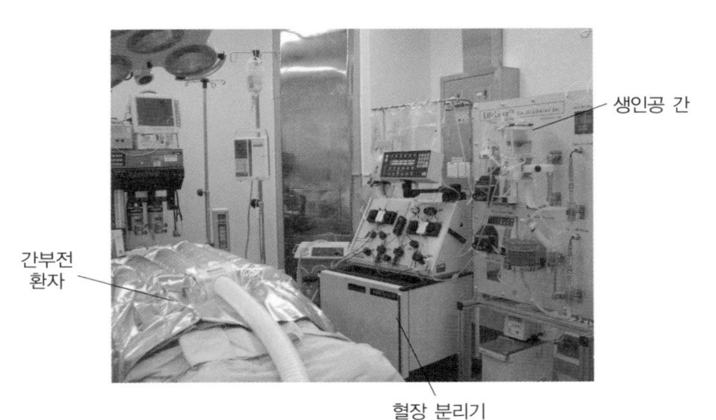

생인공 간은 크게 생물학적 요소, 기계적 요소, 그리고 전기적 요소로 구성된다. 생물학적 요소는 해독 작용 등의 간 기능을 실질적으로 수행하는데, 이 안에는 무균 돼지의 간세포가 알지네이트라는 천연 고분자에 아주 높은 밀도로 감싸인 상태로 충전되어 있다.

기계적인 요소는 혈장을 순환시키는 펌프, 그리고 혈장에 산소를 가하는 산소공급기, 온도를 정상 체온인 37도로 유지시키는 항온조, 찌꺼기 등을 제거하는 필터 등으로 구성되어 있다.

그리고 전기적인 요소에는 공기 방울이 생기는 것을 감지해 주는 버블 센서, 혈장의 수위를 알려 주는 혈장 수위 센서, 온도가 올라가는 것을 알려 주는 과열 알람, 그리고 혈장 흐름이 막혀 압력이 올라가는 것을 알려 주는 과압력 알람 등이 있다. 이와 같은 전기적인 요소들은 주로 이상 상태를 감지하여 의사 또는 운전자에게 알려 주는 역할을 수행한다. 이러한 생인공 간 시스템은 한 분야의 기술만으로는 개발될 수 없으며 다양한 분야의 기술들이 융합되어야만 그 기능을 제대로 발휘할 수 있다.

파동생명공학기술

BT를 포함한 6T 기술의 대부분은 물질계를 대상으로 하며 각종 물질 간의 직접적인 상호 반응 현상과 이에 따른 작용 메커니즘에 기반을 두고 있는 반면, BT의 주요 대상인 인간을 포함한 지구상의 모든 생명체는 물질적인 존재일 뿐만 아니라 고유의 파동과 주변의 파동 환경 속에서 생명력을 유지하고 있다.

최근 물질계 수준의 연구에 있어서도 각종 물질의 크기를 초미세 단위로 조절함에 따라 파동과의 상호 작용 및 영향으로 나타나는 새로운 특성들이 주목받고 있으며, 따라서 이제부터는 물질 수준의 기술(material level technology) 연구와 파동 수준의 기술(wave level technology) 연구를 병행함으로써 물질 및 생명체의 파동 반응 현상과 메커니즘을 규명하고 이를 이용하는 신기술 개발이 절실하게 요구되고 있다.

미국의 경우 정부 차원에서 파동생명공학 분야에 대한 체계적인 지원과 집중화를 추진하고 있으며, 미국국립보건원에서는 대체의학 국립연구센터(NCCAM) 프로그램으로 매년 1억 달러 이상의 예산을 투입하고 있으며, 그중 에너지의학과 신경재생의학 분야에 국가 지원 센터를 설립하여 적극 지원하고 있다.

특히 최근에는 파동에너지를 이용한 세포의 성장, 분화 조절 기술이 연구되고 있다. 미국의 MIT에서는 전자기적 자극을 이용하여 중간엽줄기세포의 활성을 촉진시키는 기술을 개발하고 있으며, 미국의 아이마알엑스(ImaRx) 제약에서는 초음파나 할로겐을 이용하여 세포 내로 물질 이동을 향상시키는 기술을 연구하고 있다.

이러한 연구와 더불어 원적외선, 레이저, 자기장, 전자기장, 전기적 펄스, 초음파를 이용하여 통증을 줄이거나 염증을 감소시키는 치료용 의료기기가 개발되고 있다. 또한 레이저 적용 파동 치료 요법을 이용한 레이저빗(HairMax LaserComb), 음파를 이용한 칫솔(SoniCare toothbrush), 미용 브러시(Clarisonic skin care brush), 초음파를 이용한 골절 치료기(EXOGEN bone healing system), 전자기파를 이용한 통증 치료용 기구(PAP-ion magnetic inductor) 등이 상품화되어 임상에 이용되고 있다[그림 2].

[그림 2] 파동생명공학기술을 이용한 제품

음파 미용 브러시

초음파 골절 치료기

레이저 빗

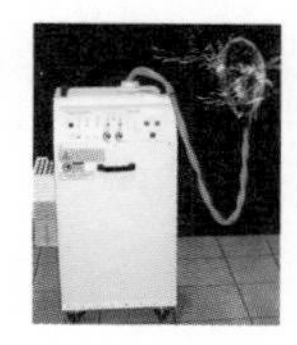
전자기파 통증 치료기

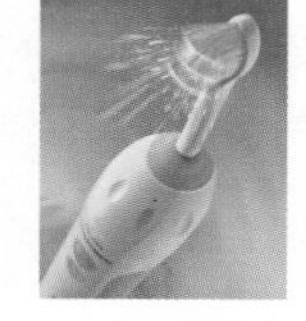
음파 칫솔

파동나노바이오 융합기술

현대사회가 고령화 사회로 접어들면서 이미 웰빙이 시대적 트렌드로 자리매김한 지 오래되었으며, 이에 따라 무혈, 무통증 등의 비침습적인 의료기법이나 치료 방법 등에 관한 관심이 고조되고 있다. 칼을 이용하지 않고 파동에너지를 생체에 직접 조사하는 파동생명공학기술과 나노물질을 이용한 파동나노바이오 융합기술은 이런 시류와도 매우 잘 맞는다.

조직공학 및 재생의학에서 이용되는 파동에는 크게 음파, 초음파, 그리고 낮은 주파수대의 전자기장이 있다. 초음파는 예전부터 진단에 이용되어 왔으나 최근에는 연골 조직을 조직공학적으로 제조하는 데 이용하고 있다. 음파 및 전자기장의 경우 다양한 세포의 기능에 영향을 미친다는 것이 보고되었으며 조직공학 분야에도 융합된 형태로 연구되고 있다.

전 세계적으로 고령 인구의 증가와 교통사고, 스포츠 여가 활동의 증가로 뇌 및 척수 등의 신경 손상 환자들이 늘어나고 있으며, 이로 인하여 많은 노동력의 상실이 발생되고 막대한 의료비가 지출되고 있다. 따라서 신경 손상을 치료하기 위하여 세포 치료 및 조직공학적인 치료법이 시도되고 있다. 세포 치료는 환자 자신의 골수 줄기세포를 체외에서 신경세포로 분화하도록 유도한 뒤 이식하는 방법이 연구되고 있고, 스캐폴드(지지체)와 신경세포 또는 줄기세포를 접종, 배양하여 척수 재생을 시도하고 있다. 이러한 연구에서도 줄기세포 배양 전문가와 생체재료 연구자, 그리고 의사의 협력이 절대적으로 필요하다.

최근에 전자기파를 이용한 경두개 자기자극법(repetitive transcranial magnetic stimulator)은 임상 연구가 상당히 진전되어 우울증 환자 치료 기술로 미국 식품의약국에서 인가될 것으로 기대를 모으고 있으며, 이러한 결과는 파동에너지가 신경세포 활성을 향상시킬 수 있다는 증거가 된다. 최근에는 세포 치료와 파동에너지를 접목한 신경 재생에 관한 연구도 진행되고 있어 새로운 융합 파동 치료법이 개발될 것으로 예견되고 있다.

이 기술은 '파동에너지를 이용한 신경분화 기술(BT)', '자성 나노입자를 이용한 신경세포 정렬 기술(NT)', 그리고 '파동에너지 발생 및 생체 전달 시스템(IT)'의 3가지 핵심기술을 융합하여 새로운 신경 치료 기술을 개발하는 것이다. 자성 나노입자를 성체줄기세포 내로 전달시킨 뒤 신경 손상 부위에 주사하고, 자기장을 이용하여 성체줄기세포를 손상 부위 내로 정렬시킨 뒤 특정한 주파수와 강도의 음파, 전자기파 또는 복합 파동을 쪼여 신경세포로의 분화를 유도함으로써 손상된 신경을 치료하는 혁신적인 융합기술이다[그림 3]. 분자생물학, 생화학, 의학 및 공학적 접근을 통하여 파동에너지를 접목시킨 다학제 간 BT융합 기술이라 할 수 있다.

[그림 3] 파동에너지가 융합된 신경 질환 치료 개념도

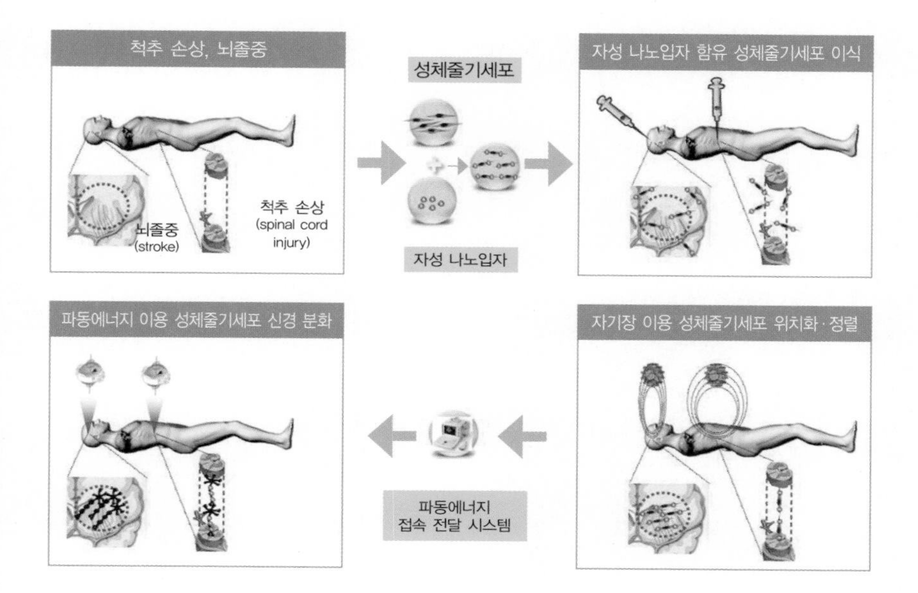

앞으로 다가올 미래에는 어느 한 분야만을 독자적으로 연구해서는 발전의 한계에 부딪히게 된다. 다양한 학문과 미지의 파동에너지에 대한 탐구가 융합되어 새로운 기술이 연구되어야 하며, 이러한 연구가 기존에 해결하지 못했던 많은 문제들을 풀 실마리를 제공할 것이다.

참고문헌

- 『맞춤인간이 오고 있다 : 바이오닉 퓨처, 그 낯선 미래로』, 사이언티픽 아메리칸 엮음, 박진희 역, 궁리, 2000.
- 『조직공학과 재생의학』, 유 지 · 이일우, 군자출판사, 2002.
- *Fundamentals of Tissue Engineering and Regenerative Medicine*, Ulrich Meyer et al., Springer, 2009.

김훈기(서울대학교 기초교육원 교수)

서울대학교 자연대학 동물학과를 졸업하고 과학사 및 과학철학 협동과정을 거쳐 고려대학교 과학기술학 협동과정에서 과학정책 전공으로 박사 학위를 받았다. 월간 〈과학동아〉의 기자와 편집장, 동아일보 과학 담당 팀장, 동아사이언스 인터넷 과학신문 〈더 사이언스〉 편집장 등을 맡으며 과학 저널리즘 분야에서 13년간 활동했다. 2009년 3월부터 서울대 기초교육원에서 공대 학생을 대상으로 '과학과 기술 글쓰기' 강의를 하고 있다. 저서로 『시간여행-미로에 새겨진 상징과 비밀』『유전자가 세상을 바꾼다』『생명공학과 정치』『물리학자와 함께 떠나는 몸속 기 여행』 등이 있다.

6장 합성생물학

합성생물학(synthetic biology)은 아직 국내에서는 낯설지만 2000년대 들어 미국과 유럽을 중심으로 급속히 확대되고 있는 신생 연구 분야이다. 2004년 6월 '합성생물학1.0(Synthetic Biology 1.0)'이란 국제학술대회가 미국 매사추세츠 공대에서 개최되면서 세계적으로 알려지기 시작했다.

합성생물학에서 '합성'이란 말은 두 가지 의미를 갖고 있다. 첫째, 단순히 외래 유전자를 삽입한 생명체를 넘어 유전자 자체부터 세포 내 구성 요소 모두를 화학물질로 합성해 인공생명체를 만든다. 둘째, 이 과정에서 막대한 데이터 처리를 위한 컴퓨터, 그리고 나노 수준의 미세 조작이 동원되기 때문에 방법론적으로는 기존의 생명공학기술, 정보기술, 그리고 나노기술이 융합된다.

BT+IT+NT 학문

과학기술자들이 합성생물학에 관심을 갖는 한 가지 주요 이유는 자연세계에 대한 궁극적인 이해를 얻기 위해서이다. 생물학자는 생물 시스템에 대한 이해도를 높이기 위해 합성생물학에 관심을 가진다. 시스템을 설계하고 제작하는 일은 시스템을 좀 더 상세히 이해하기 위한 하나의 실용적인 수단이기 때문이다. 또한 물리학자와 화학자는 살아 있는 세포 안에서 분자들의 행동과 상호 작용을 알아내기 위해 합성생물학을 필요로 한다. 예를

2004년부터 합성생물학을 세계에 알리기 시작한
국제합성생물학 컨소시엄의 홈페이지(http://syntheticbiology.org)

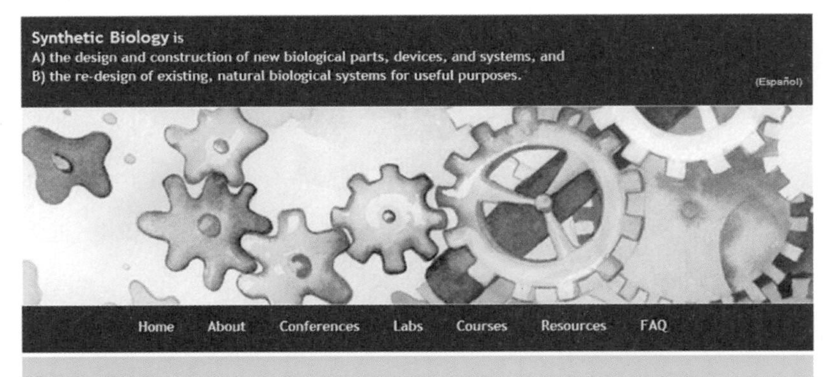

들어 인공적으로 합성된 하나의 시스템이 분자 수준에서 실제 시스템과 어떤 차이를 보이는지 비교해 보는 일이다.

이들에 비해 공학자들은 실제 생물 시스템이 함유한 정보, 물질, 그리고 에너지 등을 활용해 유용한 물질을 대량으로 얻기 위해 합성생물학에 관심을 쏟는다. 이들에게 생명의 세계는 인간이 원하는 것으로 가득 차 있는 빈 공간에 해당한다. 기존 생명공학의 관점이라면 세계는 이미 당장 쓸 수 있는 유용한 실재들로 가득 차 있으며, 단지 인간의 요구에 완벽하게 맞추기 위해서 약간의 변형만 필요할 뿐이다.

합성생물학의 응용이 예상되는 분야는 기존의 유전자 변형 생물체(LMO, Living Modified Organism)가 응용되고 있는 분야와 유사하다. 식량 부족, 의약품 부족, 환경오염, 에너지 고갈 등 인류가 직면한 현안의 대부분에 적용이 가능하다. 최근 특히 주목받고 있는 분야는 의약 제조 기술과 환경 저감 기술, 그리고 차세대 에너지 생산 기술 등에 맞춰져 있다.

자연계에 없는 새로운 생명체 제조

최근까지 합성생물학의 연구 성과를 종합해 고찰하면 연구자들이 조만간 하나의 세포로 이뤄진 인공생명체를 만들 가능성이 커진다는 사실을 확인할 수 있다. 그것도 자연계에 존재하지 않던 전혀 새로운 종류의 미생물이 만들어질 것이다. 물론 대부분 연구자들의 개별 목표는 미생물의 완전한 합성 자체가 아니다. 그러나 한편에서는 유전체를 합성하는 흐름이 존재하고, 다른 한편에서는 유전체 이외의 세포 구성 성분을 제조하고 있다는 점은 분명한 사실이다. 이들의 연구 성과가 완벽하게 결합하면 결국 하나의 완전한 미생물이 등장할 수 있는 것이다. 이런 가능성 때문에 합성생물학은 '생명이란 무엇인가'에 관한 근본적인 질문을 다시 던지고 있다.

합성생물학의 주도적인 연구자들을 중심으로 구체적인 연구 내용을 살펴보자. 과학기술계는 물론 일반인에게도 널리 알려진 대표적인 합성생물학 연구자는 크레이그 벤터이다. 벤터는 1990년대 말 셀레라 지노믹스(Celera Genomics)라는 벤처 회사를 설립하고 인간게놈지도를 국제 공동 연구팀에 비해 훨씬 빨리 완성해 세계적으로 화제를 모았다. 현재는 자신의 이름을 딴 벤터 연구소(J. Craig Venter Institute)와 신세틱 지노믹스(Synthetic Genomics)사를 운영하고 있다. 2008년 12월 31일 영국 〈파이낸셜 타임스〉는 2009년의 글로벌 이슈를 전망하는 기사에서 벤터가 인공생명체를 만들 것이라고 예고한 바 있다.

벤터는 인간게놈프로젝트처럼 단순히 인간의 유전자 전체(게놈) 정보를 '읽는' 일에 만족하지 않았다. 게놈의 성분을 알았으니 이번에는 거꾸로 게놈을 '쓰는' 일이 가능하지 않겠는가. 즉 유전자를 구성하는 네 가지 염기인 A, G, C, T의 배열 순서를 알고 있다면, 이들 염기를 잘 연결해 게놈을 실험실에서 만들어 낼 수 있지 않겠는가.

벤터의 가장 큰 관심사는 미생물의 생존에 반드시 필요한 최소 유전체(minimal genome)를 합성하고, 여기에 원하는 유전자를 합성해 넣음으로써 다양한 유용 단백질을 생산하는 미생물을 만드는 일이다. 최소 유전체를 제조하는 이유는 미생물의 생존에 반드시 필요한 유전자만으로 구성해 인간의 관점에서 불필요한 에너지 소모를 줄이기 위해서이다. 벤터는 2006년 '미코플라스마 제니탈리움'이라는 미생물에 존재하는 525개 유전자 가운데 387개의 단백질 유전자와 43개의 RNA를 최소 유전자로 골라내는 데 성공했다. 또한 2008년 1월 24일자 미국 과학 저널 〈사이언스〉에 그 유전

크레이그 벤터

체를 인공적으로 합성했다고 보고했다.

여기까지의 연구는 다양한 외래 유전자를 삽입할 수 있는 '모체'를 만들어 낸 작업이었다. 그렇다면 합성생물학의 특성이 드러나는 외래 유전자의 조합은 어떻게 실현될 수 있을까. 미국 스탠퍼드 대의 드루 엔디가 그 해답을 제시하고 있다.

DNA 표준 부품 생산

엔디는 생명체 위계를 컴퓨터에 비유한다. 예를 들어 생명체의 최하위 구성 요소인 유전자와 단백질, 지질, 탄수화물 등의 대사물질은 컴퓨터의 트랜지스터, 커패시터, 저항 같은 물리층(physical layer)과 유사하고, 유전자들의 총합인 유전체는 컴퓨터의 운영체제(operating system)에 해당한다는 관점이다.

엔디는 컴퓨터에서 하나의 독립 기능을 수행하는 표준 부품을 만들어 내고 이를 바이오브릭(biobricks)이라고 칭했는데, 그가 설립한 바이오브릭 재단(BioBricks Foundation)의 홈페이지에는 1,500개 이상의 바이오브릭이 등록돼 있다. 관련 연구자들은 각 바이오브릭을 조합해 컴퓨터에서 작동 여부를 테스트한 후 실제로 미생물에 직접 적용하는 일을 시도하고 있다. 이 과정은 마치 다양한 플라스틱 부품을 조립해 건축물을 만드는 아동용 레고 게임과 유사하다. 엔디는 "미래의 생명공학자는 실험실이 아닌 랩탑 컴퓨터에서 연구를 시작할 것"이라고 예견했다.

엔디의 연구는 벤터가 만들어 낸 '모체'에 포함될 다양한 유전자 '재료'를 준비하고 있는 셈이다. 그런데 지구에 없던 새로운 재료를 생산하는 연구자들도 있다. 예를 들어 미국 웨스트하이머 과학기술연구소의 스티븐 벤너는 새로운 유전자 염기 두 종류(K, X)를 만들고 이를 기존 네 가지 염기와 결합해 기능을 시험하고 있다. 또한 스탠퍼드 대학의 쿨은 두 염기(A와 T)가 쌍을 이룬 부분의 크기를 확대하고 어둠 속에서 빛을 내며 고온에서 안정적인 xDNA를 만들었다.

한편 유전체에 비해 유전체 주변의 구성 요소를 만들어 내는 일은 상대적으로 초기 단계에 해당한다. 가장 핵심적인 요소는 이중 지질막으로 구성된 세포막이다. 세포막은 세포가 생존할 수 있도록 물질과 정보, 그리고 에너지를 필요에 따라 선택적으로 통과시킨다. 또 세포가 분열할 때 막도 따라서 나뉘어야 한다. 이런 까다로운 조건을 충족하는 인공세포막의 개발은 실현되는 데 상당한 기간이 걸릴 것으로 전망된다. 세포막의 구조와 기능을 연구하는 모델로 흔히 사용되는 재료는 리포솜이라는 인공지질막이다. 1995년 리포솜으로 인공세포막을 만들고 그 안에서 DNA를 합성하는 데 성공했다는 소식이 보고된 바 있다.

생명의 진화 양상 조절

합성생물학의 등장은 인류가 자연계의 진화 양상을 인위적으로 변화시킬 가능성이 크다는 점을 시사한다. 그 이유는 크게 두 가지, 즉 유전자 합성 속도의 증가와 유전자 정보의 디지털화로 요약할 수 있다.

먼저 유전자 합성 기술의 급속한 발달로 진화의 속도를 실험실에서 상당히 단축시킬 수 있게 됐다. 이 상황은 "수백만 년간 진행된 유전자 진화 과정을 한 달 안에 실현할 수 있다."는 말에서 단적으로 표현된다.

합성생물학 연구자들은 예를 들어 화성에서 생존할 수 있는 미생물의 유전자를 지구에서 만들 수 있다고 전망한다. 화성의 환경 조건을 알아내어 실험실에서 구현하고, 인위적으로 만든 수많은 유전자들 가운데 이 조건에 맞는 후보들을 골라내 이들을 빠른 속도로 진화시킬 수 있다는 내용이다.

또한 미래에 지구가 이산화탄소로 가득 찰 경우를 대비해, 실험실에서 이런 조건에서 생존하면서 이산화탄소를 고효율로 흡수하는 미생물 유전자를 만들어 낼 수도 있다. 즉 합성생물학은 과거 지구에서 진행돼 온 유전자의 진화 양상을 모방해 가상의 환경에 적응할 수 있는 새로운 유전자를 단기간에 생산할 수 있는 분야이다.

한편 유전자 정보가 디지털 형태로 컴퓨터에 대량 저장되고 있는 상황도 지구 생태계의 진화에 영향을 미칠 것으로 전망된다. 현재까지 세계적으로 수많은 생명체의 유전체가 해독돼 왔고, 그 정보들이 일부 연구기관으로 대거 결집되고 있다. 여기에는 멸종 위기에 처했거나 이미 멸종된 동물들의 유전체 정보 역시 포함된다. 그렇다면 합성생물학을 이용해 이들의 유전체를 복원할 가능성 역시 커지는 셈이다.

예를 들어 2006년 11월 독일 막스플랑크 연구소의 진화인류학 연구자들은 3만 년 전 사라진 네안데르탈인의 뼈에서 DNA 염기 100만 개의 서열을 밝힌 바 있다. 이들은 조만간 전체 32억 개 염기의 서열을 모두 규명할 것으로 전망하고 있다. 또한 분자생물학, 동물학, 자연보호 등에 관련된 11개 조직이 후원하는 한 국제 컨소시엄(The Frozen Ark)은 향후 5년간 멸종된 동물 36종과 멸종 위기에 처한 동물 7,000종의 DNA를 모으려는 계획을 세웠다.

생명체 조작, 비전문가 손으로

합성생물학 연구자들은 복잡한 생물 시스템의 개념을 단순화시키고, 그 제조가 용이하도록 도와주는 '탈기술 아젠다(de-skilling agenda)'를 설정하고 있다. 이 때문에 비록 미생물 수준이지만 유전자를 변형해 새로운 생명체를 합성하는 작업은 점차 비전문가의 영역으로 이동하고 있다.

대표적인 사례가 미국의 엔디가 매사추세츠 공대에 근무하던 시절에 조직한 국제유전자변형기계(iGEM, international Genetically Engineered Machine) 대회이다. 2004년 시작된 이후 매년 개최되고 있는 이 대회는 기능이 밝혀진 미생물의 유전자를 '부품'으로 삼아 원하는 기능을 가진 생명체를 설계하고 이를 컴퓨터에서 시뮬레이션하거나 실제로 만드는 일이 목적이다. 적은 전문 지식만으로도 새로운 생물 시스템을 만들 수 있게 하자는 취지에 따라 생물학뿐 아니라 공학이나 정보처리 등을 다루는 이공계 전 학과의 1, 2학년 학생들이 대회에 참여하고 있다.

참여하는 학생 수는 매년 증가하는 추세이다. 2004년 5개 팀에서 출발해 2008년에는 84개 팀 800여 명이 참석했다. 이들은 바이오브릭 재단의 홈페이지에 공개된 정보를 토대로 여름방학 동안 생물 시스템을 고안하고 대회 기간에는 실제로 이를 실현하는 작업을 수행한다. 대회에서 출품된 '작품'에는 기발한 것이 많아서 세계 언론의 주목을 받기도 했다. 예를 들어 2005년 대회에는 박테리아에게 먹이(당류)를 적절하게 제공하는 스위치를 개발해 박테리아끼리 의사소통을 하면서 릴레이 경주를 하도록 만든 작품을 선보였다. 또한 2008년에는 천연가스 생산이나 석유 정제 과정에서 발생하는 유해한 화학물질을 감지하는 미생물이 등장했다. 화학물질을 감지하면 내부에서 전기를 만들어 경보를 울리게 만든 작품이었다. 이 대회는 젊은 학부 학생에게 생명공학의 내용을 직접 체험하는 기회를 제공하고 학문에 대한 자신감을 제공한다는 점에서 긍정적 평가를 받고 있다.

전 세계 대학생들을 대상으로 2004년부터 매년 인기리에 개최되고 있는 국제유전자변형기계(iGEM) 대회의 로고

참고문헌

- "뚝딱뚝딱 '프랑켄슈타인 세포' 만들기", 권오석, 〈과학동아〉, 2008. 1.
- 『합성생물학』, 김영창 · 노동현 · 김양훈 · 김용대, 개신, 2008.
- 국제합성생물학 컨소시엄 홈페이지 http://syntheticbiology.org
- "Extreme Genetic Engineering: An Introduction to Synthetic Biology", ETC group, 2007.
- "Complete Chemical Synthesis, Assembly, and Cloning of a Mycoplasma genitalium Genome," Gibson, D.G. et al., *Science*, 2008. 2. 29.

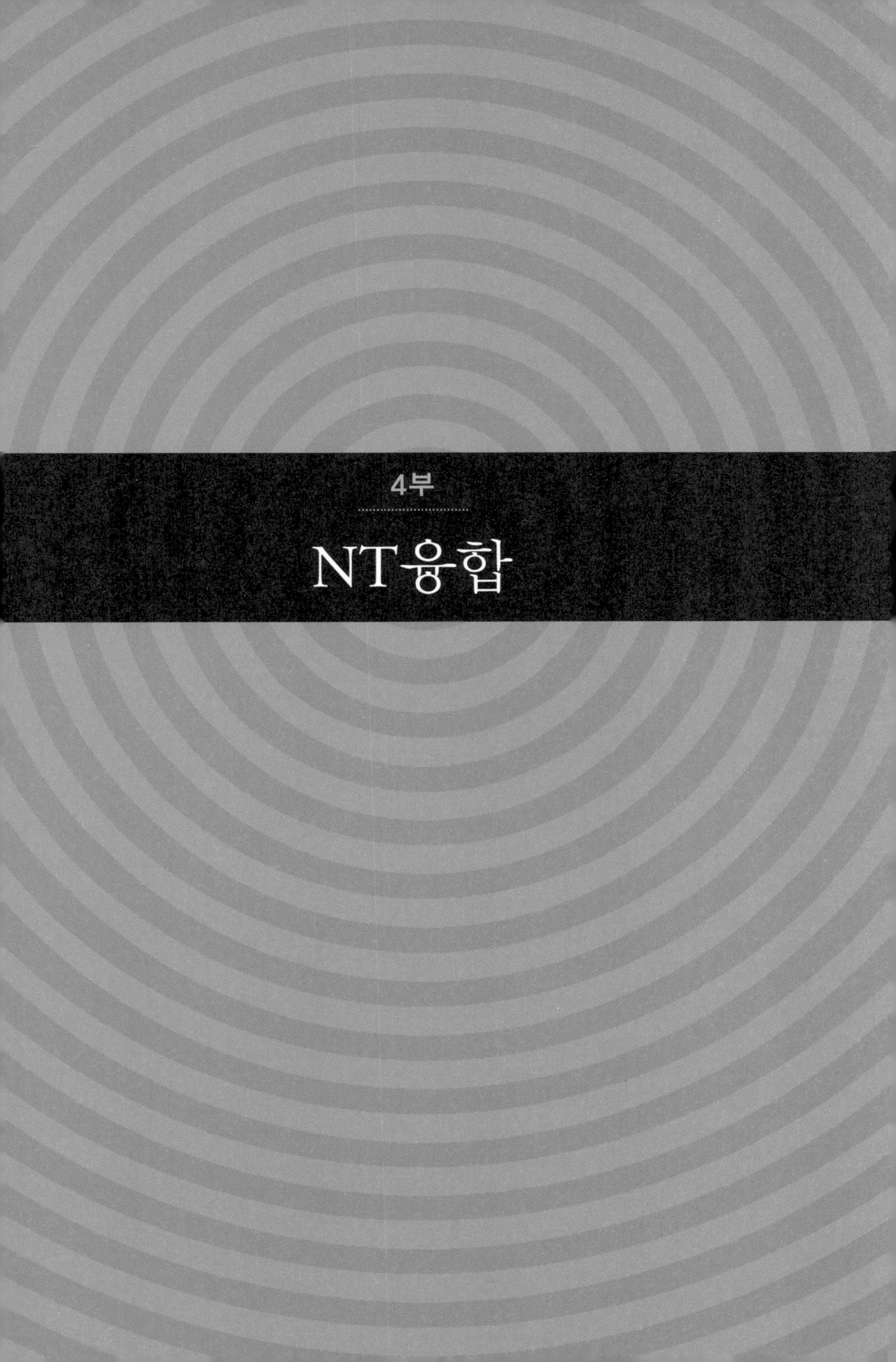

4부

NT융합

황경현(한국기계연구원 나노공정장비연구실 연구위원, 전 한국기계연구원장)

서울대학교 기계공학과를 졸업한 뒤 KAIST 대학원에서 석사 학위를, 미국 오하이오 주립대에서 박사 학위를 받았다. 1978년 한국기계연구원에 입소하여 2007년에 원장을 역임했으며, 나노공정장비연구실의 연구위원으로 재직 중이다. 과학기술부 나노사업조정위원회와 과학기술위원회의 기계 분야 전문위원을 맡고 있으며, 대덕특구기관장협의회의 회장, 한국공학한림원 회원으로 활동하고 있다.

1장 NT와 기술융합

배경과 중요성

나노기술은 나노미터(10억 분의 1미터) 영역에서의 자연현상과 물질의 특성을 이해하고 이를 이용하는 기술이다. 1나노미터는 사람들이 매우 얇다고 생각하는 머리카락 두께의 약 25,000분의 1에 해당하는 크기(머리카락의 25,000배는 어린 아기의 크기)이기 때문에 사람의 눈으로는 볼 수 없고 특별한 장치를 사용하여야만 볼 수 있는 크기이다. 최근에는 단순히 나노기술에서 머무는 것이 아니라 정보기술, 에너지기술 등과 결합된 나노융합기술이 각광받고 있다.

18세기 영국에서 시작된 산업혁명을 필두로 하여 1970년대 전자제품으로 대표되는 전자혁명의 시대가 펼쳐졌고, 1990년대부터는 컴퓨터로 대표되는 정보혁명 시대가 도래하여 현재까지 이어지고 있다. 이를 이어 2010년대에는 기술융합 혁명 시대가 올 것이며 그 핵심에는 나노기술이 있을 것으로 여겨지고 있다. 기술융합 혁명 시대에는 서로 다른 영역으로 여겨지던 기술 분야들이 서로 융합됨으로써 과거에는 생각할 수 없었던 새로운 제품들이 세상에 나올 것으로 보인다. 이 글에서는 나노기술을 중심으로 다른 기술 분야와의 융합에 대해 살펴보고 앞으로의 발전 방향에 대해 소개하고자 한다.

현황과 동향

나노기술에서 가장 친숙하게 느껴지는 분야는 나노로봇일 것이다. 나노로봇은 나노기술과 기계기술이 융합된 형태이다. 최근에 한류 스타 이병헌이 출연한 할리우드 영화 〈지. 아이. 조〉도 쇠를 먹어 치우는 군사용 나노로봇을 뺏으려는 테러리스트와 이를 지키려는 미군 간의 대결을 주요 내용으로 하였다. 외부에 공개되지는 않고 있지만 미국 등에서는 군사용으로 정탐용 나노로봇을 개발하고 있는 것으로 알려져 있다.

일반 분야에서 가장 활발히 연구되고 있는 나노로봇의 개념은 1987년 스티븐 스필버그 감독이 제작한 〈이너스페이스〉라는 영화에서 찾아볼 수 있다. 이 영화는 주인공이 매우 작은 크기로 축소된 잠수정을 타고 사람의 혈관을 돌아다니면서 벌어지는 이야기를 줄거리로 하고 있다. 이 영화에 등장하는 초소형 잠수정과 같은 나노로봇이 개발된다면 사람의 몸속을 돌아다니면서 몸에 해로운 박테리아, 바이러스 등을 제거하거나 손상된 세포를 회복시키는 등의 역할을 수행할 수 있다. 또한 외과 수술이 매우 어려

의학용 나노로봇이 몸속을 돌아다니면서 외부 침입자에 맞서 싸운다.

운 뇌 질환의 경우에도 나노로봇이 혈관을 통해 뇌로 접근하여 손상된 부위를 회복시킴으로써 위험한 외과 수술 없이 뇌를 치료할 수 있다. 이러한 나노로봇 개발을 통해 인간이 더 건강하게 장수할 수 있는 방안이 모색되고 있다.

나노기술과 정보기술이 융합된 형태로서 가장 친숙한 분야는 반도체이다. 1980년대 초 미국의 반도체 업체로부터 어렵게 기술을 배워 와서 시작한 우리나라의 반도체기술은, 1992년 삼성전자에서 세계 최초로 64메가 디램을 개발함으로써 세계 1위로 올라설 수 있는 기반을 마련하였고 그 이후로 지금까지 세계 시장을 선도하고 있다. 반도체에서 가장 핵심적인 기술은 같은 크기의 반도체에 더 많은 정보를 담을 수 있게 하는 나노선폭기술이다. 흔히 언론에서 나오는 '30나노 64기가 낸드 개발 성공' 등과 같은 기사의 '30나노'가 바로 이 나노선폭을 의미한다. 국내 반도체 업계는 이 기술 분야에서 세계에서 가장 뛰어난 기술을 보유하고 있기 때문에 세계 반도체 시장에서도 1위를 고수하고 있다.

미래에는 더 좁은 선폭의 반도체와 나노 크기의 반도체가 등장함과 동시에 플라스틱 반도체도 등장할 것으로 예상된다. 전기가 통하지 않는 것으로 알려진 플라스틱에서도 전기가 통한다는 사실이 발견된 이후에 곡선 모양의 반도체나 디스플레이에 대한 연구가 활발히 진행되고 있다. 바로 이 전기가 통하는 플라스틱 소재가 나노 크기의 구조를 갖는 재료로서, 이들 재료를 제어할 수 있는 나노기술의 적용이 기대된다. 그 외에도 다이아몬드, 연필심 등을 구성하는 탄소 원자로만 이루어진 탄소나노튜브는 반도체의 성질을 가지고 있어서 반도체의 기본 단위인 트랜지스터를 탄소나노튜브 하나로 만들 수 있다. 즉 나노 크기의 반도체를 제조할 수 있기 때문에 미래에는 매우 작은 컴퓨터가 등장할 것이다.

나노기술과 에너지기술이 융합된 분야로는 발전 분야가 가장 활발하다. 특히 무한한 에너지원인 태양광발전에서의 나노기술의 적용 가능성은 무궁무진하다. 태양은 지구 전체가 필요로 하는 에너지의 1만 배 이상의 에너지를 지구에 주고 있으며 인류가 필요로 하는 빛의 양보다도 훨씬 많은 양의 빛을 주고 있다. 그럼에도 불구하고 우리는 그 에너지를 활용하지 못하고 그냥 버리고 있다. 앞서 나온 플라스틱 반도체 기술이 태양광발전에 활용되면 접을 수 있는 태양전지를 제조할 수 있으며, 나아가서는 사람이 몸에 입을 수 있는 옷 형태의 태양전지도 만들 수 있다. 또한 가볍기 때문에 휴대할 수가 있어서 지금처럼 노트북을 야외에서 사용하다가 배터리가 다할 걱정 없이 바로바로 발전하여 재충전할 수 있을 것이다.

다음으로는 연료전지 분야가 있다. 많은 전력을 필요로 하는 자동차 등의 분야에서 활용될 것으로 예상되는 연료전지는 연료로 사용하는 수소를 생산하고 보관하는 것이 핵심기술이다. 수소는 크기가 매우 작고 엄청나게 팽창하므로 일반 소재로는 보관하기가 쉽지 않기 때문이다. 나노기술이 적용되면 수소의 압력을 견딜 수 있으면서도 수소가 통과하지 못하는 소재를 개발할 수 있다. 또한 인간의 혈액을 이용한 연료전지기술이 2003년에 처음 제시되었다. 이러한 기술들이 앞으로 개발된다면 입고 다니는 옷에 설치된 접는 태양전지로 발전을 하고 나노로봇이 채취한 혈액을 사용하여 생물연료전지로 발전하는 날이 올 것이다.

나노기술과 환경기술이 융합되기도 한다. 우리나라에서도 활발히 연구하고 있는 제올라이트가 대표적인 예이다. 제올라이트는 나노 크기의 입자들이 가는 체처럼 배열되어 있어서 큰 분자는 통과하지 못하고 작은 분자만 통과시킴으로써 오염물질을 걸러 낼 수 있다. 마치 건설 현장에서 시멘트와 모래를 섞을 때 굵은 돌을 걸러 내기 위하여 체를 통과시키는 것과

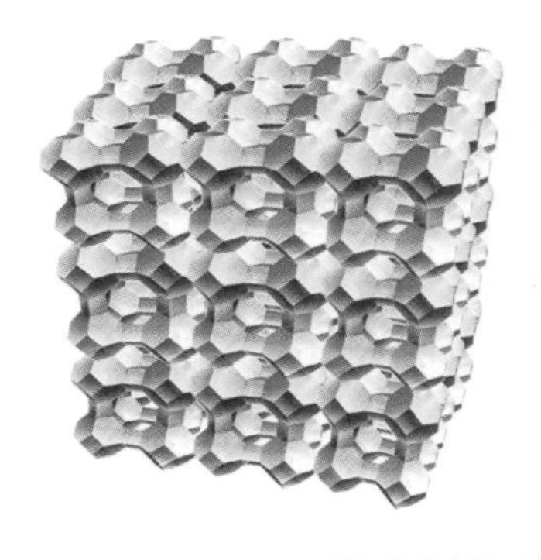

제올라이트의 결정 구조(왼쪽)와 실물 사진

같은 원리이다.

이외에도 특정 분자에만 반응하는 나노센서를 제작하여 유해한 물질이 존재하는지를 판정하는 기술도 개발되고 있다. 이 센서의 원리는 요철과 같이 특정 분자와 형상이 반대인 센서 표면을 만들어서 서로 형상이 들어맞으면 신호를 내보내는 것이다. 또한 그래핀이라는 물질을 이용하면 빛, 가스 등을 검출할 수 있는 센서를 제작할 수 있다. 유해물질 판단뿐만 아니라 바이러스, 박테리아 검출 등에도 활용될 수 있으며, 폭발물 검사에도 활용될 수 있다. 특히 미국에서는 9·11 테러 이후에 폭발물 검사를 위한 나노센서기술 개발에 힘쓰고 있다.

나노융합기술에는 마치 도장을 찍듯이 제품을 생산할 수 있는 나노임프린트 기술도 있다. 나노임프린트 기술은 만들고자 하는 모양과 반대의 형상을 갖는 스탬프(도장)를 제조하여, 스탬프를 재료에 누르면 스탬프의 들어간 부분의 재료는 나오고 스탬프의 나온 부분은 재료가 들어가게 된다. 앞에 나온 나노센서의 요철과 유사한 형태로 이해할 수 있다. 말 그대

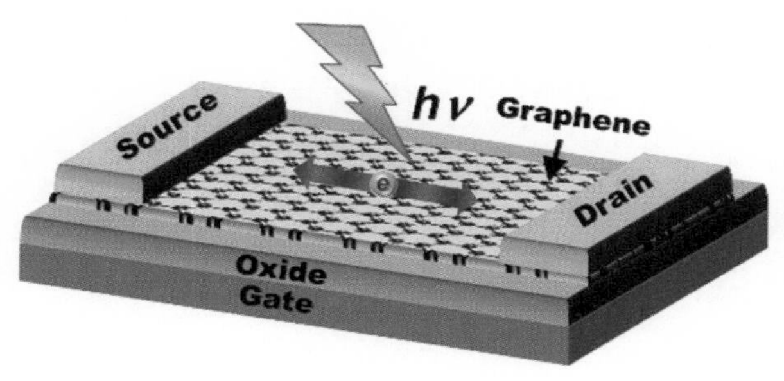

그래핀을 이용한 빛 센서의 모식도

로 제품을 '찍어 낼' 수 있기 때문에 나노 크기의 모양을 만들 수 있으면서도 제품 제조 시간이 매우 짧아 저렴하게 제품을 만들 수 있는 장점을 가지고 있다. 이러한 나노임프린트 기술은 다른 분야의 기술과 융합되어 데이터를 저장하는 하드드라이브의 용량을 10배 이상 높이거나 복잡한 회로를 가지고 있는 디스플레이의 회로를 제조하는 기술 등에 사용될 수 있다.

자연계의 생체 세포막에 존재하는 이온 채널 혹은 이온 수송체와 같은 다양한 나노 크기의 통로는 칼슘, 나트륨 등 다양한 이온들의 이송 경로 및 수단으로 활용되고 있다. 이러한 이온 채널 및 수송체는 일반적인 나노 크기의 채널과 달리 특정 이온만을 선택적으로 통과시킬 수 있으며, 대상 이온을 필요에 따라 이송하거나 차단할 수 있는 기능을 가지고 있다. 또한 이온 농도가 더 높은 방향으로 이온을 이송하는 능동적인 이송 기능을 가지고 있다. 나노기술의 발전으로 다양한 기능의 나노구조물이나 재료를 만들고 이를 이용한 시스템을 만드는 것이 가능해지면서, 이러한 이온 채널이나 수송체의 기능을 가진 인공적인 나노채널을 개발하는 것에 대한 관심이 커지고 있고 관련된 연구도 진행되고 있다. 이러한 연구가 성공적으로 진행된다면 바닷물의 염도를 이용한 발전, 전기뱀장어의 전기 발생 구조와 유사한 배터리, 투석액을 없앤 휴대형 인공신장, 사람의 DNA를 빠르게 분석할 수 있는 DNA 분석기, 매우 효율적인 정수기, 방대한 신약 후보 물질의 고속 검증을 통한 신약 개발 기간 단축 및 비용 절감 등 다양한 분야에서 인류의 생활을 크게 변화시킬 것으로 예상되고 있다.

발전 방향과 전망

앞으로의 모든 기술은 인간 중심 사회라는 사회문화적 목표와 고부가 가치 산업과 경제성장을 가장 중요한 목표로 발전할 것이다. 실제로 정부에서 발표한 '미래사회 수요의 중요도 결과'를 보면 '삶의 질 향상과 경제력 증대'라는 융합 목표가 1순위로 제시되어 있다. 따라서 미래 기술융합 영역에서는 '인간 수행능력 향상을 통한 삶의 질 제고'라는 사회문화적 목표와 '제품의 질과 신뢰성 혁신을 통한 신시장 창출'이라는 산업경제적 목표를 동시에 달성할 수 있는 새로운 기술융합 시도가 요구되고 있다.

나노융합기술의 성공적인 기술개발을 위해서는 무엇보다 관련 과학과 공학, 기술과 산업 간의 연계뿐만 아니라 학문, 인력, 기반 간의 연계가 필요하다. 서로 다른 분야를 연구개발하던 조직들이 서로의 연구 내용을 공개하고 협력해야 한다. 최근에 디지털카메라가 점차 융합기술로 발전함에 따라 삼성그룹 내에서 삼성테크윈의 디지털카메라 부분을 삼성전자와 합쳤고, 차세대 디스플레이로 각광받고 있으며 '아몰레드'라는 명칭으로 일반인들에게 알려진 OLED를 디스플레이 제품과 융합하기 위해서 OLED를 개발하는 삼성SDI와 디스플레이를 개발하는 삼성LCD가 합작하여 새로운 회사를 구성하는 등의 예가 있다.

우리나라는 세계 제일의 정보통신 응용기술 강국이며 나노기술 연구개발 경험을 축적하고 있고, 다양한 융합연구 프로그램이 진행되고 있어 융합기술의 중요성에 대한 인식이 높다. 또한 2007년 스위스 국제경영개발원 조사에 의하면 과학 인프라 7위, 기술 인프라 6위 등 우수한 과학기술 인프라를 보유하고 있다. 따라서 우수한 응용기술과 인적자원을 기반으로 하여, 나노융합기술에 선택과 집중을 통한 신융합기술 개발로 핵심기술을 선점하고 세계적으로 선구적인 역할을 수행할 수 있을 것으로 전망된다.

참고문헌

- 『나노기술이 미래를 바꾼다』, 이인식 외, 김영사, 2002.
- 『한 권으로 읽는 나노기술의 모든 것』, 이인식, 고즈윈, 2009.
- 『공학기술 복합시대』, 이기준 외, 생각의나무, 2003.
- 『진화하는 테크놀로지』, 권오경 외, 생각의나무, 2009.
- "융합기술 종합발전 기본계획", 과학기술부, 2007.
- "미래사회 전망과 한국의 과학기술 : 2005~2030 과학기술 예측조사", 한국과학기술기획평가원, 과학기술부, 2005.

금동화(KIST 책임연구원, 전 KIST 원장)

서울대학교 금속공학과를 졸업한 뒤, 미국 스탠퍼드 대학원에서 재료공학으로 박사 학위를 받았다. 1985년부터 KIST에서 현재까지 책임연구원으로 재직 중이며, 신소재 분야에서 초소성 재료, 박막 재료, 첨단분석기술 등 여러 연구와 재료 분야에서 많은 학술 활동을 수행해 왔다. KIST 연구원장을 역임했으며, 대한금속·재료학회 및 한국전자현미경학회 회장을 지냈다. 한국공학한림원 회원으로 활동하고 있으며, 저서로 『투과전자현미경 분석학』『재미있는 나노과학기술 여행』(공저) 등이 있다.

2장 생체모방공학

생체모방학이란 무엇인가

인류가 자연을 적극적으로 이용하기 시작한 흔적으로부터 문명의 기원을 잡는다. 인류는 동물, 식물, 광물 등 자연에 존재하는 여러 물질을 도구로 만들어 사용하고, 그 사용법을 익히고 발전시켜 기술을 가진 호모사피엔스로 자연의 지배자가 되었다. 식물 줄기와 잎에서 섬유를 뽑아내고, 물고기 가시와 동물 뼈로 바늘과 송곳을 만들어 옷을 만들어 입기 시작했다. 일찍이 땅에 노출된 구리로 청동 칼과 연장을 만들고, 숯을 만들어 온도를 높이는 기술을 습득한 후에는 광물로 철기를 만들어 점점 자연의 지배자 위치에 접어들었다. 물 흐름을 이용해서 물레방아를 돌려 곡식을 찧고 수력발전으로 전기를 만드는 기술을 고안해 냈다. 끝이 날카로운 벌침을 모방해서 주삿바늘을 만들었고, 대퇴골 내부 구조가 격자형으로 보강된 형태여서 커다란 힘을 지탱하는 데 효과적임을 간파한 후 에펠탑과 같은 대형 구조물을 건설했다. 옷에 단추 대신에 쓰는, 흔히 찍찍이라고 불리는 벨크로는 엉겅퀴 씨앗을 모방한 것이다. 이처럼 인류는 자연현상을 보고 배우면서 과학과 기술을 발전시켜 왔다.

자연 생태계에서 동물과 식물은 수백만 년 동안 진화를 통해 최적화되어 왔다. 동식물의 모든 모양과 여러 구조는 가장 적은 에너지를 쓰면서 가장 훌륭한 효과를 얻을 수 있는 형태로 진화하여 주변 환경에 적응하면서 종을 번창시키고 있다. 나무를 예로 들면, 광합성을 통해서 태양에너지를 영양소로 변화시키고, 비와 바람 등의 기후변화에 대응하는 구조로 가지와 잎을 만들고, 밖으로부터의 손상을 감지하여 자체적으로 복제, 치유하고 차세대에 유전자를 전달하는 특별한 기능을 가지고 있다. 동물들도 다양한 방식으로 직면한 공학적인 문제를 창의적이라 할 만큼 우수한 방식으로 해결하고 있다.

우리는 다른 시기에 비해 특별한 시대를 살고 있다. 20세기에 눈부시게 발달한 여러 장르의 과학과 기술은 서로 섞이고 합쳐져 더 나은 기술로 탈바꿈하고, 새로운 융합과학으로 진화하고 있다. 기계공학과 전자공학의 진보로 더 작은 세상을 확대, 관찰하는 현미경기술은 마이크론을 넘어서 더 작은 나노미터 크기의 형태와 구조를 세밀하게 분석할 수 있다. 자연현상을 설명하는 물리학, 화학 및 생물학의 지식과 지평이 확대되어 세밀한 현상까지 정확하고 완벽하게 설명하거나 이해하기 시작했다. 특히 20세기 후반에 비약적으로 전개된 첨단 소재기술의 발달로, 자연 속에 간직되어 있던 작은 형태까지 인위적으로 모방하고 개선하는 기술이 계속해서 개발되고 있다. 이런 시대 변화에 따라 동물과 식물이 숨겨 왔던 마이크론 형태를 모방하는 생체모방공학이 크게 각광을 받고 있다.

생체모방학은 바이오미메틱스(biomimetics)의 번역어이다. 바이오(bio)는 살아 있는 생물체를, 그리고 미메틱(mimetic)은 모방을 의미한다. 생체모방학은 첨단 재료의 설계와 제조 공정에 관한 지식과 기술을 생물체로부터 얻는 전문 분야이다. 단순히 형태를 모방하는 데에서 더 나아가 생물체가 습득한 창의적인 설계 개념과 구성 요소를 탐색하고, 이런 지식과 기술로 인간이 직면한 문제의 해답을 찾으려는 학문적 노력이다.

생체모방학이 새롭게 각광받는 논리는, 우리가 이미 마이크로미터보다 더 작은 현상을 이용하는 나노 시대에 접어들었다는 데에서 찾을 수 있다. 자연 생태계는 오래전부터 나노기술을 습득해서 번성해 오고 있는데, 이제야 우리가 그 세계를 엿볼 수 있게 된 것이다. 동물은 나노미터 크기로 작은 DNA에 기록된 유전자 정보를 통해서 세포를 분화시키고 근육, 뼈 그리고 모든 장기를 만들며 생장한다. 식물의 나뭇잎과 줄기도 현미경으로 크게 확대시켜 보면 나노미터 크기의 모양을 수도 없이 관찰할 수 있다. 심지어 광물에도 지각 활동과 상태 변화로 만들어진 나노기술이 다양하게 숨어 있다. 이런 의미에서 자연은 나노기술과 나노소재의 보물 창고이다. 같은 이유로 생체모방학은 21세기에 가장 왕성하게 발전할 과학기술의 새로운 장르이며, 이를 통해서 인류 문명이 더욱 꽃필 것이다.

흙에서 배우는 생체모방기술

노벨상은 1895년에 스웨덴의 알프레드 노벨의 유언에 의해서 만들어졌다. 노벨은 화약으로 큰돈을 벌었는데, 니트로글리세린을 안전하게 보관하고 운반하기 위해서 쓰던 톱밥 대신에 규조토라는 흙을 처음 사용해서 세계적인 갑부가 되었다. 규조토는 물속에 떠돌아다니는 돌말(생물학적으로 규조류라 한다)이 죽어서 그 껍데기가 바닥에 쌓인 퇴적물이다. 돌말의 껍데기는 나노미터 크기의 미세한 구멍이 무수히 많으면서도 충분히 단단한 뼈대 구조를 가지고 있다. 현재도 만여 종류의 돌말이 서식하고 있는데, 갑옷의 공기 방울은 크기와 종류도 매우 다양하다. 규조토 성분은 모래와 똑같은 이산화규소(실리카)인데, 스펀지처럼 구멍이 숭숭 뚫린 자연이 만든 다공체이다. 규조토는 전체 부피의 80퍼센트 이상이 공기로 채워져 있고 공기 방울의 크기가 수백 나노미터로 아주 작다.

나노다공체인 규조토는 물이 잘 빠지는 성질이 있어 오래전부터 맥주를 제조하는 과정에서 0.5마이크론보다 작은 찌꺼기를 걸러 내는 데에도 이용되고 있다. 규조토의 구조를 모방한 다공성 실리카 소재는 단열재와 연마재의 첨가물로 다양하게 쓰이고 있다. 최근에 규조토 모방 소재로 만든 멤브레인(막)은 오염물질을 흡착하는 성질이 뛰어나 고급 공기청정기 필터에 쓰인다. 이런 다공체 멤브레인은 물속에 존재하는 특정 이온을 걸러 내는 성질이 우수해서 가까운 미래에 해수를 담수화하는

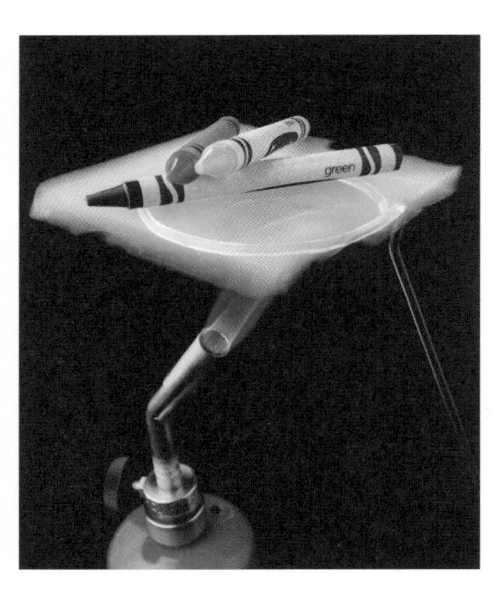

에어로젤은 열전도도가 매우 낮은 나노소재이다. 푸른색 판이 에어로젤인데, 크레용을 위에 올려놓고 밑에서 가열하더라도 녹지 않는다.

데 쓰여 시장이 크게 커질 전망이다.

규조토의 나노스펀지를 모방한 첨단기술로 에어로젤이라는 새로운 나노소재가 각광받고 있다. 에어로젤은 95퍼센트 이상이 공기로 채워진 고분자인데, 여러 가지 모양으로 만들 수 있다. 열전도도가 워낙 낮기 때문에 우주선의 단열재로 처음 사용되었다. 에어로젤은 이뿐만 아니라 아주 미세한 먼지를 제거하는 공기 필터, 약물을 상처 부위까지 직접 전달해 주는 새로운 알약, 자외선을 막아 주는 유리창 등 새로운 나노 상품을 만드는 데 다양하게 쓰이기 시작했다.

동물에서 배우는 생체모방기술

꼬리를 부채꼴로 펼친 공작새의 화려한 자태는 아름다움의 상징이다. 공작새는 어떻게 깃털을 총천연색과 둥그런 문양으로 장식할까? 공작새는 이미 독특한 나노기술을 이용하고 있다. 새의 깃털은 소철나무 잎처럼 본줄기가 있고, 여기에 작은 가지가 촘촘히 박혀 있으며, 이 작은 가지는 더 작은 솜털로 덮여 있다. 공작새의 솜털을 잘라서 현미경으로 확대시켜 보면 지름이 약 5마이크로미터인 둥근 대롱인데, 밖으로 나타난 색깔에 관계없이 모두 멜라닌이라는 단백질로 구성되어 있다. 멜라닌은 손톱과 같은 성분으로, 스스로는 색을 띠지 않는 투명한 물질이다.

공작새의 비밀은 솜털에 규칙적으로 촘촘히 박혀 있는 나노미터 크기의 멜라닌 막대에 있다. 이것들은 100~125나노미터이고 길이가 500~700나노미터인 나노 소시지 모양이다. 스스로는 색을 띠지 않는 멜라닌이 변하고 이에 따라서 색깔이 달라지는 것이다. 공작새는 깃털의 위치에 따라 파란색, 갈색 혹은 노란색만 반사되도록 멜라닌 막대의 크기와 배열을 다르게 하는 재주를 가지고 있다. 이런 현상을 학술적 용어로 빛의 반사에 의한 '구조의 색'이라 한다. 비 갠 뒤 보이는 총천연색 무지개, 화려한 깃털을 가진 물총새, 눈부신 파란색의 모포나비, 물속의 피라미와 송어, 보석으로 쓰이는 오팔이 영롱한 자태를 띠는 것도 같은 현상이다.

자연의 나노구조에 의한 색깔 변화를 모방한 첨단기술이 실생활에 속속 적용되고 있다. 대표적인 것이 인조 오팔이다. 오팔은 지름이 200~300나노미터 크기인 산화규소(SiO_2)로 된 유리구슬이 일정한 규칙으로 배열된 격자 모양의 집합체이다. 세라믹기술로 직경이 40나노미터인 산화규소를 자연산 오팔과 반대가 되는 구조로 만들 수 있다. 즉 크기가 200~300나노미터인 빈 공간이 오팔처럼 배열되도록 하여 파랑, 초록, 주황색을 내도록 하는 것이다. 자연광 속에 있는 여러 파장이 역오팔 구조에서 간섭과 산란으로 특정한 색만 띠게 되는 기술이다.

이처럼 물질 내에서 빛의 파장이 선택되는 소재를 광결정(photonic crystal)이라 하는데, 그 쓰임새가 매우 다양하다. 휴대폰 케이스를 광결정으로 코팅한 고급품이 팔리고 있다. 발광소자(LED)의 빛을 모으는 거울 대신에 광결정으로 코팅을 하여 휘도를 크게 높이고, 공진기 역할로 낮은 전류에서도 레이저 발진이 가능한 광결정 레이저소자(LD)도 선보인 바 있다. 광결정기술로 그 가능성이 이미 증명되었거나 앞으로 개발될 광소자의 예로는 광섬유 분산 보상기, 공진 필터, 편광

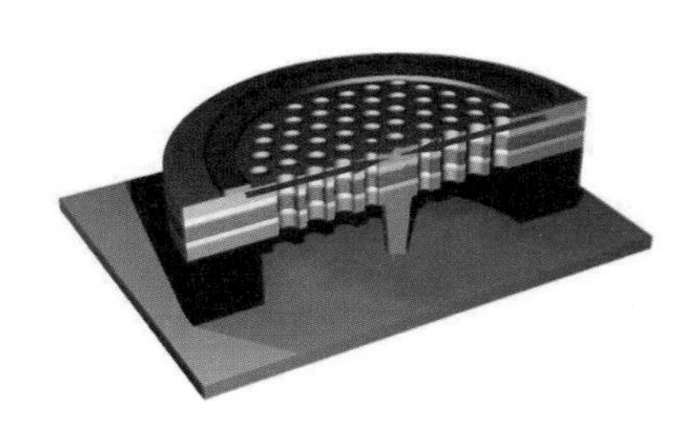

KAIST에서 개발한 레이저소자의 모식도. 구멍이 숭숭 뚫린 광결정 판으로 빛을 모아, 작은 전류로도 레이저 발진이 가능한 첨단 레이저소자를 구현했다.

기, 광스위치, 기억소자 등 많은 정보통신용 광소자들이 있다. 그리고 광결정으로 특정 파장의 빛을 섞거나 분리가 가능해 새로운 광컴퓨터가 등장할 전망이다.

식물에서 배우는 생체모방기술

연잎에 숨겨진 나노기술은 연잎 효과(lotus effect)로 잘 알려져 있다. 연잎에 떨어진 빗방울이나 이슬은 잎을 적시지 않고 쪼르륵 굴러떨어진다. 물방울이 잎에 앉은 먼지를 머금고 굴러떨어져서, 연잎은 항상 깨끗하고 청아한 녹색 자태를 뽐낼 수 있다. 연잎이 물에 전혀 젖지 않는 것은 기본적으로 표면이 소수성(물 분자와 쉽게 결합되지 않는 성질)을 띠고 있기 때문이다.

그런데 연잎 표면이 소수성을 띠는 것은 단순히 표면장력에서 기인하는 것이 아니다. 잎의 표면이 수십 나노미터 크기의 작은 돌기로 덮여 있기 때문이다. 어떤 물질 표면의 친수성 혹은 소수성을 결정짓는 표면장력은 경계면에 위치한 원자들의 화학적인 상태에 따라 정해지는 성질이 아니다.

그런데 표면이 나노 크기의 미세한 돌기로 덮여 있으면, 표면장력의 크고 작음과 무관하게, 조그만 흔들림에 굴러떨어질 정도로 접촉각(액체가 고체와 접촉하고 있을 때, 액체의 표면이 고체의 평면과 이루는 각도)이 커지고 소수성을 나타낸다. 작은 돌기와 물방울이 접촉하는 면적이 아주 작으면, 물방울과 잎 사이의 접촉각이 100도 이상으로 커지고 물방울이 자유롭게 돌아다닐 수 있다. 넓은 연잎은 실바람에도 쉽게 흔들거리고, 물방울이 모이고 합쳐져서 무거워지면 굴러떨어진다. 이때 잎에 앉은 먼지들이 물에 씻겨서 덩달아 떨어지는 것이다.

연잎 표면의 돌기 때문에 물방울이 먼지를 머금고 굴러떨어진다(왼쪽).
연잎 효과를 응용한 페인트인 로터산을 칠한 건물 외벽(오른쪽).

연잎 효과를 이용한 생체모방기술은 이미 여러 상품으로 시장에 팔리고 있다. 가장 대표적인 예가 로터산(Lotusan)이라는 건물 외벽에 쓰는 페인트이다. 페인트를 칠하고 용매가 날아간 후에 연잎처럼 나노 크기의 작은 돌기가 만들어지도록 고안한 것이다. 따라서 로터산 페인트의 표면은 연잎 표면과 똑같으며 당연히 초소수성을 띠고 있다. 비가 오거나 물을 뿌려 주면, 물방울이 벽에 묻은 먼지를 머금고 떨어져 더러워지지 않는 페인트이다. 솔젤 공정이라는 첨단 공법으로 세라믹 표면이 연잎 효과를 나타내도록 코팅할 수도 있는데, 이런 모방기술이 양변기에 적용되기 시작했다. 용변 후 물만 내리면 닦지 않아도 항상 청결이 유지되는 제품이다.

연잎 효과를 실생활에 이용한 다른 예로 때가 묻지 않는 섬유로 직조한 기능성 의복이 있다. 이 기술의 핵심은 면섬유에 많은 양의 아주 작은 솜털을 붙여서 연잎 효과를 얻는 것이다. 면섬유의 단면을 나무줄기로 생각하고, 이 위에 원자 단위(atom-by-atom)의 나노 휘스커 솜털을 코팅한 것이다.

최근에 재료과학자들은, 연잎 효과에 공작새의 구조색을 조합하여 비에 젖지 않을 뿐만 아니라 다양한 색깔을 띠는 비옷을 선보이고 있다. 오염되지 않는 의복이 가져올 사회경제적 가치는 매우 크다. 옷을 세탁하지 않아도 된다면 세탁기, 물 및 세제가 필요 없을 것이고 가사 노동이 절감될 뿐만 아니라 과다한 세제 사용에 따른 공해도 그만큼 줄어들 것이다.

요약

자연의 보물 창고에 숨겨진 나노기술을 활용하는 생체모방학은 나노미터 크기를 관찰하고 분석할 수 있는 기술과 물질을 나노미터 크기로 작게 만드는 기술에 바탕을 두고 있다. 20세기 후반에 과학과 기술이 눈부시게 발달했는데, 그중에서도 현미경의 발달이 특히 두드러진다. 그리고 한 개의 기억소자에 수백만 장의 신문을 기록할 수 있는 반도체를 생산하는 기술도 나날이 발전하고 있다. 앞으로 자연이 이용하고 있는 나노기술을 잘 모방하면, 물질을 분자 크기로 합성하거나 제조하는 첨단기술이 더욱 발전할 것이 분명하다.

생명체는 모든 기술을 융합해서 가장 적합한 상태를 만들어 종을 유지하고 있다. 자연 속에는 나노기술, 바이오기술 등이 가장 잘 융합되어 있다. 생체모방학은, 자연 속에 숨겨진 나노기술을 단순히 따라 하는 것이 아니라 인간이 필요한 목적에 맞게 생체 설계를 융합한다는 점에서 우리 인류가 21세기에 도전할 신천지가 확실하다.

참고문헌

- 『재미있는 나노과학기술 여행』, 금동화 · 강찬형 · 김긍호 · 서상희, 양문, 2006.
- 『바이오마이메틱스』, 윤실 엮음, 전파과학사, 1997.
- *Biomimetics: Biologically Inspired Technologies,* ed. by Yoseph Bar-Cohen, CRC Press, 2006.

박태현(서울대학교 화학생물공학부 교수)

서울대학교 화학공학과를 졸업하고 KAIST에서 화학공학 석사 학위를 취득하였다. 미국 퍼듀 대학교 화학공학과에서 공학 박사 학위를 취득하고 미국 캘리포니아 대학교(어바인)에서 박사후 연구원을 수행하였다. 귀국 후 LG바이오텍연구소 선임연구원, 성균관대학교 유전공학과 교수, 미국 코넬 대학교 객원교수를 역임하였고, 현재 서울대 화학생물공학부 교수로 재직하고 있다. 한국공학한림원 회원과 생물공학 분야의 대표적 국제 학술지인 *Enzyme and Microbial Technology*의 편집인으로 활동하고 있다. 저서로는 미국화학회에서 출간된 *Biological Systems Engineering*(공저)을 비롯하여 『처음 읽는 미래과학 교과서 3 : 생명공학편』 『영화 속의 바이오테크놀로지』 『생물공정공학』(공저) 『미래를 들려주는 생물공학 이야기』(공저) 등이 있다.

3장 나노바이오 기술융합

바이오와 나노의 특성

나노기술과 바이오기술이 융합되면 어떤 새로운 특성을 보이기에 나노바이오기술이라는 용어가 세간의 관심을 끌고 있는가? 나노와 바이오의 융합을 이해하려면 먼저 나노와 바이오 각각의 기본 특성을 이해할 필요가 있다. 각각의 기본 특성을 살펴보고 이것들을 결합하면 어떤 새로운 기술을 이끌어 낼 수 있는지 살펴보자.

우선 바이오의 특성에 대하여 살펴보자. 지구상에 존재하는 모든 생명체를 이루는 기본 단위는 세포이다. 박테리아에서부터 곤충, 식물, 인간에 이르기까지 이 모든 것이 세포로 구성되어 있다. 박테리아는 한 개의 세포로 이루어져 있는 반면 인간은 수십조 개의 세포로 이루어져 있지만, 세포가 기본 구성 단위라는 점에서는 동일하다. 따라서 생명체를 이해하기 위해서는 세포를 이해해야 한다. 세포의 여러 가지 특성 중에서도 나노와의 결합을 이해하기 위해서 우리는 먼저 세포의 크기에 대하여 살펴볼 필요가 있다. 여기서 우리가 이야기하는 나노는 길이의 개념이기 때문이다.

세포의 크기는 종류에 따라 차이가 있지만 그 길이가 대략 1마이크로미터에서 수십 마이크로미터 사이이다. 마이크로미터는 10^{-6}미터로서 밀리미터의 천 분의 일에 해당하는 길이이다. 크기가 작은 박테리아는 1~2마이크로미터의 길이를 가지고 있고, 인간 세포를 포함한 동물 세포의 길이는 수십 마이크로미터이다. 따라서 바이오의 기본 단위인 세포는 마이크로미터의 영역에 속해 있다.

바이오의 특성을 길이의 관점에서 간략히 이야기했지만, 바이오의 가장 큰 특성은 매우 특이적이라는 점이다. 생명 시스템에서 일어나는 분자들 간의 결합이나 반응은 일반 화학물질과는 다르게 자신이 목표로 하는 특정 분자하고만 결합하고 반응한다. 예를 들어, 생물 분자의 일종인 항체는 표적을 정확하게 찾아가는 미사일과 같다. 특정 종류의 항체는 바이러스 표면의 특정 부위만을 정확하게 찾아 결합한다. 생촉매인 효소는 자신이 대상으로 하는 분자의 반응만을 촉진시킨다. 매우 유사한 분자가 주위에 있더라도 다른 분자에는 전혀 한눈을 팔지 않는다. 이와 같은 특이성은 오직 바이오만이 갖는 매우 중요한 특성이다.

나노라는 말은 그리스어의 나노스(난쟁이)에서 유래한 말로서 10^{-9}을 의미한다. 즉 나노미터는 10^{-9}미터이다. 나노기술은 적어도 한 방향의 길이가 1~100나노미터에 해당하는 분자나 구조물을 대상으로 하는 기술을 일컫는다. 나노 크기의 구조물 중에서 가장 손쉽게 제작할 수 있는 것들로는 구형 구조물인 나노입자(버키볼)와 가느다란 막대 형태의 구조물인 나노전

[그림 1] 무지갯빛을 띠는 나노입자

동일한 성분으로 제조된 나노입자라 하더라도 입자의 크기를 조절함으로써 다른 색깔을 띠게 만들 수 있다. 입자의 크기만을 달리해 무지갯빛 일곱 색깔 모두를 만들 수도 있다.

선과 나노튜브가 있다. 이들 나노구조물들은 그 크기가 나노 영역으로 내려감으로써 여태까지 우리가 알고 있던 자연현상과는 다른 재미있는 특성들이 발견되며, 우리는 이런 특성들을 유용하게 이용할 수 있다.

일상의 스케일에서는 물질의 성분이 동일하다면 그 물질의 크기에 상관없이 동일한 색깔을 가진다. 그러나 나노입자의 경우에는 동일한 성분의 물질이라 하더라도 입자의 크기가 달라짐에 따라 다양한 색으로 변하는 특이한 성질을 가지고 있다. [그림 1]에서와 같이 동일한 물질을 가지고도 입자의 크기만을 달리함으로써 무지갯빛 일곱 색깔 모두를 만들 수 있다.

나노전선과 나노튜브의 경우에는 그 굵기가 매우 가늘기 때문에 여느 전선이나 튜브가 갖지 못하는 특성을 나타낸다. 일반 구리 전선에 전류가 흐르고 있는 경우를 생각해 보자. 이 전선은 구리 표면에 어떤 물질이 달라붙더라도 구리 전선을 따라 흐르는 전류에는 별반 영향을 주지 못한다. 전선의 굵기가 굵기 때문에 전자가 이동하는 통로가 충분히 확보되어 있고, 이런 상태에서는 통로 주위에 다른 것이 달라붙어도 전자의 이동이 크게 방해를 받지 않는다. 그러나 나노 굵기의 전선의 경우에는 이야기가 달라진다.

나노 굵기는 거의 분자 하나 수준의 굵기이므로, 이 전선에 전류가 흐른다는 것은 전선을 따라 나열되어 있는 분자를 타고 옆의 분자로 전자가 이동한다는 것을 의미한다. 즉 매우 비좁은 통로로 전자가 이동하여야만 하는 상황이다. 이런 상황에서 전자가 이동해야 할 통로 주변에 어떤 물질이 부착되면 전자 이동에 상당한 방해를 초래하게 되므로 전류의 흐름이 눈에 띄게 감소한다. 이와 같은 특성으로 인하여 나노 굵기의 전선은 기존의 전선과는 다르게 주위 물질의 부착을 매우 민감하게 감지할 수 있다.

바이오 세계와 나노 세계의 크기 비교

앞에서 이야기한 바이오 세계와 나노 세계의 크기를 비교하면, 나노 스케일이 바이오 세계에서 갖는 의미를 발견할 수 있다. 바이오 세계는 마이크로(10^{-6})의 세계이다. 마이크로 영역은 세포 크기와 비슷하거나 그보다 큰 영역으로서 세포 밖의 영역임에 반하여, 마이크로 영역의 천 분의 일에 해당하는 나노 영역은 세포 안으로 들어갈 수 있는 크기로서 세포 내의 영역에 해당한다.

그동안 우리는 마이크로미터 이하의 구조물은 제작하기가 힘들었으므로, 주로 그 이상의 영역을 대상으로 하는 기술을 개발해 왔다. 그런데 이제는 그보다 작은 나노 영역 크기의 구조물을 제작할 수 있게 되어, 비로소 세포 속으로 들어갈 수 있는 구조물을 제작할 수 있게 되었다. 이로 인하여 나노기술은 바이오 세계에서 특별한 능력을 발휘할 수 있게 되었다. 또한 나노미터란 길이는 인간이 만들 수 있는 구조물의 가장 작은 크기인 동시에 신이 만든 생물체 분자의 가장 큰 크기이기도 한 매직 접점이다.

나노와 바이오의 융합

이와 같은 나노와 바이오의 특성이 결합되어 새로운 기술들이 탄생하게 되었다. 나노구조물들이 세포의 크기보다 작음으로 인해 얻어지는 특성은 약물전달, 세포 치료, 분자영상을 이용한 진단 등에 유용하게 이용된다. 여기서는 바이오의 특이적 특성과 관련된 나노바이오 융합기술에 대하여 살펴보기로 한다. 특이적 특성이라 함은 앞에서 언급했듯이 특정 분자하고만 결합하고 반응하는 특성을 말한다.

이미 언급했듯이 나노 크기의 금속 알갱이는 그 입자의 크기에 따라 다양한 색으로 변신하는 성질을 가지고 있다. 예를 들어서, 특정 크기의 나노 알갱이들이 용액 속에 고루 분산되어 있을 때는 빨간색을 띠는데, 이들 중 몇 개가 서로 뭉쳐져 크기가 커지면 파란색으로 변한다. 이와 같은 나노입자의 성질과 DNA 분자의 특이적 결합 특성을 이용하면 특정 DNA 가닥의 존재를 색깔 변화로 쉽게 감지할 수가 있다.

수년 전 미국에서 하얀 가루가 우편 봉투에 담겨져 몇몇 특정 인물들에게 배달되었는데, 이것이 매우 유독한 탄저균임이 밝혀지면서 세계를 긴장시켰다. 탄저균의 DNA를 감지하는 데 이 방법이 효과적으로 사용될 수 있다. [그림 2]에서와 같이 탄저균 DNA와만 결합하는 DNA 가닥을 붙인

[그림 2] 나노입자를 이용한 탄저균 검출의 원리

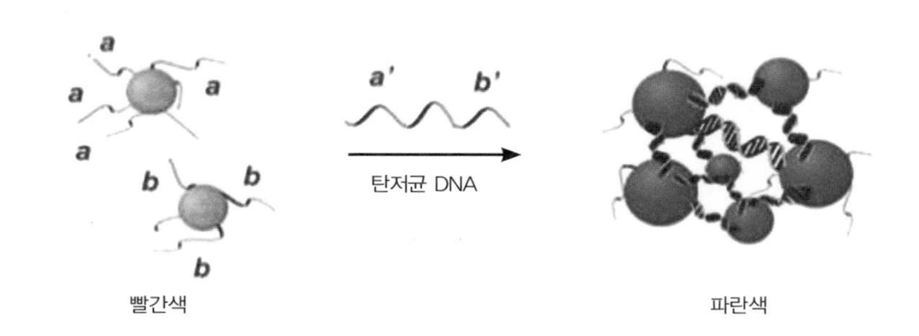

탄저균 DNA 가닥의 한쪽 끝 부분(a' 부분)과 결합하는 DNA 가닥(a 가닥)을 붙인 나노입자와, 탄저균 DNA 가닥의 다른 쪽 부분(b' 부분)과 결합하는 DNA 가닥(b 가닥)을 붙인 나노입자가 서로 섞여 분산된 형태로 존재하면 빨간색을 띤다. 이 빨간색 용액에 탄저균 DNA 가닥이 첨가되면, 이 탄저균 DNA의 a' 부분은 나노입자에 붙어 있는 a 가닥과 결합하고, b' 부분은 또 다른 나노입자의 b 가닥과 결합하여 나노입자들이 서로 뭉쳐져 용액의 색깔이 파란색으로 변한다.

나노입자는 용액에 분산된 상태로 있으면 빨간색을 띠지만, 탄저균 DNA가 있으면 이것이 나노입자에 붙어 있는 DNA 가닥과 결합함으로써 나노입자 사이의 가교 역할을 한다. 결과적으로 분산되어 있는 나노입자들을 서로 뭉치게 함으로써 용액의 색깔이 파란색으로 변한다. 이와 같은 색깔 변화를 통하여 탄저균 DNA의 존재를 알 수 있다.

나노 굵기의 전선은 기존의 전선과는 다르게 주위 물질의 부착을 매우 민감하게 감지할 수 있으며, 바이오 분자는 특정 분자하고만 결합하는 특성이 있다는 이야기를 앞에서 하였다. 나노전선의 민감성과 바이오 분자의 선택성을 융합하면 선택적이고도 민감한 나노바이오센서를 제작할 수 있다. 예를 들어 [그림 3]에서와 같이 인플루엔자 바이러스와만 결합하는 항

[그림 3] 나노바이오센서

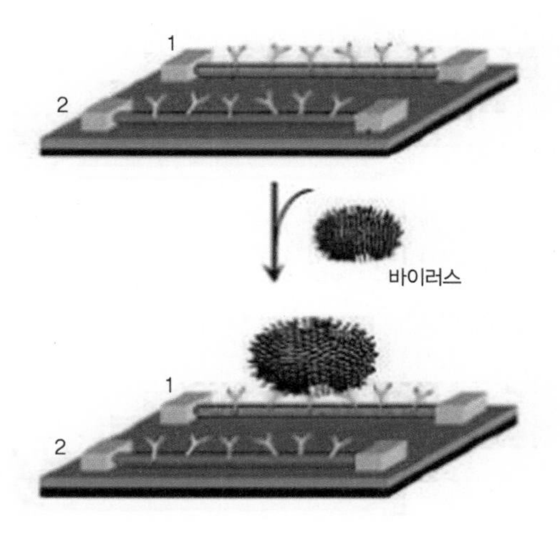

나노전선의 표면에 Y자 형태의 항체를 붙인다. 1번 나노전선에는 인플루엔자 바이러스와만 결합하는 항체 분자를 붙이고, 2번 나노전선에는 다른 종류의 항체를 붙인다. 인플루엔자 바이러스는 1번 전선하고만 결합함으로써 2번 전선의 전류에는 변화가 없는 반면에, 1번 전선의 전류는 감소한다.

체 분자를 나노전선 표면에 붙여서 제작한 나노바이오센서는 단 한 마리의 인플루엔자 바이러스도 검출할 수 있다.

나노바이오 기술융합의 미래

이상에서 나노와 바이오가 결합되어 탄생된 몇몇 예들을 살펴보았지만, 이것은 그야말로 빙산의 일각에 불과하며 전문 저널들에서는 나노와 바이오가 융합되어 생겨난 새로운 기술들을 연일 쏟아 내고 있다. 바이오기술은 DNA 재조합 기술의 개발을 필두로 하여, 복제 양 돌리로 대변되는 동물 복제 기술, 인간의 유전자 지도를 완성한 인간게놈프로젝트, 난치병 치료에 획기적인 전기를 마련해 줄 것으로 기대되는 줄기세포기술 등으로 눈부시게 발전하고 있다. 이 바이오기술은 미래의 건강, 먹을거리, 에너지, 소재, 환경을 책임질 분야로 자리매김하고 있다. 오묘한 생명의 세계를 이용하는 바이오기술에 여태까지 우리가 넘보지 못했던 세포 속의 세계를 자유자재로 넘나들 수 있는 나노기술이 가세하여 이제 이 두 기술은 대융합을 시도하고 있다.

이 융합기술은 인간의 건강한 삶을 위한 분야에 가장 먼저 응용될 것으로 여겨지며, 몸속과 세포 속을 누비고 다니는 나노로봇, 목표 부위에 필요량의 약을 정확히 투여하는 약물전달 시스템, 바이러스와 DNA 등을 효과적으로 감지하는 나노바이오센서 등의 현실화가 기대되고 있다.

참고문헌

- *Nanobiotechnology,* Christof M. Niemeyer and Chad A. Mirkin., Wiley-VCH, 2004.
- *Nanobiotechnology II,* Christof M. Niemeyer and Chad A. Mirkin., Wiley-VCH, 2007.
- *Nanotechnology,* Mark A. Ratner and Daniel Ratner, Prentice Hall, 2002.
- 『미래를 들려주는 생물공학 이야기』, 유영제 · 박태현 외, 생각의나무, 2006.
- 『미래과학 교과서 3 : 생명공학편』, 박태현, 김영사, 2007.
- 『영화 속의 바이오테크놀로지』, 박태현, 생각의나무, 2008.

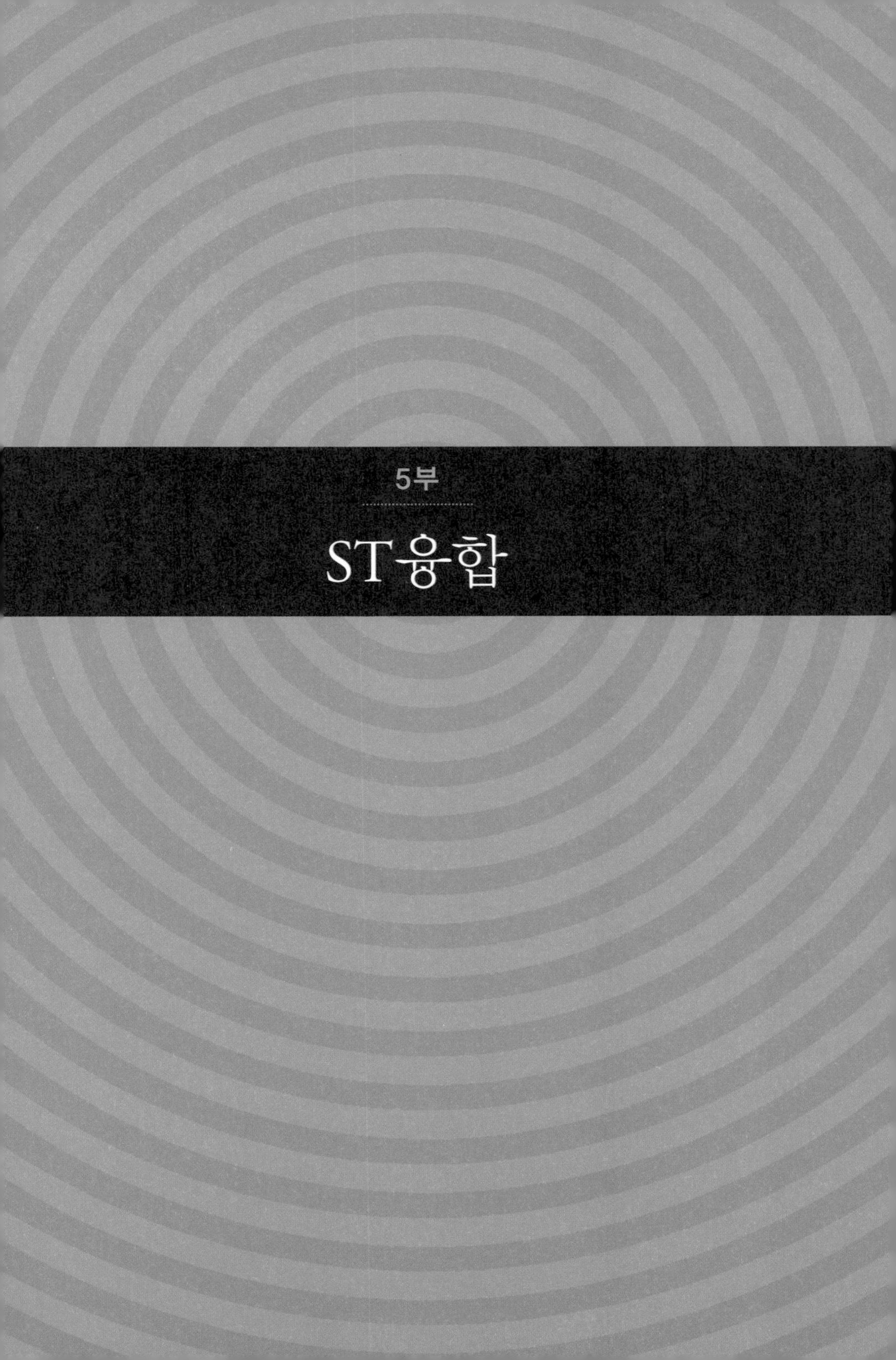

5부

ST융합

이주진(한국항공우주연구원 원장)

서울대학교 기계공학과를 졸업한 뒤 미국 존스홉킨스 대학교 대학원에서 기계공학 석사 학위와 박사 학위를 받았다. 국방과학연구소와 표준과학연구원을 거쳐 1991년 3월부터 한국항공우주연구원에 재직하고 있으며, 다목적위성사업단장, 위성기술사업단장, 위성정보연구소장 등을 역임하고 2008년 12월 한국항공우주연구원 원장으로 취임했다. 현재 한국공학한림원 회원으로 활동 중이다.

1장 ST와 기술융합

우주를 향한 인류의 발걸음

빅뱅이론(대폭발설)에 의하면 우주가 탄생한 것은 150억 년 전이다. 지구는 46억 년 전쯤 생겨났고, 인류의 역사가 시작된 것은 약 5만 년 전이다. 이 오랜 역사에 비해 인간이 우주의 문을 두드리기 시작한 것은 불과 50여 년 전의 일이다. 1957년 옛 소련이 첫 인공위성 '스푸트니크' 발사에 성공하면서 본격적인 인류의 우주개발 역사가 시작됐다.

그 후 50여 년 동안 우주에 대한 인간의 탐구는 무척 빠르게 발전했다. 1969년 미국의 우주비행사 닐 암스트롱이 아폴로 11호를 타고 달에 첫발자국을 남긴 후 달의 신비를 밝히려는 노력이 계속되었고, 지난 2009년에는 미국이 엘크로스(LCROSS)라는 위성을 달의 남극에 충돌시켜 상당량의 물이 얼음 상태로 존재하고 있다는 것을 확인하는 성과를 거두기도 했다.

우주를 향한 인류의 발걸음은 달을 넘어 태양계까지 이르고 있다. 미국은 1977년 태양계 탐사를 위해 무인 탐사선 보이저(Voyager) 위성을 발사했고, 2003년 발사된 유럽의 첫 화성 탐사선 마스 익스프레스(Mars Express)는 화성 표면을 탐사한 사진들을 지구로 전송했다.

혜성이나 소행성 등 태양계에 존재하는 엄청난 자원을 활용하기 위한 탐사도 진행 중이다. 신비와 동경의 대상이었던 우주가 이제 현실의 공간으로, 그리고 인류의 미래가 펼쳐질 새로운 개척지로 우리 앞에 다가온 것이다.

우리나라는 우주선진국들보다 30~40년 정도 늦은 1990년대 초반에 우주개발을 시작했다. 그러나 20년도 되지 않는 짧은 기간 동안 괄목할 만한 발전을 이루었다. 아리랑위성 2호의 개발로 1미터급 고해상도 카메라 기술을 확보해 세계 6~7위권의 고정밀 위성국으로 올라섰고, 나로우주센터의 건립과 나로호 발사를 계기로 독자적인 우주개발 기반을 어느 정도 갖추게 되었다.

현재 우리나라는 2019년까지 순수 우리 기술로 한국형 발사체를 개발하고, 이를 통해 2021년에는 달 궤도선을, 2025년에는 달 착륙선을 발사해 세계 7위의 우주 강국으로 도약한다는 목표를 세우고 있다.

우주의 극한환경이 만들어 낸 창의기술

우주는 극저온, 고진공, 무중력, 고준위 방사선 등 다양한 변수가 존재하는 곳이다. 우주로의 여행과 우주개발을 위해서는 지구의 환경과는 완전히 다른 우주환경을 극복해야 하며 이를 위해 새로운 기술이 필요했다. 우선 우주탐사를 위해 로켓과 위성을 개발해야 했고, 지구의 관제탑과 지속적으로 교신하기 위해 원격통신기술과 음성통신기술도 필요했다. 달에서 찍은 영상을 실시간으로 지구에 전송할 수도 있어야 했다. 지구로 돌아오는 우주선이 대기권에 진입하면 공기와의 마찰에 의해 많은 열이 발생하므로 우주선이 타 버리지 않도록 새로운 소재를 개발했다. 이처럼 우주로 가는 길은 새로운 것을 발명하고 발견해 내는 창의적인 과정이었다.

인류의 우주탐사에 획기적인 전환점이 되었던 미국의 유인 달 탐사 프로젝트(Apollo Project)는 인류 최초의 달 착륙이라는 외형적인 의미를 넘어 인류가 수십 년에 걸쳐 이룰 수 있는 과학적 성과들을 단기간에 이루어 냈다는 또 다른 의미를 지닌다. 당시 인간을 달에 보내는 엄청난 프로젝트를 위해 무려 10,000가지 이상의 임무를 달성해야 했고, 39만 명의 과학자가 이 프로젝트에 참여했다. 프로젝트가 시작된 1961년부터 1972년 아폴로 17호를 마지막으로 프로젝트가 중단될 때까지 10여 년 동안 신소재, 초고속 컴퓨팅 기술 등 다양한 분야에서 그야말로 혁신적인 과학기술의 발전이 이루어졌다.

기계, 소재, 전자, 통신 등 거의 모든 분야의 기술을 아우르는 최첨단 시스템 종합기술인 우주기술은 이처럼 관련 기술의 전반적인 발전을 가져오는 것은 물론 의료, 자동차, 통신, 의류 산업 등 다양한 산업 분야로 파급되어 막대한 부가가치를 창출한다.

가장 대표적인 것이 위성항법시스템이다[그림 1]. 위성항법시스템(GNSS, Global Navigation Satellite System)은 우주공간에 쏘아 올린 항법위성들을 이용해 사용자에게 정확한 위치와 시각 정보를 제공하는 시스템이다. 처음엔 미국이 군사적 목적으로 만들었지만 항법, 측지, 긴급 구조, 정보통신 등

[그림 1] 위성항법시스템 개요

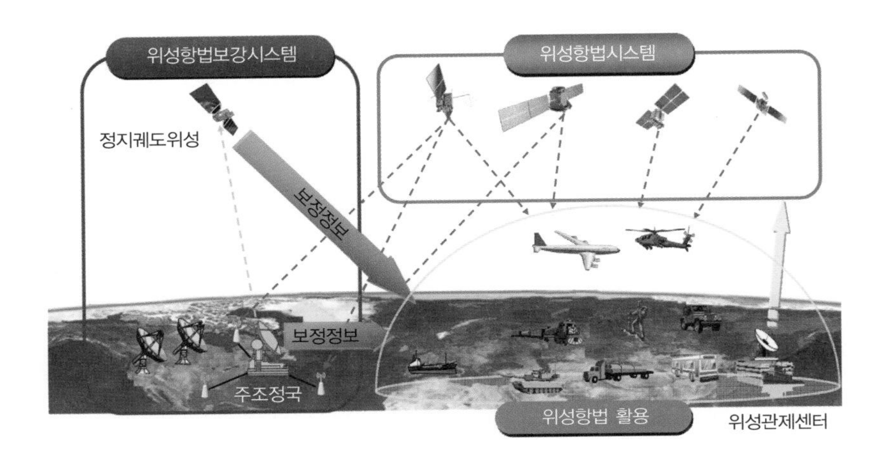

민간 분야에 활용되면서 그 쓰임새는 상상을 초월하고 있다.

위성항법시스템은 해양에서는 각종 선박의 위치를 파악하고 항로를 제공해 주는 수단으로 사용된다. 위치 파악이 된 선박은 전자 해도에 표시되어 보다 효율적인 화물 수송 관리를 할 수 있게 되며, 선박이 항만에 가까이 왔을 때 다른 선박과 부딪치지 않도록 관제하는 용도로도 사용된다.

항공 분야에서는 항공기의 위치와 공항 관제에 많이 응용되고 있다. 전 세계의 수많은 항공기들의 정확한 위치를 파악하여 안전한 비행을 하게 해 주며 공항에서는 안전하게 이착륙할 수 있도록 공항 관제를 도와준다.

차량을 도난당했을 때도 도난 사실을 차주에게 휴대폰으로 알려 주고 위성항법 장치를 활용해 차량 위치를 파악할 수 있다. 또한 도어록 등 원격 조종으로 차량을 제어할 수 있는 데이터 모뎀이나 솔루션을 통해 미래의 자동차는 단순히 달리는 기계가 아닌 각종 전자 장치의 결합체로 발전

[그림 2] ST융합 미래기술의 예-위성 재난 관리 시스템

할 것으로 기대된다[그림 2].

국가적으로도 사회 전반의 기반을 구축하고 개인의 삶의 질을 높이는 주요 인프라로 중요성이 부각되고 있으며, 이에 따라 EU, 일본, 중국, 인도 등에서도 국가 차원에서 독자적인 위성항법시스템을 구축할 예정이다[표 1].

그 밖에도 우리 일상에서 우주기술이 활용되는 사례는 이루 헤아릴 수 없을 정도로 많다. 우리가 흔히 사용하는 정수기는 우주정거장에서 생활하는 우주인들이 한 번 사용한 물은 물론, 소변까지 정화해서 재사용할 수 있도록 개발한 이온 여과 장치에서 발전한 것이다. CT, MRI, 라식 수술기와 같은 의료기기, 골프채와 같은 스포츠 용품, 고어텍스와 같은 의류에도

[표 1] 각국의 위성항법시스템 개발 현황

강점	시스템	위성군 개요	운영	서비스 제공
전 지구 위성항법시스템 (GNSS)	GPS (Global Positioning System)		미국	2011년
	GLONASS (Global Navigation Satellite System)	위성 24기	러시아	2013년
	Galileo	위성 28기	EU	2013년
	COMPASS	위성 35기	중국	2020년
지역 위성항법시스템 (RNSS)	QZSS (Quasi-Zenith Satellite System)	위성 3기	일본	2013년
	IRNSS (Indian Regional Navigation Satellite System)	위성 7기	인도	2013년

우주기술이 숨어 있다. 여성 속옷에 사용되는 메모리 몰드와 깎은 수염이 전기면도기 안에 모이도록 하는 남성 전기면도기의 로터리 시스템도 우주기술에서 나온 것이다. 우주선에 사용했던 진공기술은 반도체산업을 탄생시켰고, 연료전지를 처음 사용한 것도 우주선이었다.

이처럼 우주개발 과정에서 나온 신기술들은 IT, NT, BT, ET 등 다른 분야의 기술과 융합하여 첨단 의료기술이나 다양한 신소재 제품에 응용되고 있으며, 우주과학기술이 발전함에 따라 관련 산업도 함께 발전하고 있다. 우주 환경을 이용한 신소재나 신의약품 개발은 미래 산업의 원천이 될 것으로 전망하고 있다[표 2].

[표 2] 미국 나사의 우주기술 파급(Spin-off) 사례

우주 원천기술	파급 기술	파급 산업
우주복 개발	소방용 및 산업용 방화복	섬유산업
원거리 천체 온도 측정	비접촉식 적외선 체온기	의료산업
나노소재 필터 개발 (우주선의 정수 필터)	고성능 신장 투석 기기	의료산업
초음파를 이용한 우주인의 혈류량 검사	초음파 검진을 통한 심장 진단	의료산업
원격 탐사 디지털 이미지 구현	의료용 3D 영상진단 시스템 (CT, MRI 등)	의료산업
허블망원경 Mirror 정밀 제어	고정밀 회로 형성 시스템 (Micro-lithography)	반도체산업
우주발사체 및 셔틀의 공급선 (연료, 동력, 가압 등) 개발	인공심장 시스템, 인슐린 공급 장치	의료산업
우주선 구조 분석	자동차, 기계 설비 구조 분석	자동차산업, 기계산업
우주선 복합소재 개발	경량 골프채, 테니스 라켓, 낚싯대	스포츠산업, 소재산업
레이저를 사용한 원거리 오존층 측정	레이저 이용 혈관 내 혈전 제거 (Laser angioplasty)	의료산업
LED를 사용한 우주환경에서의 식물 생장 연구	LED 통증 치료법 (LED photodynamic therapy)	의료산업
우주환경에서의 열전달	전자제품 발열 시스템, 영구동토층 기반 안정화	전자산업, 건설산업
우주선의 충격 흡수	다용도 충격 흡수 소재 (메모리폼)	침구산업, 자동차산업, 오락산업 등

우주는 기술융합의 산실

〈미래소년 코난〉과 우주태양광 발전

"푸른 바다 저 멀리 새 희망이 넘실거린다. 하늘 높이 하늘 높이 뭉게 꿈이 피어난다…"

1978년 일본 NHK에서 처음 방영되어 30여 년이 지난 지금까지 여전히 사랑받고 있는 애니메이션 〈미래소년 코난〉의 주제가다. 전쟁으로 모든 대륙이 바닷속으로 가라앉은 미래의 지구를 배경으로 하는 이 애니메이션은 주인공 코난과 과학자 라오 박사의 손녀 라나가 독재자 레프카의 세계 정복 야욕을 막기 위해 벌이는 모험을 그리고 있다.

이 애니메이션에서 레프카가 세계 정복을 위해 손에 넣으려고 하는 것이 바로 태양에너지를 지구상에서 수신할 수 있는 삼각탑의 작동 방법인데, 이 삼각탑은 현재 진행되고 있는 우주태양광 발전 개념과 유사하다. 실제로 미국은 〈미래소년 코난〉이 방영된 다음 해인 1979년 나사를 중심으로 우주태양광 발전소 건설을 추진했다. 하지만 그 당시에는 우주기술 수준이 높지 않았고 경제성도 부족해 계획이 보류됐다. 그러다 1990년대 후반 들어 화석연료를 대체할 신재생에너지에 대한 관심이 늘어나면서 미국과 일본을 중심으로 계획이 구체화되기 시작했다[그림 3].

우주태양광 발전은 말 그대로 우주공간에서 태양 빛으로 전기를 만들어 지구로 보내는 것이다. 그렇다면 굳이 우주에 태양광 발전소를 짓는 이유는 뭘까? 가장 큰 이유는 지상에서는 밤이나 날씨가 흐린 날은 태양에너지를 100퍼센트 활용할 수 없기 때문이다. 반면 우주에 태양광 발전소를 설치하면 1년에 두 번 지구의 그늘에 가려지는 식(蝕)을 제외하고는 하루 24시간 발전할 수 있다. 때문에 우주태양광 발전소의 발전량은 지상에서의

[그림 3] 우주태양광 발전 원리

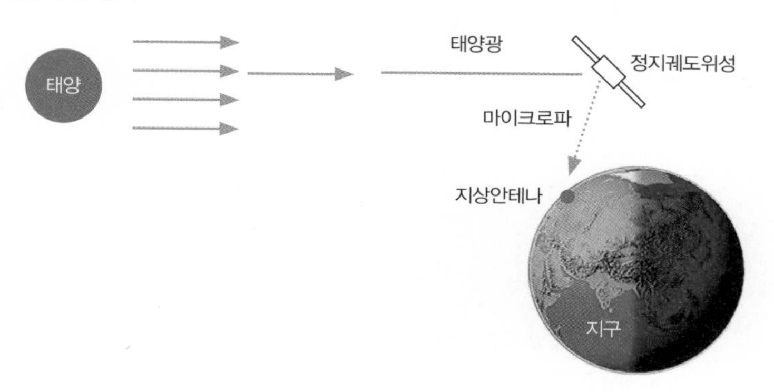

발전량의 최대 10배에 이른다. 현재 일본에서 추진 중인 우주태양광 발전의 경우, 우주공간 2제곱킬로미터 면적에 20퍼센트 효율의 태양광 발전판을 띄워 놓으면 1기가와트급 원자력발전소에 상응하는 전력 생산이 가능하다.

이 우주태양광 발전은 ST융합의 대표적인 예라 할 수 있다. 우주태양광 발전의 원리는 정지궤도위성을 띄우고 태양전지판으로 태양광을 모은 후 그것을 전파나 빛의 형태로 바꾸어 지상으로 전력을 보내는 것인데, 여기에는 로켓과 위성 개발 기술, 전선을 사용하지 않고 전파나 빛의 형태로 위성에서 지상으로 전력을 보낼 수 있는 마이크로파 송전 기술, 발전 설비의 자동화와 무인화를 위한 로봇기술 등이 필요하기 때문이다.

미국, 일본, EU 등에서는 2020년에서 2030년경 상업적인 서비스를 시작한다는 목표로 우주태양광기술을 개발하고 있다. 30년 전 텔레비전 만화를 보며 상상하던 일이 가까운 미래에 현실로 다가오는 것이다. 앞으로 10

년 후, 또는 20년 후 우주태양광 발전이 실현되면 지상에서의 화력이나 원자력 발전으로 인한 이산화탄소의 발생을 획기적으로 감소시킬 수 있는 최첨단 환경기술로, 지구온난화 대책이나 에너지의 안정적인 공급에 획기적인 기술로 대두될 것이다.

영화 〈더 문〉과 달 기지 건설

2009년 말 상영되어 화제가 됐던 영화 〈더 문(MOON)〉은 달 기지에서 헬륨3를 채취하는 임무를 맡은 복제인간 '샘 벨'을 중심으로 이야기가 펼쳐지는 공상과학영화다. 이 영화는 미국 휴스턴에 있는 나사 우주센터에서 특별 상영되기도 했는데, 상영이 끝난 뒤 감독과 나사 직원들과의 대담에서 현재 나사가 개발 중인 실제 달 기지와 수송차들의 모델보다 더 현실적이라는 찬사를 받았다고 한다.

영화 〈더 문〉의 내용은 물론 허구지만 상당 부분 과학적 사실에 근거를 두고 있다. 주인공 샘 벨이 달에서 채취하는 헬륨3는 핵융합 발전의 핵심 원료로서 달 표면에 풍부하게 존재하는 것으로 알려져 전 세계의 주목을 받고 있는 미래 자원이다. 영화 속에 나오는 달 기지 건설도 현재 우주선진국들을 중심으로 진행되고 있다. 영화나 만화에서 보던 상상 속의 달 기지가 현실이 될 날이 머지않은 것이다.

달 기지 건설에도 우주기술과 다양한 분야의 기술융합이 필요하다. 우선 태양과 우주로부터 쏟아지는 방사선을 피하고 낮과 밤의 온도 차가 수백 도에 달하는 극심한 온도 변화를 막을 수 있는 건물을 지어야 한다. 우주인들이 숨 쉬고, 잠자고, 식사하고, 용변을 보고, 쉬거나 운동을 할 수 있도록 생명 지원 시스템도 갖추어야 한다. 공기가 없는 달에서는 석유나 석탄을 태워서 에너지를 공급할 수 없기 때문에 핵융합이나 태양에너지를 이

달 기지 상상도. 달에 기지를 건설하려면 거의 모든 분야의 기술들이 총망라되어야 한다.

용하는 기술도 필요하다. 사람 대신 힘들고 위험한 일을 해 줄 로봇도 필요하다. 건축과 토목 기술, 식품과 바이오 기술, 로봇기술, 지구와의 통신을 위한 통신기술 등 그야말로 거의 모든 분야의 기술들이 총망라되어야 하는 것이다.

21세기 기술융합의 중심, ST

기술 간 융합은 막대한 시너지 효과를 일으킨다. 새로운 원천기술을 개발하지 않고도 현재의 기술들을 연계하고 융합하여 훨씬 더 효과적이고 편리한 서비스를 제공해 줄 수 있으며, 높은 부가가치를 창출해 낼 수 있다. 융합은 곧 제2의 창조인 셈이다.

우주의 극한환경에서 태어난 창의기술인 우주기술은 IT, NT, BT 등 다른 분야와의 융합을 통해 새로운 창조적 가치를 창출한다. 앞으로 달을 넘어 더 먼 태양계로 나아가게 될 미래의 우주개발에는 더욱 고도화된 기술이 필요하게 될 것이고, 이를 위해 다른 분야의 기술들과의 융합 필요성은 더욱 커질 것으로 보인다. 이러한 기술 간 융합은 지구가 직면한 환경파괴, 에너지 고갈, 재난재해 등 전 지구적 문제를 해결하는 데 도움이 되고, 인류의 삶의 질을 높일 수 있을 것으로 기대하고 있다.

우리나라는 IT, NT 분야에서 세계적인 경쟁력을 지니고 있다. 우주선진국들도 우리나라의 우수한 과학기술 인프라에 주목하고 우주개발 분야에서의 협력을 적극적으로 타진해 오고 있다. 앞으로 우주 핵심기술 개발과 더불어 우리의 앞선 IT, NT 기술을 기반으로 한 기술융합에 주력해 나간다면 우주 강국으로 가는 길을 더욱 앞당길 수 있을 것으로 생각한다.

참고문헌

- 『과학이 세상을 바꾼다』, 한국과학문화재단 엮음, 크리에디트, 2007.
- 『우주 생명 오디세이』, 크리스 임피, 까치, 2009.
- *Apollo Expeditions to the Moon,* Edgar M. Cortright, NASA, 1975.
- *Visions: How Science Will Revolutionize the 21st Century,* Michio Kaku, Doubleday, 1997. / 『비전 2003』, 미치오 가쿠, 김승욱 역, 작가정신, 2000.
- *Revolutionary Wealth,* Alvin Toffler and Heidi Toffler, Knopf, 2006. / 『부의 미래』, 김중웅 역, 청림출판, 2006.

최규홍(연세대학교 천문우주학과 교수)

서울대학교 천문기상학과를 졸업한 뒤 미국 펜실베이니아 대학 천체물리학과에서 이학 박사 학위를 받았다. 미국 COMSAT에서 수석연구원으로 근무하다 과학기술처 해외과학자 유치 계획으로 귀국하여 1981년 8월부터 연세대학교 천문우주학과 교수로 재직 중이며, 연세대 천문대 대장, 연세대 청소년과학기술진흥단장을 역임하였다. 한국천문학회장, 한국우주과학회장, 통신위성 우주산업연구회 부회장등 많은 학술 활동을 하면서 약 110여 편의 국내외 논문을 발표하였다. 과학기술부 산하의 공공기술연구회의 이사를 역임하였고, 현재 교육과학기술부 산하의 출연기관 통합이사회인 기초기술연구회의 이사로 재직하고 있다. 저서로는 『천체역학』 『인공위성과 우주』(공저)가 있다.

2장 ST와 극한기술

인류가 현재 응용하고 있는 대부분의 기술들은 매우 섬세하고 정밀함과 동시에 견고함을 겸비해야 한다. 하지만 우주기술은 우리가 매우 정밀하고 견고하다고 알고 있는 군사기술보다 수배 또는 수십 배 이상의 엄격한 검증 절차를 거쳐야만 한다. 일련의 검증 절차를 통과한 기술만이 비로소 안정적인 우주기술로 인정을 받는 것이다.

우리가 현재 다양한 과학기술 분야에서 응용하고 있는 '극한기술'의 대부분은 바로 우주기술을 구현하는 과정에서 태어난, 즉 우주기술을 모체(母體)로 하고 있다고 해도 과언은 아닐 것이다. 우주기술을 극한기술이라고 일컫는 이유를 이해하려면, 우선 이러한 극한의 기술을 구현할 수밖에 없게 만든 '우주환경'에 대한 이해가 반드시 선행되어야 한다.

우리가 지상에서 경험하지 못한 다양한 변수를 갖고 있는 우주환경에서, 우주기술은 이를 극복하기 위한 방향으로 다양하게 응용되고 있으며 끊임없이 발전하고 있다. 더불어 이러한 우주기술을 통해 습득된 기술의 노하우는 다양한 과학기술 분야로 급격하게 이전 또는 파급되고 있다. 아마도 많은 독자들은 우리의 일상생활 속에서 이미 우주기술이 다양하게 응용되고 있음을 파악하고 있을 것이다. 혹독한 우주환경에 대해 충분한 배경 지식을 갖고 있다면 우주기술을 다양한 극한기술의 총체적 집합체라 부르는 까닭에 대한 궁금증이 쉽게 풀릴 것이다.

우주의 혹독한 환경이 탄생시킨 극한기술

강력한 우주의 복사 환경 1. 태양풍의 영향

태양풍이란 태양에서 우주공간으로 방출되는 전자, 양성자, 헬륨원자핵 등으로 이루어진 대전입자의 흐름으로, 양이온과 동일한 수의 전자를 포함하고 있기 때문에 전기적으로 중성인 플라스마 상태를 지닌다. 태양풍은 태양으로부터 1에이유(AU, 천문학적 단위로, 보통 태양과 지구의 평균 거리를 가리킨다. 1AU는 약 1.496×10^{11}미터이다.)의 거리에서 1세제곱센티미터당 1~10개의 입자를 가지고 있으며, 평균속도는 초당 500킬로미터이다. 태양 활동 극대기에 태양풍으로부터 방출되는 최대 에너지는 수 밀리전자볼트(meV)에 이른다.

이처럼 우주공간에서 인공위성이 직접 경험하는 태양풍의 영향은 지상에서 경험하는 것과는 비교할 수 없을 정도의 엄청난 극한 조건이라고 할 수 있다. 실제 1989년 태양 활동 극대기에 발생한 태양풍의 영향으로 지상의 캐나다의 퀘벡 시 전력 시스템이 마비되어 아홉 시간 동안 정전이 되기도 했었다. 강력한 태양풍의 영향으로 갑자기 단파 통신이 두절되기도 하는데 이를 '델린저 현상'이라고 한다.

다양한 고도의 인공위성 중에서 태양풍의 영향을 가장 많이 받는 위성은 고도 36,000킬로미터에 위치해 있는 정지궤도 통신위성이다. 정지궤도 통신위성과 지상의 지속적인 통신을 위해서는 안테나가 언제나 특정한 방향을 지향해야 한다. 하지만 태양풍의 영향은 안테나의 위치를 계속 변화시켜 지속적인 지향 통신을 방해한다.

또한 태양풍은 강한 자성을 띠고 있기 때문에 위성체의 정밀기계나 컴퓨터의 고장 및 오작동을 유발하여, 결과적으로 위성과 지상과의 통신 두절을 초래하기도 한다. 실제로 미국에서는 1991년에 강한 태양풍의 영향으로 통신위성의 통신 두절이 발생하여 장거리전화 및 호출기 불통, 통신망 장애 등의 막대한 피해를 입은 사례가 있다. 우리나라에서도 2003년 태양활동 극대기에 정지궤도 통신위성인 무궁화 1호에 안전조치가 내려졌던 예가 있다.

정지궤도 통신위성에 비하여 상대적으로 고도가 낮은 저궤도위성은 태양풍에 의한 피해가 크지 않다. 하지만 그 영향을 무시할 수 있는 수준은 아니다. 태양풍이 약할 때 하루 1~3미터 정도 떨어지던 위성의 고도가 태양풍이 강할 때는 최대 30~40미터까지 떨어지는 것으로 미루어 보면, 태양풍의 영향이 실로 막강하다고 할 수 있다. 실제로 1989년 3월에 예상치 못한 거대한 지자기 폭풍(태양풍의 영향으로 일어나는 지구 자기권의 일시적인 혼란) 동안 미국의 항법위성 4개가 일주일 동안 작동 불능 상태에 처했고, 솔라 맥시멈 미션(Solar Maximum Mission)호의 위성 역시 같은 이유로 작동 불능이 된 적이 있다. 또한 1991년에는 위성항법시스템의 오작동을 우려하여 걸프전 개전이 일주일 정도 미뤄지기도 했다.

지구 자기권과 충돌하는 태양 입자

강력한 우주의 복사 환경 2. 우주 방사능과 밴앨런대의 영향

불안정한 원소의 원자핵은 스스로 붕괴하면서 내부로부터 방사선을 방출하게 된다. 이때 방출되는 방사선의 세기를 방사능(radioactivity)이라 한다. 우주 방사능 환경은 인공위성의 전자 부품에 중대한 영향을 끼칠 수 있으며 유인 우주탐사의 경우 인체에 미치는 영향은 매우 치명적이다. 1971년 이후 현재까지 우주 방사능 환경에 의해서 발생한 이상 현상의 사례는 약 4,500건에 이른다. 대표적인 예로는 Anik E1, GOES 5~7, 허블우주망원경, NOAA-11, ERS-1과 같은 위성들이 있다.

보고된 자료에 의하면 우주 방사능의 영향은 태양전지판, 자세 제어 시스템, 컴퓨터 시스템에서 주로 일어났으며 발생한 이상 현상들은 위성의 수명에 직접적인 영향을 미칠 수 있기 때문에 인공위성을 개발하는 데 있어서 우주 방사능 환경을 분석하고 대비책을 마련하는 연구는 매우 중요한 설계 인자로 고려되고 있다.

밴앨런대(Van Allen Belt)란 태양풍으로부터 발생된 하전입자들이 지구 자기장에 의해 붙잡혀 주위를 도넛 모양으로 분포하고 있는 지역을 의미한다. 밴앨런대는 방사능대라고도 불리며 이는 밴앨런대를 구성하고 있는 하전입자들이 강한 에너지를 가지고 있기 때문이다. 밴앨런대 안에서 움직이는 고에너지 입자는 1밀리미터의 납을 관통할 수 있으며, 실제로 허블우주망원경은 높은 방사능 지대를 지날 때 자주 고장을 일으켰다.

이처럼 강력한 우주 방사능으로부터 인공위성의 파괴 및 오작동을 막기 위해 다양한 기술들이 개발되었다. 인공위성의 구조체 또는 검출기에 유해해 광선을 선별적으로 차단해 주는 분광 렌즈가 그 대표적인 사례라고 할 수 있다. 이러한 분광 렌즈의 특징은 현재 자외선을 차단해 주는 선글라스에 적용되어 우리의 일상생활을 이롭게 해 주고 있다. 또한 우주기술은 첨단 복합소재를 이용해 우주 방사능으로부터 인체를 보호해 주는 우주복을 탄생시켰다. 우주복의 제작 소재는 우주의 고방사능 환경뿐 아니라 우주의 혹독한 열 환경하에서 우주인을 보호할 수 있도록 제작되었다. 우주복 제작을 통해 태어난 첨단 복합소재는 현재 고성능 방독면 및 화재 현장에서의 고온 및 유독성 가스를 차단시켜 주는 소방관들의 옷에 바로 응용되어 사용되고 있다.

무중력에 가까운 미세중력

지구 표면에서의 중력을 1g(중력가속도, 물체가 운동할 때 중력의 작용으로 생기는 가속도를 말하며 대략 9.81m/s^{2}이다)라고 할 때, 미세중력(microgravity)은 약 10^{-5}g정도의 아주 작은 중력을 의미한다. 인공위성이 고도 약 500킬로미터에서 1,500킬로미터 사이의 저궤도를 비행하고 있을 경우, 인공위성에는 약 10^{-4}~10^{-5}g의 미세중력이 작용하며, 고도 약 36,000킬로미터의 정지 궤도인 경우는 약 10^{-8}~10^{-9}g 정도의 미세중력이 작용한다. 이러한 중력의 크기는 지구 표면에서는 절대 경험할 수 없는 환경, 즉 극한의 중력 환경인 것이다.

우주 시대의 개막과 함께, 미세중력과 관련된 연구는 40년 전부터 이미 우주공간에서 수행되어 왔다. 국제우주정거장(ISS), 나사의 우주왕복선(Space Shuttle), 러시아의 미르(Mir) 등의 많은 우주비행체에서 이미 인류는 미세중력에 대한 다양한 실험과 연구를 거듭하여 왔다. 미세중력의 환경하에서는 지구 표면에서보다 중력의 영향으로 인한 재료 처리 과정의 어려움이 줄어든다. 또한 대류 현상이 발생하지 않고, 원자 배열에 불순물이 없는 완전한 결정을 얻을 수 있으며 다른 비중 물질끼리의 혼합이 가능하며 높은 농도의 순수물질을 얻을 수 있다는 장점이 있다.

이러한 미세중력 응용연구는 재료공학, 생물공학, 연소과학, 유체역학, 기초물리학 등 다양한 분야에서 그 예를 찾아볼 수 있으며 나아가 인류의 번영을 위한 다양한 질병 치료법의 개발에도 큰 힘을 실어 주고 있다. 실제로 무중력 상태의 원리를 이용, 환자의 통증을 최소화하면서 효율적으로 디스크를 치료할 수 있는 방법이 각광을 받고 있다. 바로 우리가 지상에서는 경험하지 못하던 극한의 우주환경, 미세중력의 환경을 우리의 일상에 적용하여 적절한 치료 방법을 이끌어 낸 것이다. 미세중력 환경에서 행할 수 있는 실험의 범위는 척수 반응 실험, 식물 재배 실험, 인체 폐 기능 영향 실험, 연소 실험, 인체 교감신경 활동 실험, 산화반응 실험, 혈압 측정, 단백질 영향 실험, 통증 실험 등으로 실로 매우 다양하며 우리 생활과 밀접한 관련을 갖고 있다.

초진공 상태의 환경

지구 표면으로부터 고도가 높아질수록 대기의 압력은 점차 낮아지게 된다. 표준 대기압이 약 760토르(torr, 압력의 단위)일 때, 고도 300~800킬로미터 정도의 저궤도에서는 10^{-2}~10^{-3}토르의 대기압력이 작용하며 30,000킬로미터 정도의 정지궤도에서는 10^{-6}~10^{-9}토르 정도의 기압이 작용하게 된다. 이러한 우주의 초진공 상태를 구현하기 위해, 인류는 우주기술과 진공기술을 접목시키는 시도를 하였다. 1959년 기포드(Gifford)와 맥마흔(McMahon)에 의해 크라이오펌프(Cryopump)가 개발되었는데, 크라이오펌프의 원리는 가스를 냉각판에 응축시켜 진공 상태를 만드는 것이다. 크라이오펌프의 개발 이후, 10^{-10}토르 이하의 초고진공기술을 요하는 입자가속기의 제작에 진공기술이 이용되었고, 현대 산업의 핵심이라 할 수 있는 반도체공학의 발전은 진공기술의 발전 없이는 지금의 수준에 도달하지 못하였을 것이다.

우주공간의 진공 상태에 인공위성이 노출되었을 때에는 가스 분출 현상이 발생하게 된다. 이러한 특이 현상 역시 우리가 지상에서는 겪을 수 없는 우주의 극한환경에서 기인하는 또 하나의 현상인 것이다. 즉 진공 상태에 있는 위성체의 단열재나 접착제 및 혼합체의 구조물에서 가스가 분출되어 우주공간에 확산되는 현상이 발생한다. 이러한 가스 분출로 인하여 인공위성을 구성하는 주재료의 성능이 떨어지게 되며 임무의 성공 여부를 좌우하는 민감한 부품의 표면이 오염되어 임무 실패로 이어지기도 한다. 예를 들면 분출 가스의 영향으로 탑재된 신호 검출기의 신호대잡음비(signal to noise ratio)가 악화되는 등 위성을 구성하는 각 구조체 및 탑재체의 열역학적, 광학적 성질이 바뀌게 된다.

이처럼 우주공간에서만 나타날 수 있는 초진공 현상에 대비하기 위해

2006년 한국항공우주연구원이 순수 국내 기술을 이용하여 우주의 극한환경을 모사할 수 있는 열진공챔버를 국산화하는 데 성공했다.

개발된 다양한 우주기술은 바로 신소재공학, 재료공학, 기계공학, 열공학 등 다양한 관련 분야의 비약적인 발전으로 이어졌다.

하지만 우주기술은 항상 초진공 상태만을 고려하여 발전하지는 않았다. 초진공의 우주환경과는 정반대로 인공위성을 우주로 쏘아 올리는 우주발사체에 적용되는 우주기술은 초고압의 환경을 극복한 우주기술의 좋은 예이다. 실제로 우주발사체 액체로켓의 1단 노즐 부분의 압력은 연소 시 약 250기압 이상의 압력이 가해지게 된다. 하지만 이러한 초고압의 환경에서도 모든 부품이 정교하게 제어되고 또 작동될 수 있도록 설계되어 있다. 이처럼 우주기술은 초진공과 초고압의 혹독한 환경을 자유롭게 넘나들 수 있도록 최고의 기술을 총망라한 집합체라 할 수 있다.

우주 열에너지 환경

우주의 극한환경의 또 하나는 바로 열에너지 환경이다. 저궤도위성의 경우 일반적으로 위성체에 태양이 비추이는 경우 약 섭씨 80도의 열 환경을 가지며, 태양이 비추이지 않는 경우는 영하 70도의 열 환경을 갖는다. 즉 약 150도의 온도 차가 동일한 부품에 발생하는 것이다. 이러한 온도 차로부터 위성체의 부품을 보호하고 또 임무를 정상적으로 수행하기 위해 인공위성의 내부에는 거미줄과 같은 열전도로가 존재한다. 또한 다양한 특수 소재가 개발되어 성공적으로 열 제어를 실시하는 많은 인공위성이 현재 운용 중에 있다.

아울러 극심한 우주의 열 환경으로부터 우주인을 보호하기 위해 고안된 우주복은 액체를 이용하여 온도를 제어할 수 있도록 설계되었으며 이러한 기술은 현재 자발적 체온 조절이 힘든 고열 환자들의 체온 조절을 위한 기술로 적용되고 있다. 초저온의 환경에서도 아무 이상 없이 작동될 수 있는 인공위성의 구성품들은 극한의 온도 환경에서 다양한 우주기술의 응용을 가능케 하였다.

절대온도 0도에 가까운 영하 269도에서 액체가 되는 액체헬륨은 위성에 탑재된 적외선 센서의 냉각 시스템에 사용되고 있고, 영하 253도에서 액체가 되는 액체수소와 영하 183도에서 액체가 되는 액체산소는 이미 고성능 액체 추진제로서 사용되고 있다. 실제로 지난 2009년 5월 유럽우주국(ESA)에서 발사한 적외선 우주망원경인 허셜(Herschel)우주망원경에서는 헬륨 액체를 이용한 정교한 냉각 장치를 이용, 그 성능을 기존의 적외선 망원경보다 약 20배 이상 개선하였다.

이밖에도 초저온의 우주환경은 우주발사체의 기술에도 적용되고 있다. 우주발사체의 경우에는 더욱 정교하며 신뢰도가 높은 기술 수준이 요구된다. 액체수소 엔진의 경우, 비등점이 영하 253도의 극저온이므로 액체수소를 저장하는 모든 부품에 완벽한 열 차단이 이루어져야 한다. 완벽한 열 차단과 동시에 공기의 차단 역시 한 치의 오차 없이 이루어져야 하는데, 공기가 조금이라도 존재한다면 바로 얼어붙어 고체 찌꺼기로 변하게 되며, 이러한 찌꺼기는 바로 배관 또는 밸브를 막아 엔진에 치명적인 손상을 주기 때문이다.

한편, 위성의 고열적 상태를 확인하기 위해 만들어졌던 극한의 기술들이 우리의 일상생활에 차츰 응용되고 있다. 위성의 비정상적인 고온 고압 상태를 확인하여 알려 주기 위해 만들어졌던 극온도 환경 압력 센서는 상층대기의 상태 혹은 가스 터빈, 화재 경보에 적용이 되어 우리의 일상생활을 편리하게 해 주고 있다.

맺음말

앞서 살펴본 바와 같이 우주는 우리가 지상에서 경험하지 못한 다양한 극한의 환경들로 구성되어 있다. 이러한 극한의 우주환경을 극복하기 위해 개발된 수많은 우주기술들은 이미 다양한 과학기술 분야에서 널리 응용되어 보급되고 있으며 그 파급효과는 우리의 국방, 산업, 경제 분야뿐 아니라 하루하루의 일상생활 속에서도 다양하게 나타나고 있다. 이처럼 극한환경을 바탕으로 태어난 우주기술이야말로 바로 극한기술의 모체라고 할 수 있는 것이다. 기술의 융합 시대가 도래한 현재, 우주기술이야말로 최첨단 기술의 복합체로 구성된 미래 지향적이며 선도적인 극한기술이다.

참고문헌

- 『인공위성과 우주』, 장영근·최규홍, 일공일공일, 2000.
- 『우주환경물리학』, 안병호, 시그마프레스, 2000.
- 한국항공우주연구원 카리스쿨 홈페이지 http://www.karischool.re.kr
- "HAUSAT-2 위성의 방사능 환경해석 및 소프트웨어 hamming code EDAC의 구현에 관한 연구", 정지완 · 장영근, 〈한국우주과학회지〉 제22권 4호, 2005.
- "신기술 동향 : 미세중력(Microgravity) 응용연구", 이규정, 〈공학교육과 기술〉 제8권 1호, 2000.
- "유인 우주실험 기술동향", 이주희·김연규·최기혁, 〈항공우주 산업 기술동향〉 제3권 22호, 2005.
- "진공기술 발전의 역사", 정광화, 〈한국진공학회지〉 제1권 3호, 1992.
- 유럽우주국 공식 홈페이지 http://www.esa.int

은종원(남서울대학교 정보통신공학과 교수)

연세대학교 천문우주학과를 졸업한 뒤 미국 유타 주립대학교에서 태양에너지기술 분야 응용물리학 석사와 물리학 박사 학위를 받았다. 미국항공우주국 마셜 우주비행센터의 선임연구원으로 우주왕복선 탑재체 개발에 참여하였다. 1989년 4월부터 전자통신연구원 관제기술연구실장, 통신위성시스템팀장, 글로벌마케팅팀장, 미국 록히드마틴 및 영국 말코니 현장연구원, 한국과학재단 국책사업단 우주전문위원 등을 역임하였다. 2009년 9월부터 남서울대학교 정보통신공학과 교수로 재직 중이며, 주요 연구 분야는 ST-IT 융합기술, 실버 IT융합 기술, 위성통신, T-DMB 시스템, 회로망, 초고주파통신, IT기술 마케팅 등이다. 최근 7년간 국내외 연구논문 29편을 발표하였으며, 국내외 특허 29건을 등록하는 등 창의적 연구와 발명에 열중하며 ST-IT 융합기술 전도사로 2세 교육에 전념하고 있다.

3장 ST와 IT 융합

우주기술과 정보기술의 융합이 단순한 화두로 머무는 것이 아니라 우리나라 신성장 동력 엔진의 키워드로 자리매김할 수 있도록 ST-IT 융합기술이 무엇인지를 설명하고, 우리나라의 ST 및 IT 기술 현황을 소개하고자 한다. 앞으로 ST-IT 융합기술의 발달에 따라 기술 및 산업 간의 벽이 허물어지고 새로운 가치와 시장이 창출되는 등 역동적인 변화가 예상되므로, 향후 ST-IT 융합기술 발전 방향을 제시하고자 한다.

ST-IT 융합기술의 개요

ST-IT 융합기술을 정의하기 전에 ST 및 IT 기술에 대한 정의가 필요하다. 우주항공기술(space technology)의 약자인 ST기술은 위성체, 우주발사체, 항공기, 위성 응용 서비스 등의 개발과 관련된 복합 기술로서 정보통신, 기계항공, 전자, 반도체, 컴퓨터, 재료, 물리 등 관련 첨단기술을 요소로 하는 시스템 기술로 기술개발 결과가 타 분야에 미치는 파급효과가 매우 큰 종합기술로 정의된다. ST기술은 신뢰도가 매우 높고(99.9999퍼센트 이상), 타 기술에 비하여 견고하며 운용 수명이 길다는 장점이 있다. 반면에 초기 개발 및 인프라 구축 비용이 매우 높고, 우주발사체 및 위성은 운용 중에 한 번 고장이 나면 고칠 수 없으며, 투자비용 회수가 길고 고도의 첨단기술이 요구되기 때문에 우주 강국과의 국제 협력이 필요하다는 단점이 있다.

정보기술(information technology)을 의미하는 IT기술은 정보의 생성, 도출, 가공, 전송, 저장 및 보호, 정보의 교환을 위한 유무선 네트워크 등을 포함하는 정보화에 필요한 기술이다. IT기술은 디지털 컨버전스 및 타 기술과의 융합을 거쳐 서비스 컨버전스로 이어지는 IT 기반 컨버전스를 통해 메가 컨버전스로 정착되는 전기를 마련할 것이며, 경제성장에 있어 수출 경쟁력 강화, 물가 안정, 기술 리더십 제고 등의 강점이 있다. 반면에 IT기술은 수명이 타 기술에 비하여 짧고, 기술 변화가 심하여 신기술 개발에 많은 투자가 요구되는 단점도 있다.

ST-IT 융합기술은 시스템의 성격이 강한 ST기술과 IT기술이 융합되어 원격 지구 탐사, 위성통신방송, 위치 기반(navigation), 원격 진료, 원격 교육, 산불·지진·홍수 등의 재난 방지 서비스 등을 제공하는 기술이다. 또 ST-IT 융합기술은 정보통신기술의 초소형화, 초고속화, 저소비전력화, 고성능화를 이루기 위해 정보 저장, 정보 전송, 정보 표시 등 정보통신기술 분야의 기반기술 일부가 ST기술과 융합되는 기술 분야를 의미한다. 통신, 반도체, 컴퓨터, 부품 등 IT기술의 발달로 ST-IT 융합이 가속화되고 있으며,

최신 항공기의 경우 IT 비중이 40~50퍼센트를 차지한다고 한다. 또한 IT 기술이 위성체, 달·행성 탐사선 개발 등에 광범위하게 적용되면서 이들 성능이 크게 개선되는 한편 크기나 무게, 가격 등은 감소되고 있다. 신뢰성이 중요한 우주항공 분야의 특성상 IT기술 및 부품 채택에 보수적이지만, 품질보증을 통하여 부품 선정 등 체계적인 기술 관리로 ST-IT 융합을 성공적으로 추진해 가고 있다.

우리나라 ST 및 IT 현황

우주기술은 국가 위상 제고는 물론 안보와 직결되는 분야이다. 19세기와 20세기는 바다와 하늘을 지배하는 국가가 강국이었다면, 21세기에는 우주를 장악하는 국가가 주도권을 갖게 된다는 말이 있다. 하지만 우주기술은 인프라 구축에 초기 투자비용이 막대하여 민간 기업이 독자적으로 우주기술을 개발하는 데는 한계가 있다. 따라서 미국, 일본 등 우주 선진국들은 초기에 정부의 정책 지원으로 우주기술 발전을 도모하여 왔다.

우리나라는 1992년 우리별 1호의 발사를 시작으로 1999년에 다목적실용위성(아리랑) 1호를 발사하였다. 2006년 7월 다목적실용위성 2호가 성공리에 발사되었다. 2006년 8월에는 민군 겸용인 무궁화위성 5호가 성공적으로 발사되어 방송통신 및 군 통신 서비스를 제공하고 있다. 우리나라는 이제 10개의 위성을 발사한 우주 중진국이다. 지금까지 국내에서 운용하고 있는 10개의 위성은 우리나라의 독자 우주발사체 및 발사장이 없어 우주 선진국의 발사장 및 발사체를 이용하여 발사되었다. 우리나라는 우주강국의 대열에 진입하기 위해서 우리가 만든 소형위성을 우리가 만든 우주발사체(나로호)로 우리의 발사장에서 발사할 목적으로 우주센터를 세계 13번째로 건설하였다. 2010년 상반기에 나로호 발사가 성공하면 우리나라는 인공위성 자력 발사에 성공한 '스페이스 클럽' 10번째 국가가 될 것으로 전망된다.

우리나라의 IT기술 수준은 전전자교환기(TDX), 디램 반도체, 이동통신(CDMA), 지상파 디지털 이동방송(T-DMB), 초고속 이동 무선인터넷(WiBro) 등 국가 연구개발 사업을 통한 첨단 분야에서 세계 최고의 국제 경쟁력을 갖춘 기술을 다수 확보하고 있다. 정보기술은 21세기 정보화사회에 필수

2010년 나로호 발사에 성공하면 우리나라는 인공위성 자력 발사에 성공한 '스페이스 클럽' 10번째 국가가 된다.

© 한국항공우주연구원

적인 기술일 뿐 아니라, 기술의 부가가치 및 사회경제적 파급효과가 매우 커서 산업적으로 중요한 분야다. 향후 10년간 정보기술은 신기술로서 세계 시장을 주도할 것으로 전망되고 있다. 이에 따라 경쟁력 유지와 원천기술 확보를 통한 정보기술의 자립을 위한 노력의 필요성이 대두되고 있다.

IT산업은 현재 우리나라 핵심 성장 주도 산업이다. 수출 비중이 39.6퍼센트 정도를 차지하고 있다. 우리나라의 세계 정상 국책연구소인 한국전자통신연구원(ETRI)을 주축으로 개발한 이동통신 및 디지털 방송, 디지털 콘텐츠, 단일칩 시스템(SoC) 부품, 정보 보안, 홈 네트워크, 텔레매틱스 및 USN(ubiguitous sensor network) 등의 기술은 세계 선도 기술의 경쟁력을 유지하고 있다. 또한 ETRI는 그린IT 기술개발 등을 통해 IT기술을 지속 성장이 가능한 유망 기술로 육성할 계획이라고 한다.

ST-IT 융합기술 발전 방향

미국의 새로운 상품은 세계 최대의 발명가 집단인 나사에서 나온다는 말이 있다. 우리 생활에 깊이 파고든 나사(NASA)의 ST 기반 융합기술의 주요 활용 사례는 다음과 같다.

- 화재경보기—1970년대 나사는 최초의 우주정거장인 스카이랩에서 일어날지도 모르는 화재를 미리 감지하기 위한 연기 감지 화재경보 장치를 개발하였다.
- 주택 단열재—우주선은 지구 대기권을 통과할 때의 마찰열과 우주공간의 급격한 온도 변화에 대응하는 단열 장치가 필요하다. 이 단열재

는 태양복사열의 95퍼센트를 막을 수 있다.

- 위성 텔레비전 방송—나사가 개발한 방송위성을 통해 1964년 도쿄 올림픽 게임이 전 세계에 생중계되었다.
- 정수기—나사는 아폴로 계획을 진행하면서 우주비행사들의 식수 문제를 해결하기 위해 정수기를 개발하였다. 이때 개발된 것이 중금속과 악취를 걸러 주는 이온 여과 장치이다.

ST와 IT의 기술융합은 기존 기술의 한계를 극복할 수 있는 융합형 원천기술 발굴을 통하여 신성장 동력의 미래 성장 잠재력을 확충, 신산업 창출 및 국민의 삶의 질 선진화에 기여할 것으로 전망된다. 현재 우리 생활 주변에서 찾을 수 있는 ST-IT 기술융합 사례는 고효율 태양전지, 다기능 내비게이션, 위성 DMB 방송, 이동은행, 전자 상거래 등을 꼽을 수 있다.

ST-IT 융합기술 발전은 광역 이동 인터넷, 디지털방송, 원격 탐사 및 기상, 위치정보 안내 등 신산업을 창출하고 제반 산업구조의 고도화를 통해 국가경제의 지속적 성장을 견인할 것이다. 이러한 ST-IT 기술융합 발전 동향 및 사용자 요구 사항에 부응하고, 우리나라 우주기술산업 활성화를 촉진하기 위하여 ST-IT 융합기술 SWOT 분석을 하였다. 다음 [표]는 SWOT 분석 주요 결과 및 대응 전략의 내용을 제시한다.

SWOT 분석 결과를 통한 ST-IT 융합기술의 경쟁력 제고 전략은 첫째, 우리나라 강점 분야인 IT를 새로운 ST기술 분야로 확대하는 로드맵이 필요하며 둘째, ST-IT 기술이 융합된 부품 개발 및 사업화 과제에 역량을 집중하여 융합기술이 우주산업에 파급될 수 있도록 유도하고 셋째, 산학연간 ST-IT 융합기술 사업 추진 체계를 구축하여 국책사업을 적극 수행토록 하며, 마지막으로 ST-IT 융합의 기반기술을 연구개발할 전문 인력을

[표] ST-IT 융합기술에 대한 SWOT 분석 주요 결과 및 대응 전략

강점 : Strength	약점 : Weakness
• 세계 수준의 IT기술 및 인프라 구축 • IT 및 ST 우수 R&D 인력 확보 • 신규 IT 서비스의 높은 적용 및 활용	• 우주 원천기술 열세 • 우주기술 산업화, 상용화 기반 미비 • ST-IT 민간 부문 원천기술 투자 취약

기회 : Opportunity	위협 : Threat
• 거대 우주 시장 규모 • 새로운 ST-IT 틈새시장 • 세계적 ST-IT 개발 초기 단계	• 선진국의 ST 지적재산권 선점 • 선진국 정부의 막대한 ST-IT R&D 지원 • 우주기술 판매 금지 및 기술이전 제한

SO 전략
• ST-IT 분야 초기 집중 투자로 원천기술 및 초기 시장 선점 • ST기술, IT 유무선 인프라를 활용한 새로운 서비스 발굴

WT 전략
• 선진국과의 ST-IT 차별화 요소 발굴 및 선택과 집중 • 국가 차원의 ST-IT 융합기술 개발 및 활용

ST 전략
• ST-IT 융합기술 전문 인력 육성 • ST-IT 융합기술 국제 협력 및 공동 연구 다각화

WO 전략
• ST-IT 융합기술 분야 국책 사업화 • 산학연 간 ST-IT 융합기술 사업 추진 체계 구축

육성하여 ST-IT 응용기술을 발전시키는 것이다.

SWOT 분석을 통하여 도출된 대응 전략을 기반으로 개발 가능한 ST-IT 융합기술을 소개하면 다음과 같다.

① 위성 원격 측정 기술을 이용한 자동차 성능 진단 기술 개발

새로운 ST기술과 전통 IT-자동차 기술과의 융합기술로, 실시간으로 자동차 주요 부품의 성능을 진단하는 기술.

② 산불 감시 및 진화 기술 개발

신기술과 학문 간의 융합 형태로 ST-IT 융합기술을 이용하여 산불을 감시하고 BT, ET 등과 융합된 산불 진화 기술.

③ 국가 공공 안정 및 재난복구 인프라 구축 기술 개발

대규모 재난, 재해 시 경찰, 소방, 의료기관 등 재난구조 기관이 재난 현장에서 신속하고 효율적인 구조 활동을 수행하는 데 필요한 신기술 간의 융합 형태인 ST-IT 융합 인프라 구축 기술.

④ 대용량 위성 데이터 처리 및 초고속 전송 기술 개발

고질의 정보 획득을 위해서는 신기술 간의 융합 형태인 ST-IT 융합기술을 통한 고해상도 정보 수집 및 대용량 메모리 저장 장치와 초고속 전송 기술.

⑤ 다중영상정보 처리 플랫폼 기술 개발

다중영상정보로부터 실시간으로 데이터를 구축, 처리, 활용하기 위하여

신기술 간의 융합 형태인 ST-IT 융합 기술을 통한 다중영상정보 처리 플랫폼 기술.

ST-IT 융합기술 연구를 잘 수행하기 위해서는 우선 연구자와 연구조직 간의 융화가 매우 중요하며, 연구 팀을 학제 간의 융합을 통한 ST-IT 융합 팀으로 구성하여야 그들이 가로막고 있는 장벽이 허물어지고 새로운 ST-IT 융합기술이 탄생하게 될 것이다.

ST-IT 기술융합은 향후 유무선 위성통신망을 이용한 신산업 창출과 선택과 집중에 의한 기술개발로 IT 기반 ST기술 발전을 주도하고, 고도화된 IT기술과 연계하여, 지능화된 ST기술을 개발하게 되면 선진국이 수출을 제한하는 우주 전략 기술의 한계를 극복할 수 있다고 확신한다. 또한 머지않은 장래에 ST-IT 융합기술이 새로운 기술 혁명을 일으켜 우리나라가 21세기 우주 시대를 선도하게 될 것을 의심치 않는다.

참고문헌

- 〈항공우주연소식〉 제70호, 2009.
- *Space 2030: Exploring the Future of Space Applications*, OECD, 2005.
- "IT 기반 ST 개발을 위한 협력 분야", 〈일본전자정보통신학회지〉, 2009.10.

6부

GT융합

임기철(과학기술정책연구원 부원장)

서울대학교에서 학사와 석사 과정을 마치고 공학 박사 학위를 받았으며, 정책 연구에서 필요로 하는 융합적 속성을 인식하여 서강대학교에서 경제학 석사 학위를 취득하였다. 과학기술정책 연구를 5년 정도 수행한 후 미국 조지워싱턴 대학교 국제과학기술정책연구소(CISTP)에서 초빙연구원으로 활동하면서 텍사스 주립대학교의 기술경영학 과정을 수학하였다. 육군사관학교 교수부 전임강사, 과학기술정책연구원(STEPI)과 상명대학교가 공동으로 운영하는 기술경영대학원의 겸임교수를 지냈다. 현재까지 20년 동안 STEPI에서 정책연구실장, 기획조정실장, 연구본부장을 거쳐 부원장으로 재직 중이며, 한국공학한림원 회원과 삼성경제연구소 객원연구위원으로 활동하고 있다. 그동안 과학기술정책과 산업정책 등 국가 중장기 발전계획 수립을 비롯하여 미래 경제 사회 변화에 따른 비전과 전망 등을 연구해 왔으며, 기업 차원에서 보다 가치 있는 기술혁신 활동을 경영하기 위한 전략 연구에도 많은 관심을 기울이고 있다. 『3인의 과학자와 그들의 신』 『기술과 사회』를 번역했으며, 공저로 『그린라운드와 한국경제』 『창조적 혁신으로 새 성장판을 열자』 『이노베이션 한국을 위한 국가 구상』 등의 책을 저술했다.

1장 녹색성장과 기술융합

녹색성장의 의미와 녹색기술

우리나라는 지난 50여 년간에 걸쳐 빈곤 탈출과 생활수준 개선을 위해 양적 위주의 성장 정책을 추진해 오는 동안 국토 훼손과 환경오염을 겪게 되었다. 이제는 제조업 수출 중심의 경제성장 모델이 한계에 이르렀으며, 그 부작용으로 사회적 양극화와 여러 부문에서의 불균형 문제 역시 불거지고 있다. 더욱이 기후변화에 따른 국제적 온실가스 저감 압력이 가중되면서 대응책 마련과 함께 에너지 자립도를 높여야 한다는 위기감마저 심화되기에 이른 것이다.

이러한 지구적 위기 속에 산업 발전과 친환경성을 동시에 추구하려는 생각에서 출발한 국가 차원의 전략이 바로 녹색성장이다. 저탄소 녹색성장은 환경을 대표하는 녹색과 경제발전으로 대표되는 성장이 손을 잡는다는 새로운 개념이다.

녹색성장은 우리나라는 물론 지구촌의 미래와 맥이 닿아 있는 비전이다. 이 비전을 이루는 데에는 정부의 의지와 리더십도 중요하지만 녹색기술의 혁신을 이루기 위한 연구개발 기반이 마련되어야 하고, 무엇보다 녹색사회를 조성하는 주역인 국민이 따라 주어야 한다. 녹색성장은 패러다임을 바꾸는 기술에 힘입어 생활의 혁명을 가져올 중요한 미래 변화의 축이기 때문이다.

시장의 주도자로서, 낡은 판을 대체하는 역동성은 지구촌의 밝은 미래를 가져올 것으로 믿는 가치관 아래 작동하는 것이다. 시장의 힘은 역사를 넘어 현재는 물론 미래에 대한 통찰력을 필요로 한다. 녹색성장은 소비자가 미래에 더 나은 생활을 꿈꾸면서 기술과 제품을 선택한다는 의미다.

과거 무한정으로 여겨 왔던 물과 공기가 이젠 희소성의 재화로 생각해야 하는 것처럼 패러다임이 바뀌고 있다. 시장 측면에서는 생산자인 기업과 소비자 사이에 신뢰감이 형성되어야 한다. 앞으로 제품이나 서비스가 시장에서 거래할 수 있는 형태로 생산되려면 부품과 소재, 기술과 공정이 녹색화되어야 할 것이다.

녹색성장의 핵심에는 결국 녹색기술이 자리한다. 녹색기술은 이산화탄소의 배출을 낮추는 저탄소화와 기존 산업의 에너지 효율성을 높이는 녹색산업화에 기여함으로써 환경보호와 경제성장이 선순환되도록 실질적인 역할을 할 것이다. 이러한 관점에서 과학기술의 미래 비전에 영향을 미치는 메가트렌드에는 환경과 자원 문제의 심화 그리고 과학기술 융합의 가속화가 포함되어 있다.

녹색기술은 경제활동의 전 과정에 걸쳐 에너지와 자원을 절약하고 효율적으로 사용하여 온실가스와 오염물질 배출을 최소화하는 기술을 일컫는다. 다시 말해 경제성장을 지원하면서 환경의 지속성을 고려하는 기술들을 통칭하는 의미다.

녹색기술이란 친환경 저탄소 성장의 토대가 되는 기술을 일컫지만, 역사적으로 전환을 가져왔던 변화의 원동력을 녹색기술로 보아도 무방할 것이다. 앞의 것은 보통명사로서의 녹색기술이고, 뒤의 것은 고유명사로서의 녹색기술이다.

녹색기술은 '제2의 경박단소(輕薄短小) 혁신'으로 볼 수도 있다. 소재의 선택에 있어 보다 가볍고 얇으며 짧고 작은 것이 기존의 기능을 대체한다는 1970~1980년대 산업사회의 발전을 첫 번째 경박단소 혁신으로 본다면, 두 번째 경박단소 혁신은 지식기반사회에 이르러 한 차원 높은 에너지와 자원을 창출해 내고 디지털화한다는 의미라고 할 수 있다. 신재생에너지부터 바이오칩, LED에 이르는 소재 혁명이 바로 녹색성장의 원천이 되는 이유가 여기에 있다.

따라서 녹색기술이란 기술융합의 초보적 단계라 할 수 있는 기존 기술과 디지털기술과의 접목을 통해 에너지 효율을 높이고 성능을 개선하는 데서부터 출발한다. 이뿐만 아니라 기존의 금융, 교육 등 서비스 산업의 녹색화 역시 정보통신기술과의 융합이 이루어진다면 효율성을 개선하고 부가가치를 높이게 된다.

한편 녹색성장을 위한 기술융합이 이루어지려면 지식이 유연하고 가치가 실현되는 쪽으로 흘러가야 한다. 글로벌 금융 위기 이후 개방형 기술혁신이 강조되는 이유도 여기에서 찾을 수 있을 것이다. 대기업과 중소기업, 벤처기업 사이에 녹색기술이 흘러 제자리를 찾을 수 있는 맞춤형 정책이 함께 추진될 때 기술융합에 의한 녹색성장의 실마리가 마련될 것이다. 이는 다름 아닌 시민사회가 열려 있어야 한다는 의미다.

녹색성장, 소통과 융합의 르네상스

녹색성장 개념을 지구촌으로 확산시키려면 우선 미래 사회 변화의 흐름을 읽고 녹색기술이 지닌 다채로운 요소들을 반영하여 소비자의 만족을 이끌어 내야 한다. 이와 함께 인류와 지구촌이 안고 있는 문제들을 해결하는 데 과학기술을 처방전으로 활용하는 역할도 잊어서는 안 될 것이다.

하지만 문제해결 능력이란 갑자기 얻어지는 것이 아니므로 인문학과 과학이 통합되고 조화를 이루어야 가능한 일이다. 인문학의 특징인 주관적 시각과 과학의 특징인 객관적 시각을 조화시킬 때 비로소 통찰력을 갖춘 지식이 얻어지고 지혜가 되어 인류를 위한 기술로 태어날 수 있는 것이다. 녹색성장을 이끌어 갈 기술들의 융합도 인문학과 자연과학이 함께 어우러질 때 비로소 가치가 얻어진다. 인문학은 사물을 다양한 관점에서 볼 수 있는 혜안을 주며, 자연과학은 우리를 둘러싼 사물을 객관적으로 보는 힘을 길러 주기 때문이다.

그렇다면 녹색성장의 르네상스는 어떻게 하면 이룰 수 있을까? 자연과학과 인문사회과학이 서로의 장점을 배우면서, 과학기술에 그 시대, 그 지역, 그 민족의 문화가 녹아들 때 비로소 녹색 옷이 기술에 입혀지고 성장의 열매로 결실을 맺게 될 것이다. 과연 유럽에서 발원된 르네상스가 기존의 문물과는 전혀 새로운 것들에서 시작되었을까? 그보다는 시대의 생각들을 다양한 방식과 다채로운 시각으로 엮어 낸 가운데 탄생한 산물이라는 생각이다. 말하자면 사람들의 생각이 개방되고, 서로 융합되면서 비롯된 일이다. 다양한 갈래의 소통 채널이 생기고 생각끼리의 섞임이 이루어진 것이다. 그러면서 한편으로는 일반 대중들에게 그 산물을 보여 주고 나누는 과정에서 지식은 홀로 있을 때보다 모이면서 더욱 가치를 발휘했을 것이다. 아울러 그 시대의 문제를 확인하고 진단해 내며 해결하기 위해 서로의 머리를 짜냈을 것이다. 이것이 새로운 혁신으로 나타나고 문화의 한 양태로 모습이 갖추어지면서 여러 지역으로 확산되었을 것이다.

녹색성장은 제3차 산업혁명이라기보다 제2의 르네상스로 보는 게 오히려 타당할 듯싶다. 값싸게 많이 생산하는 물리적 혁명이 아니라 자연을 훼손하지 않는 범위 내에서 생산하고 소비하자는 마인드 혁명이 포함되기 때문에 그렇다. 지구촌 모두가 녹색정신으로 변화해야 하는 까닭이기도 하다. 인간이 신(神) 위주의 정신과 사회상에 가려져 있었던 서양의 중세가 르네상스를 통해 인간 위주의 근세로 나아갔던 것처럼, 산업화 시대에는 성장과 녹색이 서로 상충되는 개념이었지만 녹색성장 시대에는 두 축이 서로 조화를 이루면서 상생한다는 의미에서 르네상스적 정신으로 탈바꿈한 것으로 이해해야 한다.

생각의 개방, 기술융합

과학기술 사이의 융합의 경우에는 물리적 혼합과 화학적 결합이 종종 논의된다. 물리적 혼합이란 여러 개별 기술들이 모여서 하나의 통합형 기능을 나타내는 것으로 개별 기술들은 없어지지 않고 독립적으로 존재하게 된다. 물론 기술융합과 기술결합이 개념상 서로 차이가 있긴 하지만 크게 보면 서로 다른 개체들이 합쳐져 보다 나은 가치를 창출해 내는 측면에서는 크게 다를 바가 없다.

그 한 예로 텔레비전 드라마 〈주몽〉의 한 장면을 떠올려 보자. 주몽은 한사군 토벌 사령관으로 전투에 참가한다. 상대는 철제 무기로 무장한 철기군. 하지만 야간 전투에 앞서 주몽은 지금까지 아무도 보지 못했던 혁신적 무기 하나를 선보인다.

한밤중 한나라 철기군 병영 위 하늘로 소탄(燒炭)이 몇 알씩 담긴 방패연을 띄운다. 하얀 방패연 수십 개가 밤하늘을 수놓고 있을 때 주몽의 고구려군은 불화살로 방패연을 쏘아 불을 붙인다. 소탄이 터지면서 한나라군 진영에는 하늘에서 불비가 쏟아졌고 철기군이 사기를 잃고 혼비백산하는 동안 고구려군은 총공격하여 대승을 거둔다는 줄거리다. 이 광경에서 방패연과 소탄, 불화살은 모두 기존에 전장에서 보아 왔던 장비나 수단들이다.

드라마 〈주몽〉의 한 장면.
소탄이 장착된 방패연을 띄운 후
불화살을 쏘아 불비를 내리게 한다.

하지만 이들이 갖고 있는 장점을 모아 전투에 활용한 결과, 지금까지는 전혀 본 적이 없었던 신제품을 전장이라는 시장에 내놓은 것이다. 이것이 다름 아닌 물리적 의미의 기술융합이다.

반면, 기술이 화학적으로 결합되는 경우를 LED에서 찾아보기로 하자. 꿈의 디스플레이로 각광을 받고 있는 '능동형 유기발광다이오드(AMOLED)'가 좋은 사례이다. 이는 자체 발광이므로 LCD처럼 뒤에서 빛을 쏴 줄 필요가 없어 독립 소재로서의 활용성이 매우 크다. 휘어지거나 종이처럼 둘둘 말 수 있어 전자 신문과 전자 노트용 디스플레이로서 유연성이 뛰어나 그 응용 분야는 무궁무진하다. 여기에 적용되는 기술의 종류를 살펴보자. 먼저 디스플레이기술과 영상처리기술 등 IT를 필두로 나노공정기술, 나노박막기술, 나노광학소재기술 등 NT를 비롯하여 전력 사용을 저감하는 녹색기술(GT)이 융합된 최종 산물인 것이다.

최근의 새로운 제품들 대부분은 기술융합의 산물이다. 단 하나의 기술로 이루어지거나 생산되는 제품은 거의 없다는 뜻이다. 인지 기능이 있는 똑똑한 제품에 사용되는 스마트 기술은 모두 융합형이다. 김연아 선수의 피겨 동작들은 무용과 스케이팅이 환상적으로 융합되어 상승효과가 나타나면서 예술성 짙은 스포츠로 피어난 산물임도 같은 맥락이다.

이제 융합은 상품과 서비스, 유통은 물론 금융에 이르기까지 서로 다른 분야를 연계하여 가치를 높여 주는 역할을 한다. 그 판단의 중심에는 가치 창출이라는 기준이 자리한다. 가치는 인간의 감성이라는 잣대를 거쳐서 자리매김되기도 한다.

융합이 지향하는 목표는 지식의 가치화이다. 몰입 과정을 통해 지식을 창출한 후, 개방을 통해 서로 공유하고 융합이 이루어져야 한다는 의미다. 전문가 사회에 있어서나 대인 관계에 있어 서로 소통과 이해가 이루어질 때 비로소 융합은 싹튼다. 지식의 가치를 높이는 일을 지격(知格)이라 부르자. 지격이란 지식의 품격을 높인다는 의미를 담고 있으며, 중국의 사서(四書) 가운데 하나인 『대학(大學)』에 나오는 격물치지(格物致知), '마음을 다스려 사물의 이치를 터득함으로써 지식을 더욱 완전하게 한다.'는 뜻과도 상통한다.

역사를 거슬러 올라가면 세종과 정조에게서 융합의 리더십을 만날 수 있다. 세종대왕의 한글은 문명을 한 차원 높이고 소통의 사회적 비용을 대폭 낮춘 혁신의 산물이었다. 정조대왕의 실사구시를 앞세운 실학운동의 터전 역시 당대의 녹색성장으로 보아도 무방할 것이다. 두 대왕 모두 싱크탱크(think tank)로 집현전과 규장각을 두어 기획과 집행을 추진하였던 사실은 이를 입증해 주기에 충분하다. 융합이란 지식의 격을 높이는 개방과 소통의 성과물이라는 논리가 설득력 있게 다가오는 대목이다.

신문명의 태동이 될 작은 출발점이 바로 녹색기술이며, 녹색문명은 새로운 궤적을 그리며 지구촌을 바꿔 나갈 것으로 기대되어야 마땅하다. 미래는 그렇게 빛의 삼원색 중 하나인 녹색으로 칠해질 때 가치가 드러나기 때문이다.

기술융합과 경제적 효과

1인당 국민소득이 100달러에도 못 미치던 1960년대의 한국을, 지난 50년에 걸쳐 2만 달러에 이르게 한 원동력에는 여러 가지가 있다. 그중 하나가 과학기술이라는 말에 이의를 달 사람은 아마 없으리라. 그런데 이제 그 50년을 이끌어 온 경제 발전과 성장의 유형은 물론 생각하는 방식, 그리고 일하는 방식을 바꿔야 하는 때에 이른 것이다. 제품과 서비스를 생산하던 기술과 그 원리가 되던 과학 역시 바뀌어야 한다는 게 기본 발상이다.

융합은 1+1이 2보다 훨씬 커진다는 수식 차원의 이해를 넘어 홀로서기보다는 다른 것이나 타인과의 보완이 이루어지면 훨씬 나은 가치를 얻어낼 수 있다는 공감 위에서 출발한다. 서로 조화를 이루는 삶 속에서 상생하는 지구촌의 미래를 그리는 게 가능한 이유이기도 하다. 경쟁 속에서 주도권을 잡으려는 치열함보다는 나눠 주고 서로 돕는 모습을 닮은 게 바로 기술융합이라고 볼 수도 있다. 하나의 낡은 기술에 신생 기술이 더해질 때 전혀 새로운 결과를 드러내는 현상이 바로 같은 이치다. 말없이 뒷전에서 일하던 조연들이 제 몫을 발휘하고 인정을 받는 일도 마찬가지 원리다.

한편 녹색성장이 확산되려면 사회적 수용 의지가 폭넓게 용인되어야 한다. 소비자의 마인드가 녹색화되면서 시장과의 균형점을 찾아가는 노력이 급선무인 것이다. 시장의 개방과 선택, 기술의 선정 등은 기술이 융합되기에 충분한 환경을 마련해 주어야 한다. 정책이 실패하고 의도대로 되지 않으면 시장의 역기능을 보완하는 조치들이 선행적으로 시도되어야 하는 것도 이 때문이다. 이러한 기술융합의 과정에는 기획과 마케팅이 처음부터 기본적으로 고려되어야 한다. 이어서 개별 단위기술들의 가치사슬을 엮어내는 디자인이 따르게 된다. 연구개발 전략의 수립이 무엇보다 핵심 성공요인이 된다는 점도 명심해야 한다. 녹색성장의 성공 요인에는 소비자의 의식구조도 큰 영향을 미친다. 소비자가 주도하는 시장이라는 의미다.

기술혁신의 관점에서 보면 대안 기술, 기술 대체가 전략으로 등장한다. 기술 대체에 있어서는 녹색기술의 도입 전과 도입 후의 비용 문제가 고려되어야 하며, 정부가 시장 조성자로 나서야 하는 이유가 여기에 있다. 고비용 기술이 균형가격에 이를 때까지는 정부의 보조금에 의존해야 하는 것이다. 여기서 기술의 융합은 비용을 낮출 수 있는 여지를 마련해 준다. 하지만 효율성을 높이고 가격을 최대한 낮추는 전략과 해당 기술을 후보군에서 발굴해 내는 일에는 전문성이 필수적이다.

기술융합은 또한 녹색기술 뱅크가 구축되고 전문가들의 평가와 사회적 합의가 이루어질 때 정부 정책의 탄력을 받아 추진이 가능할 것이다. 기술의 가치가 모아질 때 융합은 그 의의가 극대화되고 국내는 물론 글로벌 시장을 거쳐 지구촌이 새로운 가치 아래 생명력을 복원할 수 있을 것으로 기대된다.

지금까지 살펴보았듯이 서로 다른 기술들 사이의 융합을 통한 신기술 창출이 기술혁신 체제에서 차지하는 중요성이 커지고 있다. 어떤 기술이 경제적 편익을 가져올 것인가를 추정해 보는 작업도 필요하다. 미래 시장 규모, 시장점유율, 사업화 성공률, 그리고 여기에 기술개발 기여율도 고려해야 하는 등 경제적 효과를 비교하기란 결코 쉽지 않다. 그러기에 녹색기술은 산술적 가격보다는 잠재적·심성적 가치에 의미를 두어 선택해야 하는 것이다. 이렇듯 지식과 시장이 연계되어 가치를 드러내려면 접착제의 역할이 필요하다. 연구개발 지식 생산자와 시장 전문가의 다양한 경험이 환상적으로 결합될 때 그 효과는 더욱 커지기 때문이다. 스마트 기술 개발이 중요해지는 이유 역시 다름 아닌 융합의 가치 극대화에 있는 것이다.

다른 측면에서는 개별 첨단기술의 불확실성이 커지고 있으므로 이미 성능이 밝혀진 타 기술과의 융합을 통해 새로운 기능을 추가함과 동시에 상호 시너지 효과를 얻어 내는 방식이다. 서로 다른 기술들의 강점을 결합하여 새로운 가치를 찾아냄으로써 신기술 개발의 불확실성에 따른 위험 요소를 줄이는 효과를 얻는다는 의미다.

한편 녹색성장에 동력을 제공할 핵심기술의 요건에는 창의성이 자리하며, 1차적으로는 다양한 지식 사이의 역동적인 결합이 촉진되어야 한다. 이러한 지식의 융합 과정에는 의사소통 기회의 확대와 능력, 과학적 다양성을 통합하는 리더십이 결정적 역할을 하기 마련이다.

녹색성장은 세상을 수백 년 이끌어 갈 새로운 글로벌 질서이며 시장을 이끄는 원동력이다. 그래서 미래 트렌드와 결부될 때 녹색성장은 성공에 더 가까이 갈 수 있다. 녹색기술은 또한 문화와 함께 있을 때 빛난다. 이는 소비자의 가치와 미래에 다가올 메가트렌드를 읽고, 역사와 문화를 기술과 제품에 담을 수 있어야 진정한 융합이 이루어진다는 의미다. 녹색성장은 양적 성장만을 우선시하지 않고 질적, 정신적 풍요로움 속에서 진정한 지구촌의 행복을 열어 가는 발전의 개념이기 때문이다.

참고문헌

- "녹색성장 5개년 계획(2009~2013)", 녹색성장위원회, 2009.
- 『미래를 여는 저탄소 녹색성장 이야기』, 대한주택공사, 2009. 3.
- "융합기술 컨퍼런스 자료", 지식경제부 · 생산기술연구원, 2009. 11.
- 〈기술과 미래〉, 한국산업기술진흥원, 2009. 9. 9.
- "전환시대, 기술혁신 경영 패러다임의 변화와 대응", 임기철, 서울대 SPARC 강의록, 2009. 10.

차원용(아스팩미래기술경영연구소장)

대학에서 영어영문학과 영어교육학을 전공하고, 경영학 석사 학위를 받은 뒤 공학으로 박사 학위를 받았다. 아스팩국제경영교육컨설팅 대표와 아스팩미래기술경영연구소장을 역임하고 있다. 숙명여자대학교 정책산업대학원 겸임교수, 고려대학교 교양학부 겸임교수, 스터디비즈니스닷컴(Studybusiness.com)의 편집장을 맡고 있으며, 강연 및 다양한 컨설팅 프로젝트를 추진 중이다. 저서로 『녹색융합 비즈니스』 『솔루션 비즈니스 마케팅』 『미래 기술경영 대예측 : 매트릭스 비즈니스-서기 3000년 로드맵』 『디지털 비즈니스 게임』(공저) 『다른 것이 아름답다』(공저) 등이 있다.

2장 녹색기술과 그린IT

기후변화에 대한 정부 간 패널(IPCC)의 2007년도 기후변화 자료에 의하면 지난 100년간(1906~2005년) 전 세계 평균기온은 0.74도 상승하여 14.74도가 되었으며, 우리 한반도는 지난 96년간(1912~2008) 1.7도나 상승했다 [그림 1]. 이대로 간다면 2100년까지 6.4도가 상승할 것으로 전망된다. 지구의 온도가 상승하면 남극과 북극의 빙하가 녹는 것 이외에 어떤 일이 일어나기에 전 세계 110개국 정상들이 덴마크의 코펜하겐에 모여 대책 회의를 하고 있는 것일까?

지구 평균기온이 2~3도 상승하면 20~30퍼센트의 동식물이 멸종 위기에 처하고(생태계 문제), 10억~20억 명이 물 부족 사태에 처하며(수자원 문제), 1천만~3천만 명이 기근 위협에 노출되고(식량자원 문제), 3백만 명이 홍수 위협에 처하며(해안·하천 범람 문제), 각종 질병이 증가할 것으로(질병 문제) 예

[그림 1] 전 세계 평균온도 변화 추이

출처 : IPCC, Climate Change 2007, 2007

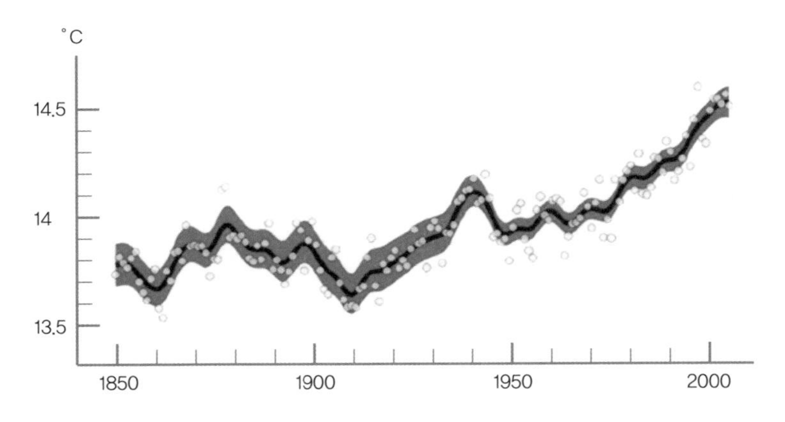

측되고 있다. 이를 해결하려면 국가별 국내총생산(GDP)의 5~20퍼센트 수준의 비용이 소요될 것으로 보인다. 그러나 사전에 노력을 기울인다면 국내총생산의 1퍼센트 수준으로 예방이 가능하다.

지구 온도의 상승 요인에는 여러 가지가 있으나 그 주범은 바로 우리가 화석연료를 태워서 에너지를 사용함으로써 배출하는 이산화탄소로, 온도 상승 요인의 88.3퍼센트를 차지하고 있다. 이산화탄소가 지구에서 우주공간으로 방출되는 열이나 빛의 반사를 흡수하여 온실효과(greenhouse effect)를 부추기고 있다. 다시 말하면 이산화탄소가 비닐하우스 역할을 하고 있는 것이다.

국제에너지기구(IEA)의 '2009 세계 에너지 주요 통계'에 따르면 2007년도의 전 세계 총 에너지 공급량은 120억 톤이며 이에 따른 탄소 배출량은 289억 톤으로 에너지 1톤을 생산, 소비하는 데 2.4배의 이산화탄소가 배출된다. 전 세계 인구가 66억 명이므로 1인당 에너지 소비량은 1.8톤이며 이산화탄소 배출량은 4.4톤에 이른다. 이산화탄소 배출량을 보면 중국이 60억 톤으로 1위이고 미국이 58억 톤으로 2위이며, 러시아가 16억 톤, 인도가 13억 톤, 일본이 12억 톤, 독일이 8억 톤, 캐나다가 5.7억 톤, 영국이 5억 톤을 기록하고 있으며, 우리나라는 총 에너지 2.2억 톤에 총 이산화탄소 배출량이 4.9억 톤으로 1인당 4.6톤의 에너지 소비에 10톤의 이산화탄소를 배출하여 전 세계 9위를 기록하고 있다.

따라서 금세기 말까지 지구 온도 상승을 2도 이내로 억제하기 위하여 2050년까지 대기 중 이산화탄소 농도를 450피피엠 이하로 유지하자는 '쿨어스(Cool Earth)'의 총성 없는 녹색전쟁이 시작되었다. 이때의 녹색전쟁이란 녹색기술을 의미한다. 이 녹색기술을 확보하는 국가와 기업만이 30년을 보장받을 수 있다. 그럼 어떤 기술을 확보해야 하는가? [그림 2]에서 보는

[그림 2] 일반 화석연료 연소 설비 및 관련 녹색기술

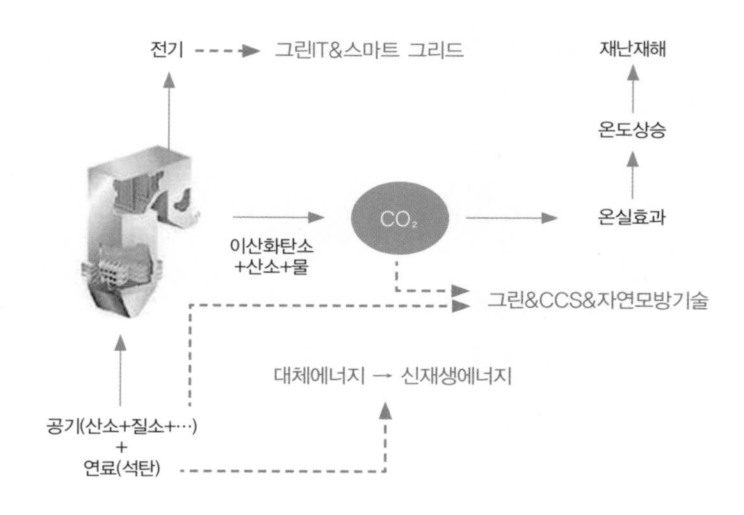

것과 같이 녹색기술은 다음과 같이 요약될 수 있다. 첫째 화석연료를 대체하는 신재생에너지 기술, 둘째 제조 공정을 바꾸는 기술로 그린&이산화탄소 포집저장 기술(CCS), 그리고 셋째 기존의 전기의 효율을 높이거나 절약하는 그린IT와 스마트 그리드 기술이다. 이 중 녹색기술과 그린IT기술이란 무엇인지 살펴보자.

녹색기술

① 이산화탄소 포집저장(CCS)

우선 공기 중에 존재하는 이산화탄소를 흡수, 포집하여 제거하는 방법이 없을까? 미국 UCLA의 과학자들이 이산화탄소만 잡아내는 새로운 나노구조의 기공물질을 발견했다. 이산화탄소의 양을 자기 부피의 82.6배 이상 빨아들이는 이 나노기공물질을 이용하면 화력발전소에서 나오는 굴뚝과 자동차 배기가스로부터 이산화탄소를 저렴하게 흡수시켜 지구온난화를 막을 수 있다. 이 기공물질이 이산화탄소를 흡수하면 압력을 가해 응축시켜 지하에 장기간 매설하면 그만이며, 다시 이산화탄소를 가공해 다양한 화학물질을 만들 수 있다.

② 청정석탄 혁명 및 CCS

유럽은 청정석탄 혁명에 적극적으로 참여하고 있는데, 세계 최초로 동독의 스프렘버그(Spremberg)에 산소연료로 이산화탄소를 추출하고 저장하는 기술을 이용해 30메가와트급 갈탄 화력발전소를 구축하고 가동하기 시작했다. 이 발전소는 스웨덴의 발전 회사인 바텐팔(Vattenfall)이 구축하고 운영하고 있는데, 실제로 많은 전문가들은 CCS가 화력발전소에서 나오는 이산화탄소 배출을 줄일 수 있는 가장 획기적인 기술이라 보고 있다.

CCS로 분리된 이산화탄소는 영하로 냉각되어 액체화되는데, 트럭을 동원하여 이 냉각된 이산화탄소를 240킬로미터 떨어진 북서쪽으로 이동시켜 가스가 고갈된 지역의 지하 3,000미터 아래에 저장한다. 이상적으로 접근하면 미래에는 이들 냉각 가스들이 파이프라인을 통해 수송되어 저장되게 된다.

③ 순산소 연소 설비

두산중공업의 자회사인 영국의 두산 밥콕은 2009년에 녹색발전소 건설

[그림 3] 두산 밥콕의 순산소 연소 설비 개념도

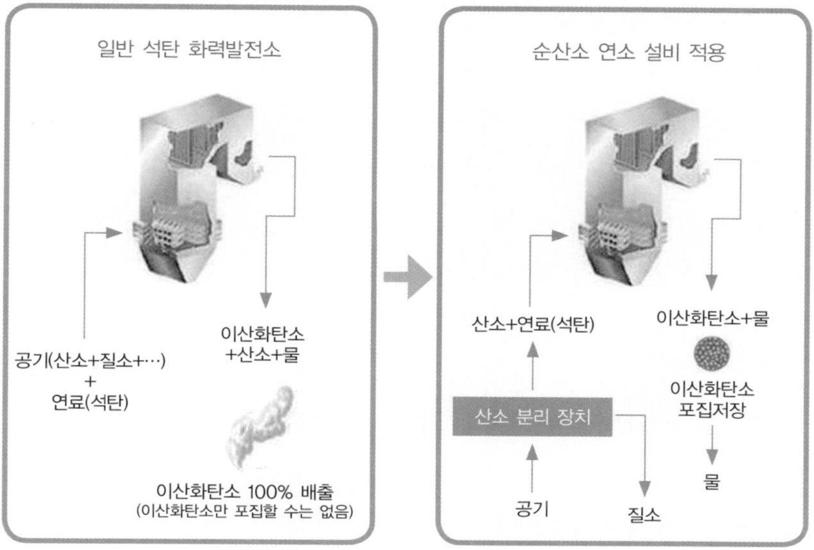

을 위한 핵심기술인, 화력발전소에서 석탄 등을 땔 때 발생하는 이산화탄소를 100퍼센트 포집할 수 있는 기술을 상용화하는 데 성공했다[그림 3]. 일반적인 공기 대신 산소로만 화석연료를 태울 수 있는 순(純)산소 연소 실험에 성공한 것이다.

전 세계적으로 저탄소 발전 기술을 개발하기 위해 활발한 연구를 진행하고 있지만 당장이라도 상용화가 가능한 기술을 개발한 것은 두산 밥콕이 처음이다. 따라서 공기를 주입해 석탄을 연소시켜 이산화탄소와 산소 등을 함께 배출함으로써, 이산화탄소만을 별도로 포집할 수 없는 기존의 공정 기술을, 공기 중에서 산소만을 분리해 공급함으로써 이산화탄소와 물만 나오게 하는 데 성공한 것이다.

④ 수소 환원 신제철법

철강 1톤을 생산하는 데 2톤의 이산화탄소가 나온다. 철강산업의 탄소 배출량은 전 세계 탄소 배출량의 3.2퍼센트나 되고 전 세계 산업 배출량의 15퍼센트를 차지한다. 그 이유는 산소와 결합한 철광석(Fe_2O_3)을 탄소(C)를 이용해 산소(O_2)를 분리해 내고 순수한 철(Fe)로 분리 생산할 때, 산소가 탄소와 결합해 이산화탄소를 배출하기 때문이다. 이를 해결하기 위해 포항제철(POSCO)은 탄소 대신 수소(H)를 이용해 산소를 분리해 내는 수소 환원 신제철법을 연구 중인데, 이론적으로는 수소가 산소를 만나면 부산물이 물만 나온다.

현재 수소를 대량으로 생산하는 방법을 연구 중인데 식물 광합성 원리의 핵심인 인공엽록소를 개발해 물(H_2O)을 상온에서 수소와 산소로 분리 생산하는 기술에 도전하고 있으며, 수소를 제철에 도입하는 과정을 장기 프로젝트로 추진하고 있다.

⑤ 녹색도시 구축

휘황찬란한 녹색도시를 만들거나, 거추장스러운 도시의 구조물들을 안 보이게 하는 방법은 없을까? 빛을 100퍼센트 흡수하거나 반사하는 탄소 나노튜브 메타물질은 100퍼센트 효율의 태양전지나 디스플레이로 도시 공간이 LED 이상으로 감성적으로 조율되는 그린조명 도시를 실현시킬 수 있다.

빛의 파장을 마음대로 제어할 수 있는 플라즈몬 광학 나노입자 메타물질을 이용하면, 일곱 가지 무지개 색을 만들 수 있고 빛에 따라 색이 변화하는 코팅재도 만들 수 있어 이를 모든 건물에 코팅하면 태양 빛에 따라 색이 휘황찬란하게 변하는 만능 디스플레이를 만들 수 있다. 모든 빛의 광선을 감추는 메타물질을 발견하면 투명 망토를 만들 수 있는데 이 물질을 철탑이나 거추장스러운 도시 구조물에 코팅함으로써 안 보이게 할 수도 있다.

⑥ 자연모방기술

제너럴 일렉트로닉스사는 향후 100년의 중심에 '환경과 상상력 경영'이 있다고 전제해 이를 에코매지네이션(ecomagination)이라는 신성장 슬로건으로 명명했다. 이를 위한 기초과학기술로 나노기술을 이용한 자연 지능 연구를 가속화하여, 2008년에는 연잎 효과를 모방한 초소수성의 나노 코팅 금속 물질을 발견하여 비행기 날개에 적용했다. 겨울에도 날개가 얼지 않아 얼음을 녹이는 비용과 비행기 연착륙을 줄이고, 엔진이나 터빈을 항상 건조하게 유지하여 냉동으로부터 해방시킬 수 있는 방법을 발견한 것이다. 또한 나비의 감지 지능 시스템을 모방해 지하철이나 공항의 안전 시스템에 적용하는 연구와, 조개껍질의 나노구조를 가스 터빈의 날개에 적용하는 저전력, 저탄소 및 지속 가능한 제품도 연구하고 있다.

⑦ 박테리아 활용

이산화탄소나 공기 오염을 청소하는 인조 박테리아에도 도전하고 있다. 인간게놈프로젝트를 주도한 벤터 박사 연구소는 실험실에서 미코플라스마 제니탈리움이라는 박테리아의 게놈을 완전 복제하고, 조립하고, 인조 합성하여 생명 창조 2단계인 버전1.0(JCVI-1.0)을 만들어 냈다. 이제 3단계인 게놈을 살아 있는 세포에 주입해 하나의 생명체를 만들어 내면, 청정연료를 생산하거나 온실가스를 흡수하는 박테리아들을 생산할 수 있고, 연료전지를 위한 식물이나 화학연료 대체재 등을 만들어 낼 수 있다.

IT 부문의 친환경 활동(Green of IT)

그린IT 전략을 보면 IT 부문의 친환경 활동(Green of IT)과 IT를 활용한 친환경 활동(Green by IT)이 있다. 전 세계 탄소 배출량 중 2퍼센트가 IT의 전력 소비로 발생하며, 국내는 2008년도에 2.8퍼센트로 글로벌 평균보다 높다. 이를 줄이자는 것이 'IT 부문의 친환경 활동'이다. 정부는 2020년까지 세계 최고의 그린IT 제품을 개발하고 에너지 소비량 20퍼센트 이상을 절감하여 세계 시장 점유율 10퍼센트를 달성하고, 인터넷 데이터 센터(IDC)는 2013년까지 클라우드 컴퓨팅으로 전환시켜 전력 효율을 40퍼센트 향상시킨다는 것이 목표이다. 제4의 에너지인 신재생에너지보다 더욱 중요한 것이 '에너지 절감'인데, 이를 제5의 에너지기술이라고 한다. 그린IT는 바로 에너지 절감 기술이다.

마이크로소프트사를 보자. 미국 환경보호청(EPA)이 의회에 보고한 자료에 의하면 미국 내의 서버와 데이터 센터가 연간 소비하는 전력은 2006년에 총 610억 킬로와트나 된다. 이는 미국 내에서 소비되는 총 전기량의 1.5퍼센트나 된다. 이 중 냉각 시스템이 50퍼센트를 차지하고 있으며, 서버 컴퓨팅은 자기 능력의 15퍼센트만 발휘하고 나머지 85퍼센트는 휴면 상태이다. 2008년에 마이크로소프트사는 온도 센서와 서버 간 로딩 알고리즘을 개발해 모니터링함으로써 이처럼 낭비되는 전기를 30퍼센트 절감시키는 데 성공했으며 가상화를 통한 서버 감축으로 200만 달러의 비용을 절감할 예정이다.

IBM은 2007년 9월에 전담반을 두어 IT와 환경이라는 주제를 연구해 왔는데, 에너지 비용의 관리 방안, 냉각 시스템의 효율, 데이터 센터 내의 공간의 효율, 에너지 누수의 최소화, 환경 관리에 따른 기업의 이미지 효과 등 지속 가능한 기업의 운영 방안에 대해 모색해 왔다. 그 결과 IBM은 2008년부터 '프로젝트 빅 그린(Project Big Green)'이라는 친환경 프로젝트를 수립하고 연간 10억 달러를 투자해 데이터 센터 내의 모든 IBM 제품과 서비스의 에너지 효율을 높이고 고객 사이트의 기술 인프라를 그린 데이터 센터로 전환해 데이터 센터당 42퍼센트의 에너지를 절감할 계획이다.

IT를 활용한 친환경 활동(Green by IT)

IT를 활용한 친환경 활동(Green by IT)은 기존 IT를 활용해 저탄소화 및 기후변화 대응 역량을 강화하자는 것이다. 정부는 IT를 통한 저탄소 업무 환경으로 전환해 2013년까지 315만 톤의 탄소를 줄이고 에너지 사용량을

20퍼센트 절감시키며, IT를 융합한 제조업의 그린화로 2013년까지 에너지 효율을 8퍼센트 향상시켜 690만 톤의 탄소를 줄인다는 계획이다. 특히 IT를 융합한 제조업의 그린화 기술에 집중할 예정인데, 이를 'IT를 활용한 주력 산업의 고도화 기술'이라 한다. 자동차, 국방, 건설, 교통, 조선, 의료, 섬유, 교육 산업에 IT를 활용해 그린화를 달성한다는 계획이다.

정부의 녹색기술 연구개발 시행 계획을 보면 2008년부터 2012년까지 총 10조 9천억 원을 투자해 태양전지 등의 에너지원 기술, 조명용 LED 등의 에너지 고효율화 기술, 고효율 저공해 차량 등의 산업·공간 녹색화 기술, 기후변화 예측 및 탄소 포집저장 등의 환경보호·자원순환 기술, 그리고 가상현실의 무공해 경제활동 기술 등 2009년 1월 13일에 도출한 27대 중점 기술의 원천기술 및 융합(실증)기술을 연구개발하여 온실가스 배출 규제 적용이 예상되는 2013년을 준비한다는 계획이다.

정부가 추진하는 이러한 저탄소 녹색성장이 성공한다면 관련 산업들은 분명 발전하게 될 것이고 삶의 질이 향상되어 한국의 미래는 밝아질 것임에 틀림이 없다.

참고문헌

- "High-Throughput Synthesis of Zeolitic Imidazolate Frameworks and Application to CO_2 Capture", Banerjee et al, *Science,* 2008. 2. 15.
- "EPA Report to Congress on Server and Data Center Energy efficiency", EPA, 2007. 8. 2.
- "Complete Chemical Synthesis, Assembly, and Cloning of a Mycoplasma genitalium Genome", Gibson, Venter, Smith et al., *Science*, 2008. 1. 24.
- "Key World Energy Statistics", IEA(Int'l Energy Agency), 2009.
- *Climate Change 2007 : The Physical Science Basis,* IPCC(Intergovernmental Panel on Climate Change), 2007.
- "Broadband Ground-Plane Cloak", Liu et al., *Science*, 2009. 1. 16.
- "GE의 나노기술—생체모방, 연꽃의 물-배척 나노성질을 모방, 비행기 날개의 소

수성 나노 코팅 금속 물질을 개발…", Studybusiness.com, 2008. 11. 3.
- "Self-Organized Silver Nanoparticles for Three-Dimensional Plasmonic Crystals", Tao et al., *Nano Letters*, 2008. 10. 18.
- "Water-Repelling Metals", *Technology Review,* 2008. 10. 15.
- "Saving Energy in Data Centers", *Technology Review,* 2008. 4. 11.
- "Experimental Observation of an Extremely Dark Material Made By a Low-Density Nanotube Array", Yang et al., *Nano Letters*, 2008. 1. 9.

신미남(퓨얼셀파워 대표이사)

미국 노스웨스턴 대학교 재료과에서 박사 학위를 취득하였으며, 노스웨스턴 연구소에서 연료전지 개발 업무를 수행하였다. 삼성종합기술원의 전문연구원으로 재직하면서 미국 미시건 대학교 회로센터에 파견되어 공동 신상품 개발 업무를 수행하였다. 이후 국제 경영컨설팅 회사인 맥킨지의 캐나다 토론토 사무소와 서울 사무소에서 경영컨설턴트로 활동하다가, 2001년에 (주)퓨얼셀파워를 창업하여 CEO로서 경영 전반을 이끌고 있다. 현재 한국공학한림원 정회원, 한국신재생에너지협회 연료전지협의회장, 한국신재생에너지학회 부회장, 서울시녹색위원회 위원, 경기도 과학기술위원 등으로 활동하고 있다.

3장 녹색성장과 에너지기술

지속 가능한 성장을 위한 녹색기술

인류는 산업혁명 이후 고도의 물질문명의 혜택을 누리고 있는데, 이는 화석연료를 이용한 에너지의 활용에 기인한 것이다. 그러나 지난 세기의 과다한 화석연료의 사용으로 인하여 에너지 과소비에 따른 에너지 고갈, 온실가스 배출로 인한 기후변화 등 심각한 위기에 직면하고 있다. 점차 심화되는 환경문제와 에너지문제를 극복하고 어떻게 '지속 가능한 성장'을 할 수 있을 것인가가 향후 인류가 풀어야 할 숙제이다.

녹색기술이란 부존자원인 화석에너지의 사용에서 벗어나 친환경적이며 지속적인 성장을 가능하게 하는 관련 기술 및 융합기술을 의미한다. 에너지 사용을 줄이거나, 동일한 에너지를 사용하되 에너지의 효율을 높여 온실가스 배출을 감소시키거나, 화석연료 대신 온실가스를 배출하지 않는 새로운 에너지를 사용하는 것이 녹색기술이다. 기존에 존재하는 기술의 개량과 타 기술과의 융합을 통하여 새로운 기술을 개발하고, 이러한 기술을 바탕으로 관련 산업을 발전시켜 지속 가능한 성장을 하겠다는 것이 녹색기술의 패러다임이다.

전 세계적으로 녹색기술 개발에 대한 관심과 열기가 높아지고 있는데, 특히 선진국을 중심으로 세계적인 녹색산업의 주도권을 확보하기 위한 경쟁이 치열하게 전개되고 있는 실정이다. 한국에서도 녹색기술의 적극적인 개발과 실현을 통하여 기후문제를 해결함은 물론, 녹색기술을 미래의 성장 산업으로 육성, 발전시켜 국민의 일자리와 먹을거리를 창출하기 위한 본격적인 전략 수립 및 실천 방안이 강구되고 있다.

국내 정부에서는 대통령 직속으로 녹색성장위원회를 조직하여 각 분야의 전문가들이 27개의 중점 녹색기술을 선정하였으며, 이들 기술의 적극적인 개발과 산업화를 통하여 국가의 신성장 동력으로 발전시켜 고용을 창출하고 수출 산업을 육성하고자 하는 노력들이 2009년부터 활발하게 진행되고 있다. 27개의 녹색기술은 기후변화 관련 기술, 태양전지, 바이오에너지, 경수로와 핵융합, 수소 제조와 저장, 연료전지, 석탄가스화, 친환경차량, 친환경 건축, 친환경 식물 성장, 2차전지, LED 조명, 스마트 그리드, 지능형 교통물류, 이산화탄소 포집, 폐기물 저감 및 재활용, 수질 평가 및 관리, 대체 수자원, 유해성 물질 모니터링 및 환경 정화 등의 광범위한 기술 및 융합기술로 이루어져 있다.

녹색기술 개발은 온실가스 배출을 미연에 방지하는 신재생에너지기술과 에너지 효율을 높여 온실가스 배출을 줄이는 두 방향에서 추진되고 있다. 신재생에너지로는 화석에너지 대신 태양에너지를 활용해 발전하는 태양전지, 바람으로 전기를 발생시키는 풍력발전, 수소를 연료로 전기와 열을 생산하는 연료전지, 바이오연료, 땅속의 열을 활용하는 지열에너지 등이 있다. 에너지 효율을 높이는 기술은 온실가스의 주범인 건물에 단열재와 LED 조명 등을 활용하고, 자동차에 친환경 기술을 접목시키며, 스마트 그리드를 활용하여 에너지를 효율적으로 사용하는 방식들을 의미한다. 이러한 기술 중에서 최근 중점적으로 개발 중인 기술들의 몇 가지 현안에 대하여 살펴보자.

연료전지와 태양전지

연료전지는 수소 혹은 수소를 포함한 연료로부터 전기화학적 반응으로 전기를 생산하는 발전 장치로, 40퍼센트 이상의 전력 생산과 40퍼센트 이상의 열 발생으로 종합 효율 80퍼센트 이상의 고효율을 특징으로 한다. 연료전지기술은 지난 100여 년간의 기술개발의 결과로 건물용 연료전지, 발전용 연료전지, 연료전지 자동차 등으로 상용화가 시작되고 있다. 화석연료는 물론 수소를 사용할 수 있어, 장기적으로 지속 가능한 새로운 에너지의 패러다임을 구축하면서도 현재의 막대한 에너지를 사용하는 도시 집중적인 에너지 구조에 적응이 가능한 기술이다.

우리나라는 지난 10여 년간의 집중적인 기술개발로 선진국 수준의 높은 기술력을 확보하고 있다. 연료전지는 노트북 컴퓨터 등 IT기기의 충전이 필요 없는 전원 공급 장치, 각종 건물에 설치하여 전기와 열을 생산하여 공급하는 건물용 연료전지, 연료전지를 이용한 자동차는 물론, 연료전지 선박과 연료전지 발전소 등에 광범위한 응용이 가능하여 막대한 성장 산업이 될 것으로 판단된다.

태양전지는 태양의 빛을 전기로 바꾸어 주는 반도체를 이용한 기술이다. 별도의 연료가 필요 없고 건물의 외벽에 설치하여 보조 전원으로서의 역할을 수행하며 대규모로는 메가와트급 발전소도 운영할 수 있다. 태양전지는 반도체 소재 및 장비 등 국내의 우수한 반도체기술을 접목할 수 있어 향후 국내 적용은 물론 수출 산업화의 전망도 밝아 최근 기존 기술을 포함한 차세대 태양전지기술의 적극적인 개발이 진행되고 있다. 태양전지는 선진국인 독일과 일본의 기술을 국내에서 따라잡고 있는 추세이며, 효율이 높은 소재 개발과 양산기술의 개발을 통하여 세계적인 경쟁력을 확보하는 것이 주요 현안이다.

수소 및 바이오연료

인류가 사용하는 에너지원은 나무에서 석탄, 석탄에서 석유, 석유에서 천연가스(CH_4)로 연료의 탄소 함량이 낮은 대신 수소 함량이 높은 쪽으로, 즉 청정한 방향으로 발전되어 왔다. 이제 천연가스는 궁극적으로 탄소가 없는 수소로 전환될 것이다. 따라서 수소의 제조, 저장, 유통과 관련된 기술이 필요하며 세계적으로 많은 연구가 진행되고 있다. 물의 분해에 의한 수소의 생산은 궁극적인 전략이 될 것이며 최근 국내에서는 삼면이 바다인 국내의 실정을 고려해 해상에서 원자력을 이용하여 바닷물로부터 수소를 대규모로 생산한 뒤 파이프를 통하여 육지에 공급하는 방식의 원자력 수소 기술 개발이 진행되고 있다.

바이오연료는 유채꽃, 옥수수 등 다양한 식물의 화학 처리를 통하여 자동차 및 난방용 연료로 사용 가능한 대체연료를 얻는 기술로서, 부존자원이 아닌 지속 가능한 연료라는 특징이 있다. 바이오연료는 식물 자원이 풍부한 브라질, 인도네시아, 미국, 멕시코, 남아프리카공화국, 스웨덴 등에서 개발이 활발하여 이미 석유의 대체연료로서 난방과 자동차 등에 부분적으로 이용되고 있다. 바이오연료는 폐기물에서 얻는 메탄계 연료와 함께 석유에 지나치게 의존하고 있는 에너지 체계에서 벗어나 에너지원을 다원화할 수 있는 장점이 있다.

친환경 건축 및 LED 조명

우리가 사는 주택을 포함한 다양한 건축물은 난방 혹은 냉방을 필요로 하며 전력 등의 많은 에너지를 소모하고 있다. 이에 따른 온실가스 배출은 환경문제의 가장 큰 주범이다. 서울시의 분석에 따르면 건물 부문의 온실가스 배출이 60퍼센트에 이르러 건물이 자동차보다 온실가스를 더 많이 배출한다. 따라서 건물 부문의 단열기술, 공조기술, 에너지를 최적화는 기술 등과 함께 전력 소모가 많은 기존의 전구를 전력 소모가 적은 LED 조명으로 교체하면 에너지 및 환경 문제를 효율적으로 개선할 수 있다. 이와 관련된 다양한 기술을 친환경 건축기술이라고 하며 소재, 부품, 설계, 시스템 등 다양한 혁신기술의 개발과 적용이 필요하다. 독일의 경우 에너지 사용량이 기존 주택의 7분의 1 수준인 3리터 하우스가 개발되어, 재건축 및 신축되는 주택에 적용하고 있으며 이에 수반되는 관련 산업의 육성 및 시장 창출을 통한 세계 시장 선점을 추구하고 있다. 국내에서도 최근 LED 조명기술의 개발이 활발히 전개되고 있다.

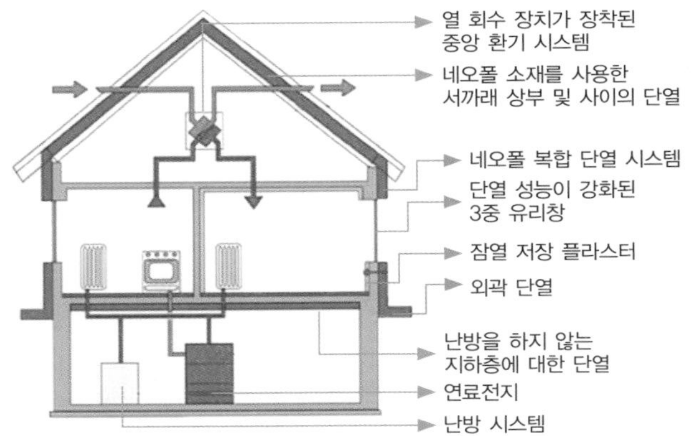

3리터 하우스는 1제곱미터를 냉난방하는 데 연간 3리터의 화석연료만 소비한다는 의미에서 붙여진 이름이다.

스마트 그리드 기술

기존의 화석연료 시대는 화석에너지를 이용한 거대한 발전소에서 전력을 생산하여 송전선 및 변전소를 통해 수요자에게 필요한 전기를 공급하는 중앙집중식 발전 인프라를 특징으로 하고 있다. 그러나 녹색기술이 적용되는 신재생에너지는 태양전지, 풍력, 및 연료전지를 통한 분산 발전이 주류를 이룰 것이다. 분산 발전이란 다양한 소규모 발전 장치가 동시에 여러 곳에서 전력을 생산하는 것이며, 생산된 전력망은 중앙 전력망과 연계하여 운영된다.

예를 들어 건물마다 설치된 연료전지가 일정량의 발전을 하면, 수요자가 사용하고 남은 전기가 분산 전력망에 연계되어 이웃집이나 다른 지역에서 효율적으로 사용하게 될 것이다. 이를 위해서는 스마트 그리드라고 불리는 IT 전력기술과 기술의 표준이 필요하며, 전 세계적으로 기술개발과 표준 확보를 위한 끝없는 경쟁이 이루어지고 있다.

화석에너지에서 신재생에너지로 전환되면, 전기를 사용하는 소비자가 전력의 생산자가 될 것이며 미래의 발전소란 이처럼 다양한 발전원에 정보기술을 접목하여 운영하는 가상 발전소가 될 것이다.

에너지기술과 정보기술이 융합된 스마트 그리드 기술은, 녹색성장 시대의 신성장 동력 산업으로 떠오르고 있다.

녹색기술, 위기이자 기회

몇 가지 예에서 언급한 바와 같이 녹색기술은 단순한 하나의 개별 기술이나 산업이 아니고 산업의 패러다임이 바뀌는 큰 변화이다. 세계 역사가 이미 겪은 산업혁명에 필적하는 커다란 변화의 시작인 것이다. 먼저 녹색기술과 관련된 기술이 개발되고 산업화되면서 타 산업의 녹색화가 이루어질 것이다. 예를 들어 제품의 탄소세 신설 및 부가가치에 대한 새로운 방식, 제조 공정의 그린화 및 에너지 저소비 산업구조의 전환이 이루어질 것이며, 궁극적으로 주거 문화는 물론 교통 문화 등 사회문화적 변혁이 수반되면서 관련 녹색산업이 큰 변화를 주도하게 될 것이다.

수년 전부터 전 세계의 성장의 중심축이 IT에서 녹색산업으로 이동되고 있으며 선진국인 미국, EU, 일본 등에서는 국가적인 전략 수립을 통하여 온실가스, 탄소 시장, 신재생에너지의 선점을 목표로 전력을 다하고 있다. 증기기관의 발명과 적극적인 산업에의 적용이 수백 년간 영국의 발전을 이끌었듯, 지금 또 하나의 커다란 위기이자 기회가 녹색기술을 중심으로 전개되고 있는 것이다.

참고문헌

- "중점녹색기술 개발 전략", 녹색성장위원회, 2009. 5.
- "그린에너지 전략 로드맵", 한국에너지자원기술기획평가원, 2009. 4.
- "녹색성장 실현을 위한 그린에너지 산업 발전 전략", 지식경제부, 2008. 9.
- "3리터 하우스", 한국바스프, 2005.12.

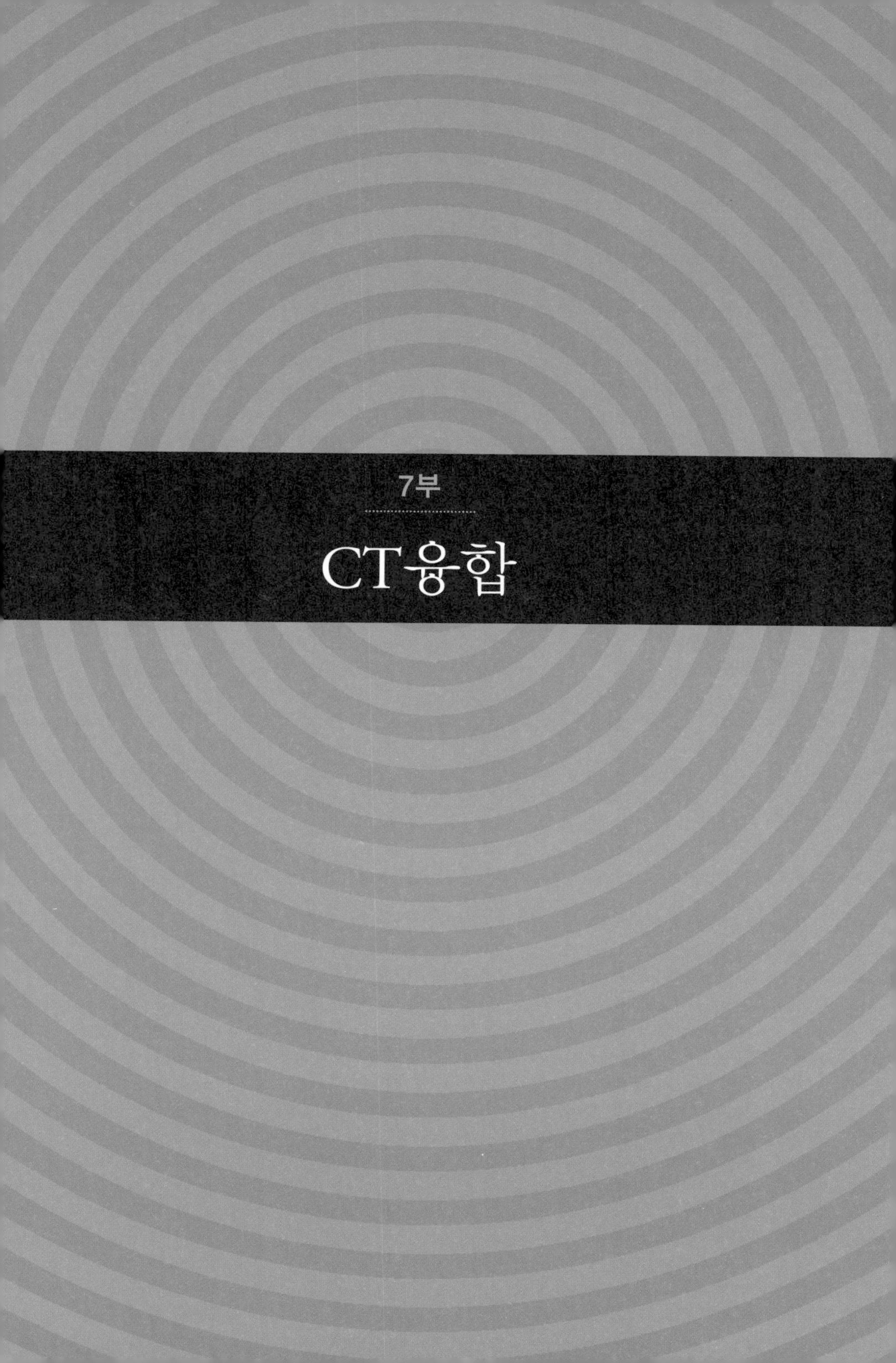

7부

CT융합

조 상(서울예술대학 디지털아트학부 교수, 한국예술융합연구센터 대표)

홍익대학교 동양화과를 졸업한 뒤, 미국 뉴욕 대학교 대학원에서 순수미술을 전공했다. 뉴욕 조지빌리스 갤러리 소속 작가로 10여 년 동안 미국에서 활동했으며, 홍익대 미술대학 강사를 거쳐 2003년부터 서울예술대학 디지털아트학부에 재직 중이다. 또한 2009년 도시경관, 디지털 미디어 조형, 디지털 콘텐츠 등 예술과 산업 융합을 연구하는 지식경제부 산하의 한국예술융합연구센터(AC Lab) 대표로 취임했다. 한국의 금호미술관 기획 초대전과 기타 개인전 13회, 미국 댈러스 박물관, 알버트 녹스 미술관 등 100여 회의 기획 그룹전에 참여했다. 진행한 아트 프로젝트로는 서울특별시 디지털미디어시티(DMC)의 디지털 환경조형 개념 설계(2003), 〈전주세계소리축제 판소리 칸타타 유관순〉 무대영상 연출감독(2006), 미디어아트 싱글채널 페스티벌 디렉터(2007), 미디어 퍼포먼스 〈나무와 물 사이에는 무엇이 있을까〉 총감독(2008), 〈예술과 과학이 만난 자연전〉 디렉터(2008), 순천만 대지미술 〈달을 문 새〉 제작(2008), 서울연극제 〈길 떠나는 가족〉 영상 연출(2009) 등이 있으며 서울시 디지털미디어시티자문단, 한전아트센터 전시 지원 작가 선정 심사위원, 인천경제자유구역청 도시경관 심의위원으로 있다.

1장 테크놀로지 혁명의 예술(미디어아트)

변화되어 온 미술 이야기

미술의 교과서라 불릴 만큼 오랜 전통을 지닌 회화와 조각은 20세기에 들어오면서 커다란 변혁을 맞게 된다. 주된 미술 재료로 사용되었던 물감과 캔버스 외에도 신문지, 노끈 등 주변의 온갖 사물이 미술의 재료로 도입됐고, 다양한 실험적 방법들이 등장하였다. 이러한 변화의 연결 고리 역할을 했던 추상표현주의, 다다(Dada), 플럭서스(Fluxus), 개념주의 등이 사실적 재현에 입각한 고전적인 표현 방식을 추구하는 전통회화에 또 다른 길을 제시하게 된 것이다.

"모든 예술은 실험적이며, 새롭지 않으면 예술이 아니다."라고 어느 비평가가 말했듯이 그 변화의 중심에 마르셀 뒤샹이 있었다. 그의 1917년도 작품인 〈샘(Fountain)〉은 기성품으로 만들어진 남성용 소변기를 구입한 뒤 뒤집어서 의문의 서명만을 한 채 전시회에 출품됐으나, 결국 주최 측에 의해 전시되지 못했다. 창고에 방치되고 만 것이다. 그러나 그가 보여 준 발상의 전환은 미술의 역사를 새롭게 쓰는 혁명적 사건으로 평가된다. '미술은 더 이상 풍경이나 인물을 손으로 재현하는 테크닉이 아니다.', '예술은 발견이다.'라는 표현이 바로 그것이다. 이러한 뒤샹의 재료와 형식에의 자유로운 접근과 예술적 상상력은 오늘날 현대 예술가들에게 많은 논란과 영향을 주고 있다.

또한 존 케이지도 현대 예술사의 변혁에 큰 획을 긋는다. 실험과 반예술 운동 집단인 '플럭서스'의 수장 격이었던 케이지는 작품 〈4분 33초〉에서 공연을 시작한 후, 아무런 연주와 지휘를 하지 않은 채로 있다가 정확히 4분 33초 후에 공연이 끝났음을 알린다. 그러고 나서 "세상에 존재하는 모든 소리는 음악이다."라는 선언을 하게 된다. 즉 관객의 기침 소리, 숨소리, 지나가는 자동차 소음, 침묵 등도 음악이 될 수 있다는 것이다. 이는 동양 사상인 주역과 불교의 '필연성'을 바탕으로, 서양음악과 융합된 것이다.

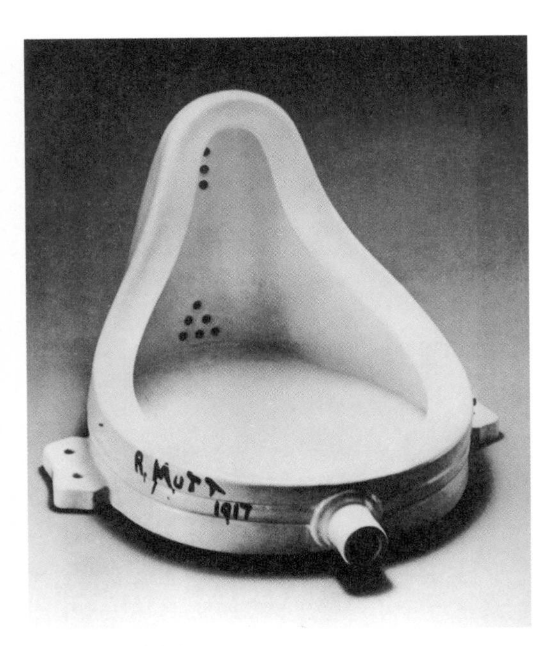

마르셀 뒤샹의 〈샘〉(1917)

시간의 예술-비디오아트

바야흐로 예술은 시대와 사회현상에 주목하게 됐고, 객관적 재현에서 개인적 표현으로 변모하게 된다. 1960년경 미국 가정의 텔레비전 보급률이 90퍼센트를 넘으면서 세계는 텔레비전을 비롯한 미디어의 영향력이 커지는 시대를 살게 되었다. 연극에서 파생된 영화를 비롯하여, 텔레비전, 비디오, 컴퓨터로 전송된 이미지 등의 매체 테크놀로지는 광고와 소비사회를 낳아 더욱 발전해 왔다. 정치적 격변은 물론, 파리와 뉴욕이라는 대도시에서 일어난 학생 봉기, 성혁명과 반예술 운동 등은 비디오아트(Video Art)를 출현시켰고, 이것을 예술 장르에 합류시키는 데 도움을 주었다.

초기의 비디오아트에는 두 가지 유형이 있었다. 뉴스 보도 형식의 다큐멘터리와 시각예술 작가의 비디오아트가 그것이다.

예술작품을 지향한 비디오아트의 역사는 전위적인 전시와 퍼포먼스 활동을 병행해 온 백남준에 의해 첫 장이 열린다. 그는 1965년 초창기 소니의 포타팩 비디오 세트로 교황의 주위 풍경을 카메라에 담은 작품을 카페에서 보여 주게 되었는데, 이것이 바로 최초의 비디오아트 작품인 것이다. 1950년대 도쿄에서 음악과 미학을 공부한 백남준은, 이후 독일로 건너가 1962년 '플럭서스 국제 최신 음악 페스티벌'에 작품을 발표하고, 1964년 그의 본격적인 활동 무대였던 미국 뉴욕에 정착하게 된다.

초기 비디오아티스트로는 댄 그레이엄, 브루스 나우먼, 조앤 조너스 등을 들 수 있다.

필름 작업은 가공과 현상 과정을 거치지만, 비디오는 즉각적으로 기록하고 전송해서 보여 줄 수 있는 장점을 지니고 있다. 비디오의 이런 편리한 장점은 비디오아트를 더욱 가속화시키는 요소들 중 하나이기도 했다. 또한 텔레비전 모니터들을 조각적으로 설치하는 성향의 작품이 등장했는데 1958년 독일 작가 볼프 포스텔에 의해 〈TV 데-콜/라주 No. 1(TV De-coll/age No. 1)〉이 처음 발표된다. 그는 이 자리에서 "이 TV 수상기를 20세기의 조각으로 선언한다."고 말한다. 이것은 TV 수상기라는 매체를 새롭게 재해석하고, 전자 예술에 활력을 주는 계기가 되었다. 비토 아콘치는 싱글채널 비디오(한 대의 모니터 화면을 사용해서 상영하는 방식) 작품으로 자신과 관람자의 관계를 설정하고 탐구하는 작품을 발표하게 된다.

비디오아트의 실험적인 1세대를 지나, 예술 장르로 꽃을 피운 2세대로의 연결은 1973년부터 비디오 작업을 한 게리 힐에 의해 이루어졌다고 볼 수 있다. 그는 언어와 전자 사운드를 시각적으로 해석하여 영상매체를 통해 재창출하는 작업을 하였다.

1980년 들어 컬러 카메라의 등장과 같은 카메라의 진보, 제작 기법의 빠른 적응력 등에 힘입어 화가, 사진가, 조각가를 겸하지 않고 비디오아트만을 다루는 작가들이 나오게 된다. 중요한 것은 이 시기부터 비디오아트가 그만의 정체성을 갖기 시작했다는 점이다. 또한 켄 파인골드라는 작가는 비디오로 출발해 나중에는 컴퓨터를 주요 기반으로 함으로써 정신분석적이고 정교한 작업을 하게 된다. 이처럼 미디어아트 장르에 예술적 완성도를 높이며, 세계적인 명성을 얻은 예술가들이 탄생하게 된다.

백남준이 비디오아트의 탐험적 개척자였다면, 빌 비올라는 1세대가 일구어 놓은 토양에 꽃을 피운 2세대 스타 작가라고 볼 수 있다. 그는 빛과 어둠을 작품의 요소로 사용하여, 동양의 선과 신비주의를 작품에 녹여 내고 있다. 1973년도 작품 〈안내(Information)〉에는 전자공학의 유희적인 요소가 담겨 있고, 1986년의 〈나는 내가 어떤 사람인지 모른다〉에서는 자아인식을 탐구하는 철학자적 입장을 취하고 있다.

조상(필자)의 싱글채널 비디오 작품인 〈순환의 패러다임〉(2006)과
비디오 설치미술 작품 〈DMZ 과거의 힘〉(2006)

1990년대 이후 미디어아트는 미술계에서 정통성을 얻음과 동시에 미술계의 주역으로서 위상을 갖게 된다.

확장된 공간의 예술–비디오 설치미술

20세기에 새롭게 등장한 설치미술은 1960년대의 탈미술관과 반예술 운동을 하였던 일군의 작가들에 의해 제작되고 행해진다. 비디오 설치 작업은 조각을 해체하거나, 영상과 함께 공간적 확장을 통해 관객과의 소통을 더 원활하게 하기 위한 수단이었다. 더불어 예술의 적극적 환경을 마련해 준 진보적 발판이기도 하였다.

비디오 설치미술 중의 하나인 멀티미디어 설치 작업은 싱글채널 비디오와 비슷한 시기에 나타났다고 볼 수 있다. 독일 예술가 볼프 포스텔은 백화점 진열대의 가구와 책상에 여러 대의 텔레비전을 조각적으로 배열시켜 왜곡된 이미지를 보여 준다.

백남준은 비디오아트와 함께 영상설치 작업을 해 왔는데. 거북, 로봇, 첼로, 탑, 지도 등의 형태를 활용하여 작품의 전달을 극대화하려는 노력을 해 왔다.

영사기술이 발달함에 따라 1980년대 이후 빌 비올라는 영적 중요성을 주제로 대형 영사 방식의 설치를 선호하게 된다. 음악과 오디오 디자인을 공부한 비올라는 소리를 영상 이미지만큼 중요하게 다루고 있다. 그는 "내 작업은 개인적 발견과 깨달음의 과정에 집중되어 있다. 그것은 직관적이며, 무의식적이다."라고 말한다.

백남준의 영상 설치 작품인 〈피버 옵틱〉(1995)

조각가 출신의 게리 힐은 구조적이며, 건축적인 조형 작업과 비디오 영상의 조합을 구현하였다.

아이덴티티를 찾는 비디오 설치 작가 중 매튜 바니는 초현실주의적인 남성 정체성을 탐구한다. 1990년대 동시대 예술가로 세계적으로 가장 큰 주목을 받고 있는 그는 〈크리매스터(Cremaster)〉라는 시리즈 작업을 했는데, 1994년 시작한 이 작품은 신체 탐구와 죽음, 쾌락 등 기이한 이미지를 담고 있다.

과학기술의 발달로 영사 장비 또한 급속도로 진화하여 비디오 설치미술 분야는 날이 갈수록 확장되고 있는 추세이다. 타원형의 조형물에 얼굴을 영사하는 작업의 토니 아워슬러는 달걀 모양의 많은 구체에 작은 영상들을 투사함으로써 혼성적인 이미지를 표현하고 있다.

이렇게 20세기 후반의 시각예술은 표현 양식의 변화와 다양한 매체의 도입으로 비디오아트, 비디오 인스톨레이션, 미디어 퍼포먼스, 가상현실, 인터랙티브 디지털아트의 형식들이 등장하게 되었다.

예술과 공학의 융합-인터랙티브 디지털아트

21세기에는 테크놀로지와 컴퓨터 작업을 통하여 이미지와 사운드를 만들어 내는 것이 인터넷 영상 세대의 자연스러운 작품 제작 기법이 되었다.

인터랙티브아트는 디지털 시대의 예술 양식을 묘사하는 가장 포괄적인 명칭이다. '상호 간'의 뜻을 지닌 인터(Inter)와 '활동적'이라는 뜻인 액티브(Active)의 합성어로 상호 활동적인, 즉 쌍방향이라는 의미를 지닌다.

인터랙티브아트는 관람자가 작품의 제작 과정과 절차에 참여하거나 미리 프로그램된 작업을 조작하여 최종 결과물이 도출된다. 그렇기 때문에 이는 역동적이며, 사용자 중심적이다. 전통적인 그림이나 조각의 물질성은 감상자의 눈앞에서 지속적으로 변하지 않는다. 그러나 인터랙티브아트의 상호 소통성은 시각예술에 전혀 다른 형식의 탐구와 융합을 가져왔다.

쌍방향성 작품은 일반적으로 작가가 설정한 프로그램된 변수 안에서 상호 반응을 한다. 혹은 라이브 공연에서 관람자 스스로 어떤 상황을 선택하거나 원거리 참여자가 되기도 한다. 그리고 어떤 경우는 이미지를 만들어 내는 주체가 감상자의 몫일 수도 있다.

이러한 인터랙티브 디지털 매체의 특징은 하나의 작품 안에서 다양한 컴퓨터 프로그램의 조합으로 이루어진다는 점이다.

대형 프로젝트 작업을 하는 제프리 쇼의 〈읽을 수 있는 도시(The Legible city)〉 시리즈에서는 건축과 함께 내비게이션의 문제를 다룬다. 관람자가 고정된 자전거를 타고 컴퓨터로 만들어진 단어와 문장으로 된 3차원 글자의 가상 도시를 돌아다닐 수 있도록 했다. 도시는 정보 건축물이 되고 장소와 관계를 맺으며 새로운 의미를 만든다. 이런 촉감적인 방식을 통해 즉각적으로 얻기 힘든 비물질적인 경험을 준다. 그의 작품은 가상 환경을 구축하는 데 많은 역할을 하게 된다.

이처럼 작가와 감상자 사이는 매우 가까워졌고, 창작하는 예술가의 위치와 존재도 변화됐다고 볼 수 있다. 인터랙티브아트는 공학과 예술의 융합으로 대변된다. 또한 체험과 놀이 형태의 전람회는 창조적 학습의 장이 되기도 한다. 이런 의미에서 인터랙티브아트를 탐구하는 예술가는 교육의 연장으로 관람자에게 과학과 예술을 경험케 하는 몫을 갖고 있기도 하다.

최근 뉴미디어 아트의 형식을 보면 영상 설치, 인터넷 아트와 유목적 네트워크, 웹 아트, 가상현실과 확장된 현실, 사운드 아트, 게임 아트가 있으며, 주제적 측면에서 보면 인공생명, 인공지능, 텔레로보틱, 텔레매틱, 유비쿼터스 컴퓨팅, 데이터 시각화, 네러티브 환경들이 있다. 그리고 디지털 나노바이오기술의 교차와 지능형 인터페이스 기계, 생명공학의 진보로 생명체의 복제가 이루어지고 있는 이 시대에 유전학과 바이오기술 또한 예술가의 관심이 되고 있다.

로미 아키튜브와 카미유 우터백의 인터랙티브아트 〈텍스트 레인(Text Rain)〉(2003)

가히 혁명적이라고 할 수 있는 이들 21세기형 예술은 첨단 과학기술을 기반으로 무한한 변신과 창조적 융합을 실현해 가고 있는 것이다.

참고문헌

- *Digital Art,* Christiane Paul, Thames&Hudson, 2003. / 『디지털아트』, 조충연 역, 시공사, 2007.
- *New Media in Late 20th-Century Art,* Christiane Paul, Thames&Hudson, 1999. / 『뉴미디어 아트』, 심철웅 역, 시공사, 2003.
- 『미디어아트, 디지털의 유혹』, 정동암, 커뮤니케이션 북스, 2007.
- *Art and Science,* Eliane Strosberg, Abbeville Press, 2001. / 『예술과 과학』, 김승윤 역, 을유문화사, 2002.
- 『미디어아트—예술의 최전선』, 진중권 엮음, 휴머니스트, 2009.

이돈응(서울대학교 음악대학 작곡과 교수, 서울대학교 대학원 전기컴퓨터공학부 겸임교수)

서울대학교 음대를 졸업하고 독일 프라이부르크 국립음대에서 석사 학위를 받았다. 독일 엑스페리멘탈-스튜디오의 컴퓨터음악 및 미디음악 책임을 맡았으며, 국내에서 '2000년 새로운 예술의 해' 추진위원회 음악 부문 위원장과 무대예술전문인 자격검정위원회 위원, 한국전자음악협회 회장 등으로 활동했다. 한양대학교 음대 작곡과 교수를 거쳐 현재 서울대 음대 작곡과 교수로 재직 중이며, 동 대학원의 전기컴퓨터공학부 겸임교수를 지내고 있다. 작곡가협회 아시아작곡연맹 한국위원회 위원장을 맡고 있다. 저서로 『맥스를 이용한 인터랙티브 알고리듬 작곡법』『무대음향 I』『무대음향 II』『무대음향 III』(공저)가 있다.

2장 음악과 공학기술

서양음악과 국악

우리나라에서 보통 이야기하는 음악은 개화기부터 밀려들어 온 서양음악을 말하고 우리 고유의 전통음악은 국악이라고 한다. 서양음악과 국악과의 큰 차이점은 바로 음악적 특성에 있다. 서양음악은 정확한 음정을 근본으로 하는 화성 중심의 음악이라고 할 수 있고, 국악은 각 음들 간의 관계에 따른 농음(국악기 연주에서 연주자가 즉흥적으로 내는 꾸밈음)을 중요시하는 선율 중심의 음악이라 할 수 있다.

서양음악에서 소음을 다루는 타악기를 제외한 일반적인 악기의 좋은 음은 대체로 자연배음에 의한 잡음이 적은 소리를 말하고 국악에서의 좋은 소리란 악기에서 나오는 자연적인 잡음이 섞인 소리, 즉 서양악기 음보다는 거친 소리를 말한다.

좋은 음과 화성을 얻기 위한 서양음악의 노력은, 수학과 과학의 지식을 바탕으로 한 피타고라스율과 순정률, 중간음률 등과, 독일의 작곡가 바흐 이후 현대에서 보편적으로 많이 사용하는 평균율을 만들어 냈다. 이에 따라 정확한 음정을 낼 수 있는 플루트, 클라리넷 등의 목관악기와 건반악기로서 셈여림의 조절이 가능한 피아노를 만들어 내게 되었다.

그러나 선율을 중시하는 국악은, 우리나라 삼대 악성으로 불리며 과학자이기도 한 박연의 음악 이론 연구와 조율에 관한 연구, 그리고 성종 때 음악 이론을 정리한 『악학궤범』 이후 많은 발전을 이루지 못해 왔다. 이런 우리나라 음악적 배경을 염두에 두고 이 글을 읽는 것이 좋겠다.

과거와 현대의 음악적 환경

모차르트나 박연이 활동하던 시기와 현대의 음악적 상황을 비교해 보자. 모차르트와 박연은 악기를 연주해 가며 잉크나 먹을 찍어 종이에 손으로 악보나 기호를 그리거나 문자로 쓰며 작곡하고, 음악가들을 연습시켜 연주회장이나 궁궐에서 연주하게 하여 제한적인 사람들이 감상하게 했을 것이다.

반면에 현대의 많은 작곡가들은 컴퓨터를 음악적 도구로 하여 작곡한다. 피아노가 그려진 화면에 마우스로 막대 그림을 그리고 연주자 없이 스피커 또는 이어폰으로 소리를 들어 가며 작곡하고 연주까지 완성한다. 악기만 보더라도 고전악기뿐만 아니라 신시사이저나 소프트웨어 가상 악기 등 새로운 소리를 내는 악기들도 무수히 많다. 사람들은 특별한 경우를 제외하고는 음악을 듣기 위해 연주회장을 찾을 필요도 없다. 천 명의 사람이 연주하는 교향곡까지 조그만 MP3 기계에 넣어 길을 가면서도 이어폰으로 듣는다.

고전음악과 과학기술

과거를 되돌아보면 음악에 관한 새로운 요구가 과학기술을 끌어들여 문제를 해결하면서 음악이 발전되어 온 것을 알 수 있다. 연주자들이 합주할 때 음정이 맞지 않는 것을 해결하기 위해 음정 체계를 확립하고 악기들의 구조와 메커니즘을 개선하거나 새로운 악기를 만들어 내기도 했다.

서양음악의 음정 체계로는 완전5도(2 : 3)를 이용한 피타고라스 음률과 동양의 삼분손익법(三分損益法), 완전5도와 장3도(4 : 5)를 이용한 순정률, 그리고 옥타브(1 : 2)를 균등하게 나누는 현대에 가장 많이 쓰이는 평균율 등을 들 수 있다.

악기에 관한 대표적인 것으로는 건반악기로서 음의 주요 성질인 셈여림 조절이 마음대로 가능하도록 새로운 기계적인 메커니즘과 구조를 가진 피아노의 발명과 목관악기의 키(key) 시스템, 금관악기의 밸브(valve)와 피스톤(piston) 시스템을 들 수 있다. 아쉽게도 선율이 중요한 요소로 작용되는 우리나라의 음악에서는 이러한 발전이 없었다.

서양음악에서는 이러한 음률과 악기의 음정 개선 등에 힘입어 음악에서의 자유로운 전조(轉調)가 가능해져 바흐의 평균율로부터 시작되는 새로운 평균율 음악이 바로크로부터 고전음악과 낭만음악을 거쳐 현대에 이르기까지 발전하게 된다.

규모의 음악과 건축 음향, 전기 음향

산업혁명으로 막강한 부를 갖게 된 서양의 군주와 새로운 부호들은 힘을 과시하기 위해 보다 큰 규모의 오케스트라와 오페라 음악을 원하게 되었다. 따라서 무대가 더 넓고 더 많은 청중을 수용할 수 있는 새 공연장을 짓게 되었는데 그에 따라 더 좋은 소리를 충실하게 청중에게 전달할 수 있도록 음향과 건축 기술이 발전하게 되었다. 좋은 공연장에서는 오케스트라의 음향이 풍부하면서도 각 악기의 음들이 투명하게 전달되고, 오페라에서도 성악가의 소리가 오케스트라에 묻히지 않고 윤기 있게 청중에게 잘 전달된다. 여기서의 음향기술은 밖으로부터의 소음이 공연장 안으로 유입되지 않고, 연주 소리가 외부로 빠져나가거나 건축 소재에 흡수되지 않으며, 직접음이 적절한 잔향과 함께 청중에게 잘 전달되고, 연주자들이 연주하면서 다른 연주자들의 소리를 잘 들어 가며 앙상블을 할 수 있는 환경을 만들어 주는 분야를 말한다. 현대 공연장은 다양한 장르의 예술을 소화해 내기 때문에 자연적인 건축 음향만으로는 음향의 문제를 해결하지 못하고 전기적인 기기의 힘을 빌린다. PA라고 하는 소리 확성 시스템을 갖추어 놓고 더욱더 실감 있고 질 좋은 음악 감상을 할 수 있게 한다.

현대 기술에 의한 새로운 악기 출현

현대에 들어서면 급격한 전자기술의 발전으로 만들어진 아날로그 또는 디지털 신시사이저와 컴퓨터 음악 하드웨어, 소프트웨어 등이 급속도로 발전하게 된다. 이런 기술의 발전이 없었다면 우리나라 사람들의 스트레스

해소에 많은 공헌을 하는 노래방도 없었을 것이다.

20세기 중반 프랑스의 피에르 쉐퍼로부터 시작되는 구체음악은 주변 환경 소음을 음악에 본격적으로 도입하게 되는 계기가 되었다. 독일에서는 쾰른 방송국의 전자음악스튜디오와 서독일 방송국(WDR)의 스튜디오에서 아이메르트, 슈톡하우젠, 쾨니히, 리게티, 카겔 등의 작곡가들이, 그리고 미국 뉴욕의 베론, 존 케이지, 일리노이 대학 실험음악 스튜디오(EMS), 컬럼비아-프린스턴 전자음악센터 등에서 본격적인 전자 음악을 연구하고 새로운 음악 분야로 발전시켰다.

이 시기에 부클라(Buchla)와 무그(Moog) 신시사이저가 나오게 되면서 전자 제어 방식의 전자악기의 대중화가 시작되었다. 그러나 발음 방식이나 제어 방식이 표준화를 이루지 못했기 때문에 호환성의 문제가 대두되었고 주요 전자 음악 악기 제조 회사들이 모여 디지털 포맷인 미디(MIDI)를 발표했다.

미디는 '전자 악기 디지털 인터페이스(Musical Instrument Digital Interface)'의 약자로 음의 높이, 강약, 조절 방식, 악기 음색 등을 숫자로 정의하고 시리얼 통신 방식으로 미디 인터페이스(MIDI Interface)를 통해 전자 악기와 전자 악기, 또는 컴퓨터를 연결할 수 있게 한 것이다. 이제부터 만들어진 데이터를 편리하게 저장하고 미디 전자 악기들을 쉽게 컨트롤할 수 있게 되었다.

아날로그 신시사이저의 음원은 새로운 음색의 연주라는 매력을 주었으나 기존 악기의 음색을 모방하는 것에는 한계가 있었다. 과학자들과 전자 음악을 연구하는 음악가들은 가능하면 좀 더 자연에 가까운 음색을 낼 수 있는 악기를 연구하여 FM(Frequency Modulation) 방식, 디지털 웨이브테이블 방식 등의 신시사이저를 개발하였으며, 디지털 데이터 처리 기술 등의 발전과 디지털 메모리의 가격 혁명은 자연의 소리를 녹음하여 그대로 사용하는 디지털 샘플링 방식의 악기를 등장하도록 했다. 현대의 첨단 디지털 신시사이저는 무궁한 새로운 음향과 기존의 자연 악기 음색을 모두 연주할 수 있다. 대중음악에서 듣는 기기묘묘한 소리들은 모두 이 신시사이저로 연주하는 소리로 생각하면 된다.

매체기술의 발전과 음악의 대중화

현대에는 음악은 연주회장에서만 듣는 것이 아니다. 현대에는 연주회장에서의 라이브 음악보다 매체에 의한 음악 감상이 주를 이룬다. 과학자들은 소리를 저장하고 듣기 위해 유성기부터 녹음기, SP, LP, 카세트테이프 녹음기, 비디오 녹음기 등의 아날로그 시스템으로부터 출발하여 CD, LD, DVD, MP3, MPEC 등을 포함한 다양한 디지털 미디어 시스템을 발전시켜 왔다. 이런 시스템들은 사람들이 비싼 대가를 치루지 않더라도 손쉽게 음악을 감상하게 만들어 음악의 대중화를 이끌어 내게 한 원동력이 되었다. 이를 이용한 규모의 음악산업은 신시사이저의 발달로 음악가들이 실업자가 될 것이라는 기우를 없애고 새로운 음악산업 분야에 더 많은 음악가들의 수요를 불러일으키게 한다.

다른 분야에서의 음악

고전에도 음악은 음악으로서만 연주되었던 것은 아니다. 오페라라는 음악 장르는 무용, 연극, 미술, 의상 등 모든 예술 분야의 총집합체라고 할 수 있다. 텔레비전 드라마나 영화에서도 음악이 매우 중요한 역할을 하고 있지만, 현대 미디어의 발전은 음악이 소리뿐만 아니라 영상에까지 관계하게 만들었다. 현대음악 예술가들은 오페라를 다루듯이 다른 장르의 예술을 음악 속에 소화해 내고 있는 것이다.

음악은 예술 분야 이외에도 매우 중요한 역할을 한다. 로봇공학에서도 딱딱한 로봇의 이미지를 벗고 사람에게 더 친밀하게 다가가기 위해서 음악을 사용한다. 인간의 무료함을 달래기 위해서뿐만 아니라 휴대전화에서 상대방을 식별하기 위해서도, 상품 매장에서 소비자의 구매 욕구를 높이기 위해서도 사용한다. 음악은 거의 우리 생활에서 소음이 될 정도로 범람하고 있다. 음악이 이 모든 분야에 적절히 사용되기 위해서는 다양한 포맷으로 전환되어야 하며, 음악이 전달되는 시스템 역시 더욱 개발되어야 한다.

현대 공학 발전에 의한 음악의 진화

자동 작곡을 연구하는 사람들은 사람들의 기분에 따라 또는 영상의 분위기에 따라 적절한 알고리즘으로 자동 작곡하게 하는 프로그램을 만들어 내려고 노력하였다. 물론 감성의 다양함과 음악 어법의 매우 어려운 규칙성 때문에 이제까지 성공한 프로그램은 없었다.

'시퀀서'라고 불리는 이제까지의 컴퓨터 음악 저작 소프트웨어는 가상 악기를 사용하여 작곡가들이 미디 포맷으로 음을 하나씩 연주해 가며 작곡하도록 만들어진 것이다. 미디 작업에서는 남이 작업한 것도 쉽게 복사하여 변형을 시켜 가며 새로운 음악을 만들어 낼 수도 있다.

음악 교육에서는 고전의 것을 공부하면서 새로운 것을 창조해 낼 수 있게 교육한다. 그런데 이런 소프트웨어의 사용은 전통적인 음악 교육과 함께 복잡한 컴퓨터 음악 소프트웨어를 어렵게 공부하게 만든다.

골치 아픈 것을 피하고 빠른 길을 택하려는 현대 문화의 속성을 재빠르게 파악한 컴퓨터공학자들은 값이 내려가는 메모리 덕을 보면서 새로운 발상을 컴퓨터 음악 프로그램에 구현하고 있다. 오늘날 컴퓨터 음악 저작 프로그램은 점차 음악 데이터베이스를 포함하고 있다. 교육적으로 또는 저작의 의도로 음악 샘플을 포함시켜 그 데이터베이스를 그대로 사용하거나 변형시켜 작곡할 수 있게 만든 것이다. 이전까지의 음악은 정규교육을 받고 처음부터 저작을 하는 것이 원칙이었으나 그 근본이 흔들린 것이다. 이제는 의도적으로 사용할 수 있게 만든 데이터를 갖고 작곡할 수 있는 저작 도구를 만들어 냈다. 물론 아무 음악이나 짜깁기해 만들면 저작권 침해가 되지만 이 저작 도구의 데이터베이스를 사용해 만들면 저작권 침해에서 벗어나게 된다. 만일 짜깁기로만 만들어진 음악을 누가 또 짜깁기를 해서 새롭게 만든다면 저작권 보호란 말이 무색해질 것이다.

우리나라 음악을 위해서, 그리고 세계를 위해서

앞에서 현대적으로 발전하지 못한 국악에 대해 언급했다. 국악이 근래까지 그다지 발전하지 못한 것은 사실이다. 그러나 이제는 서양음악에 식상해 우리 스스로 새로운 것을 찾자는 노력에 의해 국악이 새롭게 살아나고 있다. 국악과 양악이 만나 새로운 음악으로 재탄생하는 중인 것이다. 그런데 선율적 특성이 강한 국악이 화성적인 서양음악과 만나면 국악 원래의 맛이 감해지는 경향이 있다. 평균율로 국악을 연주하면 원 맛이 사라지는

필자가 만든 창호지 문 스피커 전시 〈소리의 창〉과 '슈퍼장고' 공연 장면

것이다. 또한 국악의 음원 연구가 아직 미진한 탓에 국악을 제대로 연주할 수 있는 소프트웨어가 거의 없다. 우리 이웃 나라와는 달리 외국의 전문 소프트웨어 회사로부터도 외면을 받고 있는 실정이다. 제대로 보호받지는 못했지만 한글의 우수성을 살린 '한글 소프트웨어'가 아직도 자국민에게 사랑받고 있듯이, 우리 공학자들이 국악의 선율적 특수성으로 어려움을 극복하고 국악 소프트웨어를 만든다면 우리 음악인들의 사랑을 받게 될 것이다.

공학자가 아닌 음악가인 필자도 국악을 위한 '슈퍼장고'와 국악용 소프트웨어를 만들려고 시도한 적이 있고, 우리의 창호지 문을 스피커로 만들어 전시한 적도 있다. 필자는 아직 상용화하지 못했지만, 미래의 전문 공학자들은 음악인들의 도움을 받아 완전한 성공을 할 수 있다고 믿는다.

미래를 위한 음악과 공학기술

통신이 발달된 현대에는 인터넷을 통해 가상공간이라는 새로운 공간 개념을 만들어 냈다. 허구의 공간에서 음악 활동을 하며 음악을 감상한다.

휴대폰은 현대 공학기술의 집합체라고 할 수 있다. 휴대폰에서 음악은 매우 중요한 콘텐츠이다. 한국의 MP3 회사들은 잘 만든 하드웨어를 전 세계에 수출하고 큰 성공을 거두었다. 뒤늦게 출발한 애플사의 아이팟은 콘텐츠의 중요성을 알고 음악 서비스까지 제공하여 더욱 큰 성공을 거두어 이익을 더 많이 남기고 있다. 게다가 애플 아이폰은 휴대폰에 아이팟 기능까지 넣어 전 세계의 휴대폰 업계에 위협을 주고 있다. 아이폰에서는 사용자가 동시에 개발자가 될 수 있는 앱스토어를 열고 있는데 그중에 음악에 관한 소프트웨어가 매우 중요한 역할을 하고 있다. 휴대폰이라는 가상공간에서 연주할 수 있는 악기의 열풍이 불고 있는 것이다. 이 가상공간에서는 자기가 만든 음악을 전 세계에 배포하고 서로 순위를 매기며 관심을 갖는다. 우리도 늦지 않았다. 왜? 국악이 있기 때문에…….

인간은 휴먼 터치(human touch)가 매우 중요한 동물임에는 틀림이 없다. 가상공간에서 활동하더라도 인간이 직접 연주하고 있다는 느낌을 받게 해 주는 것이 매우 중요할 것으로 생각한다. 미래의 공학자들은 진정으로 인간을 위한 예술 활동을 위해 가상공간과 현실공간을 믹싱할 수 있는 방법, 또는 가상공간의 허구성을 깨트릴 새로운 방법을 모색해야 할 것이다.

참고문헌

- 『전자음악의 이해』, 황성호, 현대음악출판사, 1993.
- 『대학음악이론』, 백병동, 현대음악출판사, 2007.
- 『최신 국악총론』, 장사훈, 세광음악출판사, 1991.
- 『무대음향 II』, 이돈응, 교보문고, 2005.
- 『무대음향 III』, 이돈응·조현의·이수용·최기현, 교보문고, 2007.
- 국립국악원 홈페이지 http://www.gugak.go.kr/

정수연(갤러리아 순수 대표, 화가, 정수연경영연구소장)

서강대학교 무역학과를 졸업한 뒤 동 대학원에서 경영학 석사 학위를 취득하고 2007년에 경영학 박사과정(인사, 조직)을 수료하였다. 1982년부터 22년간 LG상사 및 LG전자에서 상품기획, 전략, 해외영업, 경영혁신 등 다양한 업무를 경험하였으며, 2003년에 정보통신부 민간혁신자문위원을 역임하면서 혁신 사상 및 기법을 전파하였다. 2004년부터 정수연경영연구소 소장으로 창의성, 문제해결, 행복, 긍정심리, 미술경영 분야에서 컨설팅 및 강의를 하고 있다. 현재 건국대학교 경영학과 겸임교수로, 열린 융합형 교육인 '행복한 수업' 강의를 하고 있다. 한편 피카소를 꿈꾸며 미술에 정진하여 개인전 9회, 강순진 · 정수연 부부전 3회를 열었고 여러 매체에 미술칼럼을 기고하고 있다. 2009년에는 KIAT에서 학문융합포럼 위원으로 활동하였다. 저서로는 『전국수능평가백서, 2009년』(공저)가 있으며 번역서 『games at work, 2010년』을 곧 출간할 예정이다.

3장 미술과 공학기술

기술과 미술의 공통점

미술가이며 건축가, 생태주의자였던 오스트리아의 훈데르트바서는 자연의 법칙에서 기이한 모티브를 얻어 예술 활동을 펼친 작가로 유명하다. 그는 "나 혼자 꿈을 꾸면 그것은 한갓 꿈이지만 모두가 함께 꿈을 꾸면 그것은 새로운 현실의 출발이다."라고 하였다. 융합의 위력을 강조하는 말이다. 또한 이어령 전 문화부 장관은 "20세기가 전문가의 시대라면 21세기는 통합의 시대"라고 말한다. 미술과 기술을 각각의 전문 분야로 본다면 21세기에서 말하는 통합은 이 둘을 함께 섞어서 가져가는 것이 될 것이다. 한편, 화가이며 문학가인 미국의 폴 호건은 "존재하지 않는 것을 상상할 수 없다면 새로운 것을 만들어 낼 수 없으며 자신만의 세계를 창조하지 못하면 다른 사람이 묘사한 세계에 머무를 수밖에 없다."고 하였다.

세계적인 경영대학원 인시아드(INSEAD)의 석좌교수이며 세계적 마케팅 구루(guru)인 장 클로드 라레슈는 "제품을 만들어 파는 시대는 끝났다. 스스로 팔릴 수 있도록 제품에 모멘텀을 불어넣어라."라고 주장하며 "기업은 기존의 성장이나 환율 등 외부 환경을 타고 성장할 수 있지만, 진짜 성장을 하려면 자신만의 흐름을 창조해야 하며 혁신과 고객 기반, 마케팅 이 세 가지가 한꺼번에 통합된 방식으로 실행될 때 폭발적인 에너지를 낼 수 있다."고 하였다.

기술과 예술의 상상력의 궁극적인 대상은 시장과 고객이며 차별적인 기술은 상상력이 요구되는 분야이다. 따라서 예술과 기술을 떼어 내어 생각하기는 어렵다. 기술이 예술을 활용한다는 것은 첫째로 예술의 시각적, 청각적, 감각적 표현을 활용한다는 것이며 둘째로 예술에서 요구되는 상상력 또는 창의성을 기술에도 활용한다는 것으로 말할 수 있을 것이다. 예술가가 창작을 어떻게 하는지를 이해하면, 기술도 창조적으로 만들 수 있을 것이다. 예술과 기술의 공통점은 상상하는 방법이기 때문이다.

미술에서의 융합

미술에서의 융합을 가능케 하는 것은 융합에 대한 작가의 높은 개방성과 이해도라고 할 수 있다. 융합은 멜트인(melt-in, 다른 종류의 것들이 녹아서 서로 구별이 없게 하나로 합쳐지는 것)을 말한다.

이제는 소위 주먹밥, 비빔밥으로 상징되는 융합의 시대이다. 여러 가지가 어울려 독특한 맛을 내는 융합, 즉 남보다 강력한 에너지를 내는 융합은 모방하기 어려운 속성을 지닌다. 생각의 융합, 개념의 융합, 행동의 융합, 서비스의 융합, 방법의 융합, 기술의 융합, 산업의 융합, 교육 방법의 융합, 학문의 융합, 기술과 경영, 기술과 예술, 경영과 예술, 학문 간 융합, 융합적 사고의 융합, 융합적 방법의 융합이 시대의 강력한 경쟁력의 원천임은 누구나 인정하는 바이다.

미국의 제프 쿤스를 비롯하여 수십 년 사이 이러한 융합을 보여 주는 작가와 작품들이 관객으로부터 호평을 받고 있으며, 최근 대학의 비학위 과정인 최고위 과정에 예술 등 인문학의 수요가 많이 증가하고 있다고 한다. 이는 기술만이 아닌 예술적 관점에서 경영의 문제를 해결하고자 하는 시대의 자연스런 변화를 보여 주는 사례이다. 융합적 시각을 통하여 남과 다르게 세상을 보는 능력을 가질 때, 개인이나 조직과 사회가 큰 성공을 이룰 수 있다. 세계의 크리에이티브 공장 뉴욕이 이미 40년 전에 미술, 음악, 디자인, 패션을 뒤섞어 발전시키며 오늘날의 총체적인 문화산업을 꽃피웠듯이 말이다.

한국의 기술자나 작가들이 성공하기 위해서는 다른 이들이 지식의 융합을 통하여 어떻게 성공하였는지를 유심히 관찰할 필요가 있다. 한 분야에서의 창조적 사고 경험이 다른 분야에서도 똑같이 적용될 수 있기 때문이다. 『미학 오디세이』의 저자 진중권은 "중세까지만 해도 예술이란 말은 기술과 학문을 넓게 포함한 의미"였다고 말한다. 그리고, 천재적 화가이자 조각가, 발명가, 건축가, 기술자, 해부학자, 식물학자, 도시계획가, 천문학자, 지리학자, 음악가였던 레오나르도 다빈치를 보아도 융합적 사고가 얼마나 중요한지 알 수 있다.

융합의 연습

융합이라고 해서 반드시 깊은 전문성을 요하는 것은 아니다. 얕은 수준의 융합도 창의성에 큰 도움이 된다. 한 예로 『세계의 크리에이티브 공장 뉴욕』의 저자인 엘리자베스 커리드에 의하면 "갤러리에서의 창조적 교환 활동의 집결 현상은 서로 판이한 두 개의 가치를 갖는데 하나는 전시 작품을 통해서 얻는 표면적 가치이고 또 하나는 사람들끼리의 상호 작용을 통하여 얻는 내부적 가치"라고 한다.

경영학도뿐 아니라 다양한 분야의 공학도들도 듣는, 융합을 강조하는 나의 '행복한 수업'에 대하여 건국대학교 캠퍼스 리포터 심지혜 학생은 다음과 같이 쓰고 있다. "우리 수업에만 있는 하이라이트! 수업에서 하는 축제 못 들어보셨지요? 아마도 최초일 것 같은데요, '제1회 행복한 수업 축제'가 있었습니다. 교수님의 수업을 듣는 학생들과 친구들이라면 누구나 참석 가능! 갤러리에서 미술, 사진, 공예 등 전시회+파티가 4일 동안 이어졌고요. 지난주에는 홍대 록카페에서 밴드 공연 및 파티가 있었답니다. 어떠세요? 이렇게 서로 소통하고 즐기는 수업! 정말 특별한 수업이죠? 어디서도 들어본 적 없는 특별한 수업을 저는 이렇게 듣게 됐으니 행운인 거겠죠?" 예술을 통하여 공학도에게 융합의 마인드를 심어 주는 일은 매우 흥미롭고 효과적이다. 따라서 나는 학생들에게 전공 분야와 관계없이 미술이나 음악, 영화 등 예술 분야에 관심을 가져야 한다고 강조하고 있다.

한편 기술자와 마찬가지로 화가도 새로운 소통을 위한 소위 개방형 혁신(open innovation) 개념을 가져야 한다. 다른 세계의 기술자나 화가들이 어떻게 창조를 하며 시장을 개척하는지를 보고, 듣고, 필요하면 따라 해야 할 것이다. 화가들은 애플의 아이팟, LG의 휴대폰, 나이키, 스타벅스, 피겨

퀸 김연아의 성공 요인에서도 아이디어를 얻을 수 있어야 한다. 디지로그(디지털 기반과 아날로그 정서가 융합되는 첨단기술)의 통합적 사상이 21세기를 살아가는 지혜라는 얘기는 창조는 무(無)에서 오는 게 아니고 유(有)에서 나옴을 강조하는 것이다. 창조성에서 중요한 것은 이미 존재하는 것, 현재 다른 분야에 있는 것들을 어떻게 이해하고 활용하느냐에 대한 상상력과 도전 정신이다. 프랑스의 내과 의사였던 아르망 트루소는 "최악의 과학자는 예술가가 아닌 과학자이며, 최악의 예술가는 과학자가 아닌 예술가"라고 하였다. 이는 과학과 예술의 융합을 강조한 것으로 유추해 볼 수 있다.

피카소 작품의 이미지를 디지털기술로 변형한 정수연(필자)의 〈피카소의 생각〉

미술의 기술융합 사례

기술과 미술의 융합의 상징적 예술가라고 할 수 있는 백남준은 그의 대표작 〈달은 가장 오래된 TV〉(1967)와 관련하여 "텔레비전은 달을 기계화한 것"이라고 주장하였다. 그는 이런 달빛 문화를 텔레비전에 비유하면서 '비디오아트'를 창시하였다. 이는 서양의 텔레비전에 동양의 달의 정서를 융합하여 새로운 미술 장르를 만든 셈이다. 또한 그는 자신의 작품에 새로운 매체를 접목해 새로운 빛의 테크놀로지와 아티스트의 관계를 보여 주는 첨단 레이저 기술로 〈야곱의 사다리〉 〈삼원소〉 〈동시변조〉 등의 작품을 만들었다. 1994년 10월에는 뉴욕에서 열린 퍼포먼스, 무용, 음악, 영화, 비디오, 설치미술이 혼합된 '한국 하이테크 미술전'에서 외국 작가들과 함께 백남준 부부가 협연을 하였고 여기에서 백남준은 해프닝, 비디오아트, 신체예술이 묘하게 결합된 복합적인 작품을 초연하였다. 백남준은, "나의 실험적 TV는 '완전 범죄'를 가능하게 한 세계 최초의 예술작품이다." "콜라주가 유화를 대체하듯 브라운관이 캔버스를 대체하게 될 것이다." "살아 있는 조각을 위한 〈TV브라〉는 전자기술을 인간화한 좋은 보기이다." "아이러니하게도 나는 거대한 기계의 도움으로 기계를 반대하기 위한 나 자신의 기계를 창조했다."라고 기술과 예술이 융합된 자신의 작품 세계를 설명했다.

이처럼 텔레비전 모니터를 작품 소재로 활용하는 비디오아티스트들에게 첨단 테크놀로지는 창작의 중요한 단서를 제공한다. 작년에는 미디어 영상 아티스트인 이이남 작가가 런던에서 8폭짜리 디지털 병풍 전시를 통하여 영국 전 총리의 부인 셰리 블레어로부터 "테크놀로지가 뛰어난 한국에서 나올 법한 작품"이라는 찬사를 받았다. 그는 영상과학과 컴퓨터 소프트웨어를 기반으로 동영상 기술을 이용한 미술작품을 만들어서 미술계 및 산업계에서의 동영상 기술 활성화를 촉발시키고 있다.

화가 이우환은 "나의 예술관은 한마디로 말하면 무한에의 호기심의 발로이며 그 탐구이다. 작품은 기호화된 텍스트가 아니라 에너지를 축적한, 모순을 안은 가변성을 가진 생명체이고 싶다."고 하였는데 기술과 미술이 만나서 생긴 큰 변화가 미술의 가동성(mobility)이다.

최근에 서울역 앞 23층짜리 건물에 가로 99미터, 세로 78미터 크기의 초대형 LED 패널을 설치하여, 기술발전과 결합하여 세계적으로 각광받는 공공미술의 새로운 형태인 미디어아트를 선보여 화제가 되었다. 이 LED 패널은 '세계 최대 규모의 미디어아트 캔버스'로 기네스북에 등재 신청을 해 놓은 상태로 세계적 팝아트 작가인 영국의 줄리안 오피와 한국의 미디어아티스트인 양만기의 작품들이 거대한 캔버스에서 동영상으로 소개되고 있다.

한편 움직이는 미술작품을 만드는 키네틱 아트(kinetic art) 작가인 최우람의 설치작품인 〈우나 루미노(Una Lumino)〉는 4~5미터의 거대한 원추 모양의 몸체에 빼곡히 매달린 쇠로 된 하얀 백련 꽃송이들이 하얀 빛의 조명을 받아 활짝 피고 지는 모습을 보여 주었다. 이는 과거 빌헬름 하이제가 기술, 기계를 소재로 〈수선일 중의 자화상〉(1928)을 그리고, 장 팅겔리는 〈그림 그리는 기계(Machine a peindre)〉(1954)를 발표하여 기계가 그림을 그리는 모습을 보여 주었던 것을 연상케 한다. 이제 21세기에 들어서 최우람의 작품으로 기술과 미술이 매우 발전된 모습으로 융합함을 볼 수 있다.

한편 세계 텔레비전 시장 1위의 삼성전자의 보르도 LCD 텔레비전은 와인 잔을 형상화한 디자인과 기술력을 결합한 제품으로 텔레비전을 단순한 방송 수신기가 아닌 생활 속의 소품으로 한 단계 끌어올렸고 LG의 디오스 냉장고는 화가의 작품을 도어 디자인에 접목하여 새로운 디자인 경쟁 시대의 막을 올렸다.

영국의 데미안 허스트는 〈한 쌍의 어미소와 송아지〉(1993)등 엽기적이고 자극적인 개념미술로 유명한데 그는 작품 제작에 다른 화가들이 생각하지 않은 기술을 과감히 활용하였다. 126억 원에 팔린 〈나의 외로운 카우보이(My Lonesome Cowboy)〉라는 조각작품의 작가인 네오팝 아티스트 무라카미 다카시(Takashi Murakami)는 일본의 애니메이션과 만화를 주제로 드로잉, 조

최우람의 〈우나 루미노(Una Lumino)〉(2008)
© 최우람

각, 애니메이션 등으로 다양한 창작 활동을 하고 있는 멀티 아티스트이다. 그는 국제적인 기업형 스튜디오인 '카이카이키키'를 운영하며 순수미술과 상업미술의 경계를 허물고 있는데 그가 작품 제작을 위하여 기술을 다양하게 사용한다는 것은 쉽게 상상할 수 있다. 앤디 워홀의 실크스크린 대량 복제로 반복 이미지의 구현, 상업성의 예술적 승화가 이루어졌고, 지금은 사진기술, 프린팅 기술을 접목한 미술작품이 일반화되고, 인터넷상의 가상 갤러리(virtual gallery), 웹 아트(web art)의 등장 등 기술의 변화에 따라 미술작품도 변신을 거듭하고 있다. 최근에는 프린터가 작가 대신 유화로 그림을 그려 주고 있다.

알트슐러는 기술이 진화하는 데는 패턴이 있으며 모든 분야에서 기술 진화가 같은 패턴으로 일어나고 있다고 하였다. 이 기술 진화를 위한 사고 전개 방법을 패턴화시키는 것이 소위 발명 기법이 될 수 있다. 지금 세상에는 기술 진화와 마찬가지로 미술에서의 진화도 계속 일어나고 있다. 화가가 발명 기법을 통하여 지금보다 더 창의적인 작품을 만들 수 있듯이 기술자도 미술을 활용하여 경쟁력 있는 기술을 만들 수 있음은 당연한 일이다.

참고문헌

- *The Warhol Economy,* Princeton University Press, 2007. / 『세계의 크리에이티브 공장 뉴욕』, 최지아 역, 쌤앤파커스, 2009.
- 『설계자의 창의성』, 유승현, 아주대학교출판부, 2004.
- *Creators,* Paul Johnson, HarperCollins, 2006. / 『창조자들』, 이창신 역, 황금가지, 2009.
- 『지식의 대융합』, 이인식, 고즈윈, 2008.
- *Sparks of Genius,* Michele M. Root-Bernstein and Robert S. Root-Bernstein, Mariner Books, 2001. / 『생각의 탄생』, 박종성 역, 에코의서재, 2007.
- 〈월간미술〉, 중앙일보사, 1991~1996.
- 『미학 오디세이』, 진중권, 휴머니스트, 2003.
- 백남준아트센터 홈페이지 http://www.njpartcenter.kr/

엄경희(한양대학교 디자인대학 교수)

한양대학교 공예과와 동 대학원을 졸업한 후 미국 시러큐스 대학교에서 석사 학위를, 한양대학교 응용미술학과에서 박사 학위를 취득하였다. 1997년부터 한양대 디자인대학의 섬유디자인 전공 교수로 재직 중이며, 브리지포트 대학교의 초빙교수를 지냈다. 대한민국 디자인전람회, 경기중소기업종합지원센터 'G-Design Fair 2009', 한국텍스타일디자인대전, 전국 대학생 디자인공모전 등의 심사위원을 맡았으며, 디자인기반구축사업, 2010년 중소기업 기술개발사업, 산업원천기술 개발사업, 서울시 산학연 협력사업, 섬유패션 기술력 향상사업 등의 평가위원을 역임하였다. 현재 한양섬유조형회 회장, 한국디자인단체총연합회 상임이사, 한국텍스타일디자인협회 상임이사, 한국디자인문화학회 이사, 산업융합포럼 위원 등으로 다양한 협회 및 학회에서 활동하고 있다. 『디지털 섬유패션 디자인』『텍스타일 디자인 입문』(공저) 등의 책을 저술했으며, 『인테리어 소품을 위한 로맨틱한 꽃 스케치』『컬러 테이스트 배색북』『색칠여행 사계의 꽃 1』 등의 책을 번역하였다.

4장 디자인과 융합기술

디자인과 융합기술이란

디자인은 창조적 조형 활동의 과정이 그 본질로서, 인간이 생활하는 데 있어 합리적이고 실리적인 목적을 충족하기 위한 관념이 구체화되는 과정이지만, 일반 대중에게는 구체화된 형태나 결과물이 본질로 다가온다는 양면성이 있다. 이것은 미적인 것과 기능적인 것에 대한 가치 규범을 이야기하는 것으로, 오랜 시간 동안 의미 있는 관념을 실체화하기 위한 인간의 노력과 함께 공존하여 왔다.

18세기 산업혁명 이후 발전을 거듭한 디자인은 미적 가치의 예술성과 기능적 가치의 산업성을 융합하여 미의 과학이라는 영역으로 확대되어 왔으며, 생산성을 바탕으로 기술적인 것(과학)과 예술적인 것이 조화된 실체로 인간의 생활에 기여하였다. 현재는 문화 및 예술과 밀접한 관련을 갖고 있는 디자인이 디지털기술의 급속한 발전으로 인간의 삶의 방식에 많은 변화를 가져왔으며, 특히 디지털기술을 매개로 다양한 기술들이 유기적으로 결합되면서 디자인과 다양한 부문의 기술들이 융합하고 있다. 따라서 인간이 영위하는 생활환경과의 관계가 더욱더 긴밀해졌다고 할 수 있다.

모든 정보 형태를 통합 처리할 수 있는 디지털기술의 적용으로 타 분야의 기술이 상호 작용되어 새로운 기술의 개발로 시너지 효과를 창출하는 융합기술 현상이 나타나고 있다. 특히 전자정보산업의 경우 컴퓨터, 통신, 가전 등의 융합기술이 두드러지게 나타나고 있는 실정이다. 이에 부응하여 기술혁신 및 융합에 대한 기업의 대응 속도가 가속화되고 있으며, 고객 요구의 개성화, 다양화 경향이 점점 심화되면서 다양한 융합기술을 통한 제품 개발 및 복합 사업의 출현이 점점 가속되고 있다.

따라서 디자인과 융합기술은 인간 생활에 있어 편리하고 아름다운 제품을 생산하기 위해 기능적 가치와 미적 가치를 융합하는 단계에서 나아가, 인간의 생활 영역 전반에 걸쳐 연관되는 가능한 한 모든 부분을 효과적으로 계획하고, 성공적으로 수행하기 위해 전략과 기획을 융합하는 단계로 진보하고 있다고 할 수 있다. 인간 생활의 전반적인 부분에서 상호 연관성을 이루며 소통될 수 있는 디자인의 분류는 크게 세 가지로 정리될 수 있으며, 그에 따른 융합기술은 다음과 같은 예로 나타낼 수 있다.

① 시각 소통을 위한 디자인과 융합기술

인간 생활에 필요한 정보와 지식을 넓히며, 보다 신속하고 정확하게 전달하고 소통할 수 있는 표현을 시각 중심으로 디자인하는 것을 시각 소통(visual&communication)이라 할 수 있다. 시각 소통의 디자인 영역은 포스터,

타이포그래피, 광고·미디어·출판, 리플렛, 기업 이미지 통합(CI, Company Identity), 브랜드 이미지 구축(BI, Brand Identity), 웹, 전자 책, 모바일 콘텐츠, 가상현실, 사용자 인터페이스 등으로 분류할 수 있다.

18세기 서적의 일러스트레이션이나 서커스 광고에서 그 원형을 찾을 수 있는 시각디자인은 그래픽 디자인(graphic design)이라고도 하며 신문·잡지의 광고, 텔레비전 CF, 영상 광고, 대형 간판과 포스터 등이 있다. '그래픽'이라는 용어에 '인쇄'라는 뜻이 있기는 하지만, 인쇄 디자인 또는 인쇄 매체에 한정해서 사용되지는 않으며 인간 생활에 필요한 일체의 정보와 지식을 시각적, 청각적으로 디자인하는 영역이라고 말할 수 있다.

나날이 발전하는 미디어, 인쇄, 사진 기술의 발달로 인하여 시각 소통 영역은 사회적 예술성을 포함하고 있으며, 일반 대중에게 시각과 청각으로 정보를 전달하는 단계에서 나아가 오감으로 느끼며 소통할 수 있는 환경을 디자인하고, 대중을 설득하여 변형을 인식시키는 교육 단계로 진화하고 있다.

최근 네트워크를 통해 다양한 분야의 정보와 지식을 소통할 수 있게 하는 유비쿼터스 환경이 등장하면서, 대중이 정보나 지식을 받아들이는 과정에서 인터랙티브한 디자인과 융합기술이 중요하게 인식되기 시작했다. 또한 휴대폰으로 통화나 문자메시지뿐 아니라 인터넷, 게임 등을 사용할 수 있도록 IT기술이 발전되면서, 휴대폰의 외관을 구성하는 데 필요한 디자인에서 다양한 콘텐츠를 융합하는 디자인으로 영역이 확장되고 있다. 특히 요즘 등장한 감지기술은 사용자가 지시하고 요구한 내용에 따라 정보를 사용자에게 알려 주거나 행동을 변화시키도록 하여, IT기술의 기반 위에 감성적인 디자인을 융합하는 현상이 나타나고 있다. 이는 정보지식을 전달하는 디자인 개념에 상호 작용을 통해 더 능동적으로 정보와 기술을

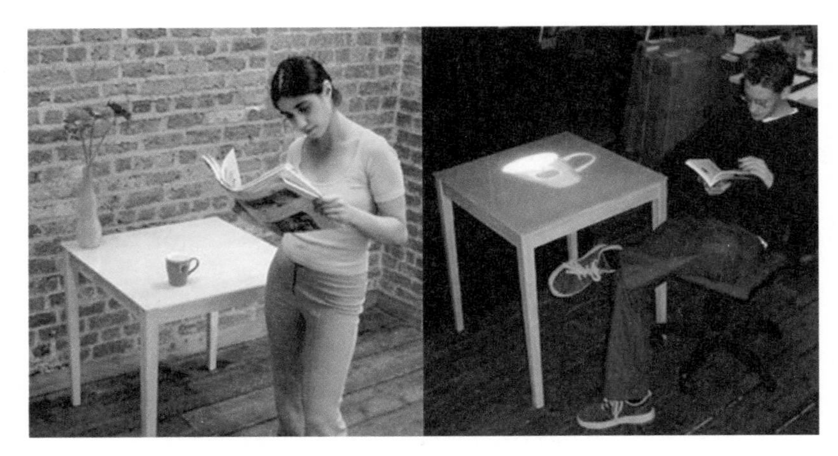

MIT 미디어랩의 해비타트 프로젝트에서 시도한 u-상황고지 서비스

받아들일 수 있도록 환경 변화를 준 것이라고 할 수 있다.

이러한 시각 소통을 위한 디자인과 융합기술 현상은 MIT 미디어랩 유럽연구소의 해비타트(Habitat) 프로젝트를 예로 들 수 있다. 위의 사진은 컵에 센서를 부착하여 탁자 위에 놓으면 탁자가 이를 감지하여 원격지에 있는 애인의 탁자 위에 사진을 시각적, 청각적으로 디스플레이한다. 이는 원격지에 떨어져 있는 두 연인들이 서로의 생활 상황을 자연스럽게 전달받을 수 있도록 하는 시스템으로, 여자가 탁자 위에 커피 잔을 올려놓으면 남자의 탁자 위에 커피 잔 화면이 디스플레이되어, 남자는 여자가 휴식 시간을 가지고 있는 것을 알 수 있게 된다. 탁자 위에 커피 잔이 오랫동안 놓여 있을수록 남자 친구에게는 탁자 위의 그림이 점점 더 크게 그려져 휴식의 상태를 알 수 있게 한다. 이것은 상황을 감지하고 알려 주는 감지기술과 그 상황을 표현하는 디자인과의 융합기술로서, 서로 소통할 수 있는 인간 중심적인 시스템이라 할 수 있다.

② 제품 소통을 위한 디자인과 융합기술

인간 생활의 발전에 필요한 제품 및 도구를 보다 다량으로, 보다 완전하게 생산하기 위하여 디자인하는 것을 제품 소통(product&communication)이라 할 수 있다. 제품 소통 영역의 디자인 분류는 전자기기, 의료 장비, 교육 장비, 산업가구, 자동차, 선박, 우주선, 도자기, 섬유패션, 포장, 보석·금속 등으로 나눌 수 있다.

제품을 '자연물을 원료로 2차적 생산 과정을 거쳐 만들어진 공산품'으로 정의한다면 인테리어용, 섬유패션용, 액세서리용, 생활용 등 대량생산 활동에 의해 제작되는 소규모의 공업 제품들이 이에 해당한다고 할 수 있으며, 생활의 큰 부분을 차지하고 있다는 것을 알 수 있다.

과거 제품 소통 영역이 욕구에서 시작되었다면 현대에는 사용자의 욕망과 기호를 반영하여 상호 작용을 하며, 제품 자체는 물론 브랜드, 포장 등을 폭넓게 포함하여 이를 마케팅하는 요소들까지 모두 디자인의 영역이라고 할 수 있다. 이러한 제품 소통은 사용자가 제품을 사용하면서 경험과 기억으로 가치를 창출하고, 제품과 사용자와의 상호 작용 속에서 형성될 수 있는 디자인의 기능, 형태, 아이덴티티 등이 표현, 수용되어 구체화되는 것이다. 특히 최근에는 IT융합이 발전하면서 디자인과 IT기술의 융합 제품들이 출시되고 있으며, 이는 생활 관련 제품 소통 영역과 산업 관련 제품 소통 영역으로 나누어 분류할 수 있다.

생활 관련 제품 소통을 위한 디자인과 융합기술 현상의 대표적인 전자제품으로는 최근 이슈화되고 있는 '디지털 코쿤족(미국 마케팅 전문가 페이스 팝콘이 '불확실한 사회에서 단절돼 보호받고 싶은 욕망을 해소하는 공간'이란 의미로 '코쿤[누에고치]'이란 단어를 사용하면서 확산된 용어로, 이들은 일상의 스트레스를 피해 자신만의 안락한 공간에서 휴식을 취하고 에너지 재충전의 시간을 갖는 라이프 스타일을 보인다)'을 위한 제품인 삼성 LED 텔레비전을 들 수 있다. 이 제품은 공중파와 케이블 텔레비전의 화상과 인터넷 기능을 제공할 뿐만 아니라 갤러리, 요리, 게임, 어린이, 웰빙, 리빙 등 다양한 부문의 콘텐츠를 디자인하여 제품 안에 저장, 제공함으로써 사용자와 제품 간의 소통할 수 있는 환경을 고려한 융합기술이라 볼 수 있다.

또한 인간과 밀접한 위치에 존재하며 자신을 표현하기 위한 가장 중요한 수단으로 사용되고 있는 섬유패션 제품들이 있는데, 나이키(Nike)사가 개발한 대량생산 맞춤시스템은, 사용자가 신발의 부분별 형태와 컬러를 기호에 맞게 선택할 수 있도록 되어 있다. 이것은 사용자를 위한 인터페이스와 섬유공학, 디자인, IT기술 등이 융합된 대표적인 예라고 할 수 있다.

이탈리아 디자이너 프란체스카 로젤라가 미국의 큐트서킷(Cutecircuit)사

나이키아이디의 대량생산 맞춤시스템

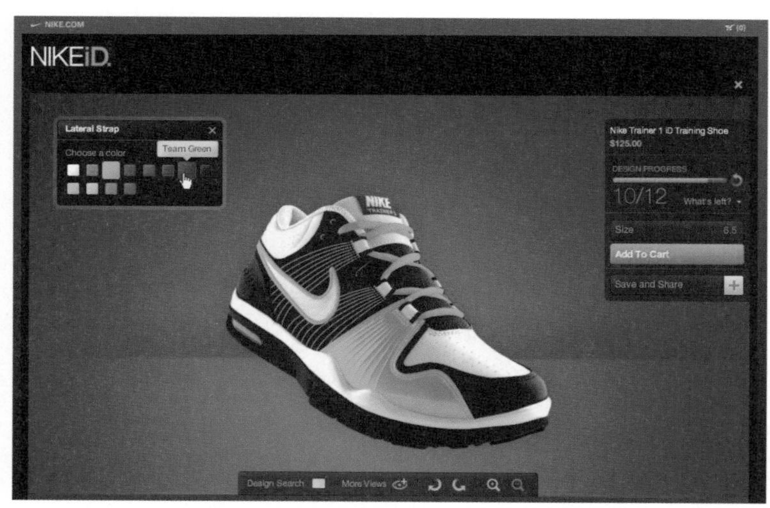

와 공동 개발한 F+R 허그셔츠는, 셔츠에 부착된 패드를 포옹하듯이 만지면 내장된 센서에 의해 포옹의 강도, 체온, 심장박동 등의 정보가 무선으로 모바일 기기에 전달되는 기능을 지닌 의류 제품이다. 패션, 인테리어 분야에서 활발한 활동을 보이고 있는 프란체스카 로젤라의 조형예술적 감성을 IT기술과 융합하여 디자인한 셔츠 제품을 개발한 예라 할 수 있다.

큐트서킷사가 개발한 허그셔츠

이와 더불어 브랜드별로 출시되고 있는 미래형 자동차는 산업 관련 제품 소통을 위한 디자인과 융합기술 현상으로 볼 수 있다. 이제 자동차는 단순히 사람이나 화물을 운반하는 도구가 아닌 본래 가지고 있던 문화, 사회, 철학 개념을 확장시켜 사고방식까지 바꿀 수 있는 힘을 갖추게 되었다. 요즘 출시되는 자동차들은 애플 아이팟 단자나 블루투스를 장착해 언제 어디서나 MP3 음악을 감상할 수 있게 개발되었고, 굳이 운전대를 움직이지 않아도 알아서 주차까지 할 수 있다.

마이크로소프트사는 포드사와 함께 자동차용 인포테인먼트(infotainment) 시스템인 싱크(Sync)를 개발, 상용화했으며, 올해 현대자동차와 공동으로 자동차용 인포테인먼트 시스템을 개발하였다. 이것은 자동차의 내외관을 디자인하는 것에서 자동차에 삽입되는 멀티미디어 시스템의 콘텐츠를 융합하여 디자인하는 영역으로 확장된 것이라 할 수 있으며, 예술성과 기능성이 소통하는, 즉 디자인과 공학기술의 융합이라 할 수 있다.

③ 환경 소통을 위한 디자인과 융합기술

인간 생활에 필요한 환경 및 공간을 보다 적합하게 연출하기 위하여 디자인하는 것을 환경 소통(environment&communication)이라 한다. 환경 소통 영역의 디자인은 가로 시설물, 도시 구조, 교통표지, 인테리어, 건축, 조명, 조경, 공공디자인 등으로 분류할 수 있다.

인구의 증가와 산업기술의 발전에 따른 각종 공해로 인해 환경 위기가 점차 심각해지고 있다. 환경은 기본적으로 우리가 생활하는 영역 전반을 포함하는 것으로, 인간과 공간의 통합 개념으로 인식되어야 한다. 환경 소통을 위한 디자인과 융합기술은, 우리가 더 나은 삶의 질을 누릴 수 있도록 공간과 환경을 디자인하는 과정에서 절실히 요구되고 있다. 이러한 환경 소통을 위한 디자인과 융합기술 현상은 주거 공간과 공용 공간의 환경 디자인 제작물에서 찾아볼 수 있다.

최근 주5일제가 보편화되면서 생활 양식과 가치관이 변화되고 주거 공간과 사무 공간의 구분이 모호해졌다. 우리가 사는 삶 전체가 네트워크화되고 디지털화되면서 주거 공간이 유비쿼터스 환경으로 변모하고 있는 것이다. 네트워크화된 주거 공간은 가정 안은 물론 입주 단지와 단지를 연결하여 지역 내 안전 관리와 생활정보를 공유할 수 있으며, 인간의 심리 상태에 따라 조명과 벽지 문양이 변하고 기분에 따라 장르에 맞는 음악이 재생되기도 한다. 홈 네트워크 기반의 지능화된 공간은 인간에게 편안하고 안락한 환경을 제공해 주며, 외부로부터 침입하는 여러 불순환물을 감지하고 이에 대처할 수 있는 보호막 역할을 한다.

삼성SDS에서 개발한 미디어폴

이제 시민들이 많이 이용하는 공용 공간인 도로, 공공건물, 공원, 주택 등의 도시 구성물을 설계할 때는 IT기술을 기반으로 통합되고(integrated), 지능적이며(intelligent), 스스로 혁신되는(innovative), 곧 디자인과 융합기술의 특징을 보여 주는 것이 중요한 시점에 이르렀다.

이러한 유비쿼터스 환경 기반의 디자인 계획은 최근 '디자인서울'이란 슬로건을 걸고 진행되고 있는 서울의 도심에서 어렵지 않게 찾아볼 수 있다. 삼성SDS가 유비쿼터스 도시화 계획의 일부분으로 서울 강남역에 설치한 디지털 아트, 교통정보, 게임, 이메일 송수신, 사진 및 동영상 서비스 등을 제공하는 미디어폴(media-pole)은, 환경 소통을 위한 디자인과 융합기술의 한 예라 할 수 있다. 이러한 환경과 공간에 표출된 사물들은 도시 자체를 브랜드화하여 대중들이 쉽게 받아들일 수 있도록 정체성을 드러내며, 그 도시만이 지닌 이야기를 개성 있게 디자인하고 있다. 즉 도시 안에 심미성과 기능적 요소를 조화시킴으로써 도시 전체에서 디자인과 기술의 융합이 이뤄지고 있는 것이다. 표지판이나 간판, 건물의 사인과 가로 시설물, 오브젝트 디자인 계획 등도 환경 소통을 위한 디자인과 융합기술의 예라고 할 수 있다.

인간의 일상생활과 밀접하고 긴밀한 관련이 있는 디자인과 기술의 융합은 사용자의 요구와 생활 양식의 반영이라는 점에서 매우 중요하며 필연적인 현상이다. 그러므로 21세기에 나타난 디자인과 융합기술은, 인간 생활에 필요충분한 기능성을 만족시키는 공학기술을 기반으로 인간과의 소통 과정을 인식하고 이를 통해 심미적 요구를 만족시켜 디자인과 융합되는 것으로 설명될 수 있으며, 우리가 생활하는 영역 전반에 걸쳐 계획, 즉 디자인된다고 할 수 있다.

참고문헌

- "디자인 분류 체계", 한국디자인진흥원, 2009.10.30. http://www.kidp.or.kr
- 『도시디자인 프로젝트』, 최인규, 시공문화사, 2008.
- 『유럽의 도시, 공공디자인을 입다』, 박찬숙 외, 가인디자인그룹, 2007.
- 『생각대로 되는 공공디자인 : 핀란드, 일본, 서울의 공공디자인 이야기』, 양요나, IUF도시미래연구원, 2009.
- "문화도시와 문화전략", 나도삼, 〈디지털 콘텐츠와 문화정책 : 만화 콘텐츠와 미디어믹스〉, 북코리아 · 디지털문화콘텐츠연구소, 2007. 12.
- "컨버전스 시대 문화 콘텐츠 진화와 미래전망", 노준석, 〈디지털 콘텐츠와 문화정책 : 디지털 컨버전스와 문화정책〉, 북코리아 · 디지털문화콘텐츠연구소, 2007. 2.
- "인터랙티브 디자인 분야의 새로운 패러다임과 인력 양성", 박효진, 〈디지털 콘텐츠와 문화정책 : 디지털 컨버전스와 문화정책〉, 북코리아 · 디지털문화콘텐츠연구소, 2007. 2.

8부

경제와 융합기술

이민화(기업호민관, KAIST 초빙교수)

서울대학교에서 전자공학을 전공하고 KAIST에서 석박사 학위를 받았다. 1985년 KAIST에서의 연구 결과와 수많은 발표 논문을 바탕으로 한국 최초의 벤처기업인 ㈜메디슨을 설립하여 세계적인 의료기기 회사로 성장시켰다. 1995년 벤처기업협회의 초대 회장으로 벤처기업특별법, 코스닥 설립 등 수많은 벤처 정책을 입안하여 한국의 벤처 입지 형성에 기여했다. 이 경험을 바탕으로 『한국 벤처산업 발전사』 『한 경영』(공저) 『21세기 벤처대국을 향하여』(공저) 『초생명기업』(공저) 등의 책을 저술하는 한편, 100여 건의 특허를 획득했다. 2007년 한국을 일으킨 엔지니어 60인에 선정되기도 했다. 2009년부터 정부의 규제 완화 정책의 일환으로 출범한 기업호민관실(중소기업 옴부즈만실)의 초대 기업호민관으로 임명되어, 중소기업과 관련한 규제를 발굴하는 한편 불합리한 규제 해소를 위해 활동하고 있으며, KAIST의 초빙교수를 지내고 있다.

1장 창조경제와 기술융합

창조경제의 도래

시장경제에서의 기업의 가치는 경쟁자와의 차별화 역량과 시장 규모의 곱에 비례한다. 즉 큰 시장에서 높은 시장 점유율을 가진 기업의 가치가 높게 평가되고 있는 것이다. 마이크로소프트나 삼성의 가치를 높게 평가하는 이유가 바로 여기에 있다. 그런데 시장 차별화를 이룩하기 위한 기업의 핵심역량은 지속적으로 이동(shift of value chain)하고 있다. 이러한 변화에 적응하는 기업과 국가는 발전하고 그러지 못한 기업과 국가는 경쟁에 뒤처지는 것이다.

자본주의 시장경제의 초기에는 차별화 역량이 생산에 있었다. 제품을 잘 만드는 것 자체가 경쟁력의 근간이기에 생산을 위한 공장, 토지, 기계 설비,

원재료, 제품 등의 자산이 기업에서 가장 중요한 요소였다. 이러한 자산들은 눈에 보이므로 이를 유형자산이라고 부른다.

그런데 20세기 후반에 들어서면서 개발도상국의 급격한 발전으로 이제 생산 자체로는 차별화가 어렵게 되어, 선진 기업들은 생산을 외부에 위탁하는 아웃소싱을 하고 연구개발과 마케팅에서 새로운 차별화를 시도하게 되었다. 연구개발을 통한 새로운 기술과 마케팅을 통한 기업의 브랜드가 기업의 핵심 자산이 된 것이다. 기술과 브랜드는 눈에 보이지 않는 자산이기에 이를 무형자산이라고 부르고 있다. 실제로 선진국의 선도 기업의 가치를 보면 무형자산의 가치가 이미 유형자산의 가치를 넘어서고 있다. 이렇게 기술과 브랜드가 주도하는 경제를 우리는 지식경제라고 일컫는다. 한국이 1997년 IMF라는 일대 국가 위기에 직면한 것은 생산 주도의 산업경제에서 지식 주도의 지식경제로의 이전이 늦어진 결과라고 볼 수 있을 것이다.

그런데 이제 차별화 역량은 기술개발과 마케팅을 거쳐 창조적 지식재산권(IP, Intellectual Property)과 고객 관계(CR, Customer Relation)로 이동하고 있다. 기술과 마케팅의 차별화가 축소되고 있다는 것은 이미 생산이 아웃소싱되었듯이 기술개발과 마케팅도 아웃소싱되고 있다는 것이다[그림 1]. 기술, 특히 IT기술은 이제 차별화의 기간이 불과 1년 이내이며, 이는 기술을 만드는 기술(Meta-Technology)과 기술 벤처의 발달에 기인한 바가 크다.

기술 자체가 차별화의 핵심에서 멀어지고 있음은 미국 선도 기업들의 매출액 대비 기술 투자가 감소하고 있다는 사실로 확인할 수 있다. 이제 선도 기업들이 새로운 차별화 요소로 삼고 있는 것은 법적으로 등록된 기술인 지식재산권과 고객과의 끈끈한 관계인 고객 관계인 것이다. 특히 주목할 것은 IP를 바탕으로 차별화된 CR을 얻고, CR에서 얻어지는 미래의 고객의 니즈가 선순환되어 IP로 연결되어 증폭되어 나간다는 것이다. IP와 CR은 바로 창조성에 기반을 두고 있다. 기업의 수익 원천이 창조성에 바탕을 두는 창조경제 시대가 다가오고 있는 것이다.

과거 생산 중심의 산업경제에서 지식경제로 이전하는 시기에 많은 기업들이 도태되었듯이, 지식재산권(IP)과 고객 관계(CR)를 중심으로 하는 창조경제로의 새로운 가치 이동에 적응하지 못하는 기업들 역시 대규모로 도태될 것이다.

[그림 1] 창조경제의 가치사슬 변화

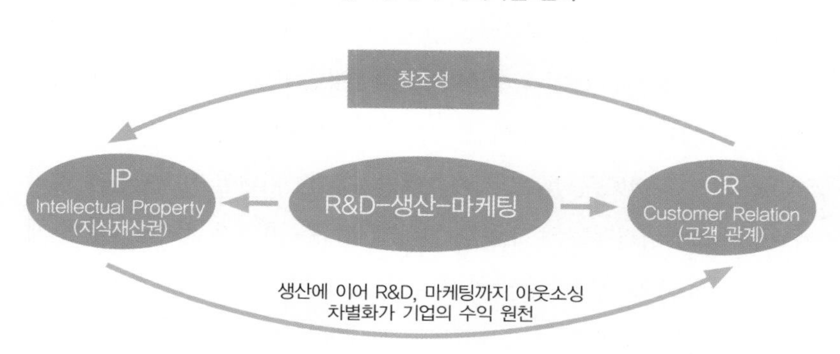

IP경제에서는 혁신과 창조의 중요성이 강조되면서 생산, 마케팅, R&D 등 전 부분에 걸쳐 아웃소싱, 개방형 혁신의 가치사슬 변화가 일어나고 있다.

창조경제의 패러독스와 복합 생태계

창조경제에서는 창조성과 고객 관계를 단일 기업이 동시에 이룩하기 어렵다는 창조경제의 패러독스가 발생한다. 창조경제의 경쟁력은 지식 창출

비용을 고객 규모로 나눈 창조원가에 달려 있는데, 분자인 창조성은 작은 기업들이 강하고, 분모인 시장역량은 대기업이 강하기 때문에 분모와 분자를 동시에 만족시키는 해가 존재하지 않는 것이다. 즉 대규모 기업의 시장역량과 소규모 기업의 창조역량을 결합하는 국가역량이 창조경제 시대의 국가 경쟁력이 될 것이다.

21세기 창조경제는 단일 기업이 아니고 창조성과 시장역량이 역동적으로 선순환되는 복합 기업 생태계라는 형태를 가지게 될 것으로 보인다[그림 2]. 밀라노 섬유산업의 경쟁력은 바로 소규모 디자이너들과 베네통, 아르마니와 같은 세계적 시장 선도 기업들의 선순환 구조에 기반을 두고 있음을 살펴보라(한국의 섬유산업 강화를 위한 '밀라노 프로젝트'의 실패는 복합 생태계의 본질 파악 부족이 아닌가 한다). 이와 같은 현상은 이미 영화산업에서도 제약산업에서도 게임 및 소프트 산업에서도 광범위하게 번져 가고 있다. 애플의 아이폰의 경쟁력은 바로 소규모 개발자들의 창조성과 대기업의 시장 플랫폼의 결합에서 나오고 있는 것이다. 삼성 휴대전화의 경쟁력도 1만 개

[그림 2] 기업의 복합 생태계

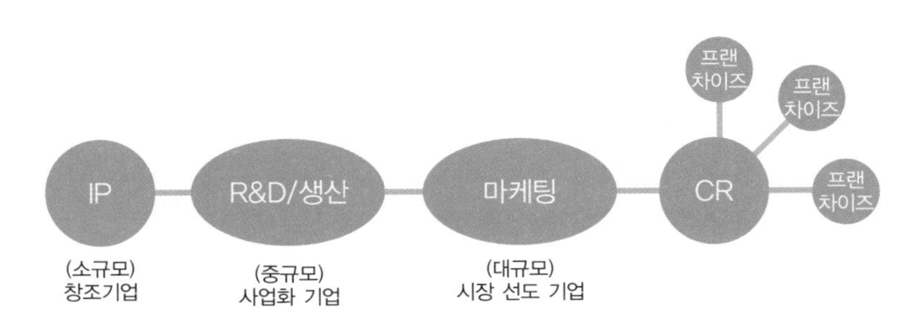

창조기업이 더 많은 창조력을 발휘하기 위해서는 창조기업, 사업화 기업, 시장 선도 기업 간의 생태계적 복합이 필요하며, 나아가 자본시장과 기업의 융합이 요구된다.

가 넘는 부품과 소프트웨어를 공급하는 벤처의 생태계 및 삼성이라는 대기업의 역량이 결합되어 나타난 것이다. 창조경제 시대의 경쟁은 이제 기업 간의 경쟁에서 복합 기업 생태계 간의 경쟁으로 형태가 바뀌고 있으며, 이는 바로 창조경제의 패러독스를 극복하는 유일한 본질적 대안일 것이다.

1인 창조기업

기업이 커질수록 창조성이 저하되는 창조경제의 패러독스를 극복하기 위하여 시장역량은 대기업이, 혁신적 창조역량은 작은 기업이 담당하는 과정에서 '1인 창조기업'이 등장하게 된다. 기업이 작아져 궁극적으로 1인 창조기업도 등장한다는 것이다. 이들의 혁신역량이 상호 결합하여 새로운 융합기술의 대안들을 제시하게 될 것이다.

1인 창조기업들은 최소의 자원으로 사업화 장벽을 넘어야 한다. 사업화에 수반되는 자금, 인력, 시간 등의 자원을 최소화하는 대안은 크게 ① 시장 장벽을 낮추는 시장 개방과 ② 시장 장벽을 우회하는 중간 거래시장 형성으로 이루어진다. 시장 개방을 위하여 특히 통신, 미디어의 개방과 표준이 요구되며, 시장 형성을 위하여 지식 거래소와 공정거래가 요구된다.

1인 창조기업은 크게 본다면 인터넷 상거래, 문화 콘텐츠, 개발 용역, 고객 관리, 그리고 특허 사업으로 분류할 수 있다. 이 중 인터넷 상거래는 시장 개방과 표준으로 활성화되며, 문화 콘텐츠와 특허는 거래 시장 형성으로 활성화된다. 개발 용역과 고객 관리는 집단 커뮤니티와 공정거래가 활성화 요소가 될 것이다.

모든 산업은 금융의 기반하에 선순환되므로, 창조경제에 맞는 창조금융이 새롭게 제공되어야 한다. 창조금융은 벤처 캐피털(벤처기업에 주식 형태로 투자하는 기업이나 그 기업의 자본)보다 훨씬 더 리스크가 크며, 가치 평가가 어렵다는 점에서 새로운 시각에서 접근할 필요가 있다. 본질적으로 창조금융은 투자의 형태가 되어야 하며, 이는 회수시장의 활성화에 의하여 선순환된다는 점에서 결국 지식 거래소 혹은 IP 거래소 등 창조물 거래 시장의 개설이 정책의 핵심이 된다.

개방형 혁신과 기술융합

기업의 창조성은 실패를 두려워하지 않는 필승의 문화에 바탕을 두기에 기업 규모에 비례하여 창조성이 저하될 수밖에 없다. 이미 미국의 첨단 기업들은 내부 연구개발보다는 외부와의 개방적인 기술협력을 급속도로 확대하고 있으며, 이를 개방형 혁신(open innovation)이라고 한다[그림 3].

창조경제는 기술의 공급보다는 고객의 니즈를 중심으로 전개된다. 이제 경제의 희귀 자원은 고객 그 자체로 이동하고 있는 것이다. 고객의 니즈를 만족하기 위하여 기술은 융합할 수밖에 없다. 기술의 공급이 확대되면서 다시 주체는 사람으로 회귀하는 것이다. 그런데 개방형 혁신은 바로 이러한 기술융합의 인프라로서 존재 가치가 증대된다. 기존의 기술을 개선하는 연속적 혁신은 기업 내에서 진행하는 것이 효율적이나, 다른 기술과의 융합은 개방형 혁신이 더욱 효과적인 대안이다.

기술을 융합하기 위한 기술 중개 시장이 광범위하게 발달하고 있다. 이미 수십만의 연구자를 네트워크로 연결한 나인시그마(Nine Sigma)나 이노센티브(Innocentive)와 같은 기술 중개 기관들이 개방 혁신을 통한 기술융합을

[그림 3] 개방형 기술혁신

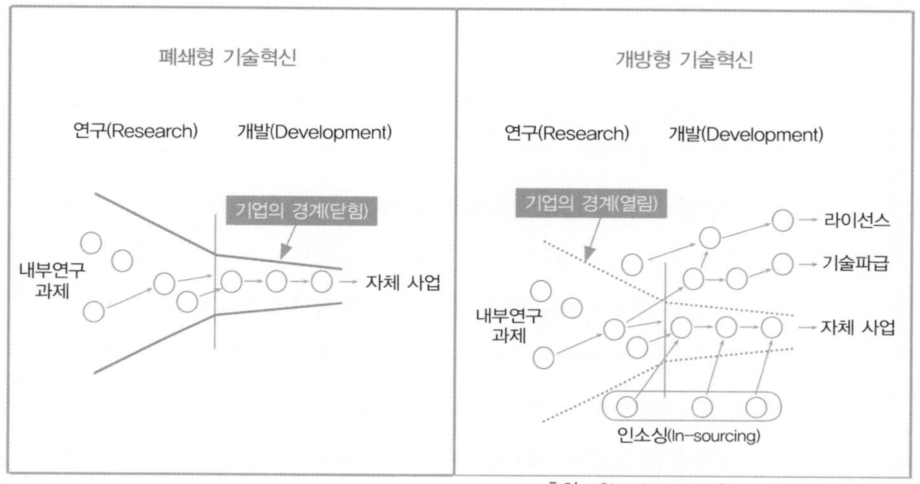

출처 : Chesbrough, *Open Innovation,* 2003

촉진하고 있다. 예를 들어 P&G의 경우에는 우선적으로 새로운 연구는 외부에서 조달함을 원칙으로 하고 있는데 그 성공률이 40퍼센트를 넘어서고 있다. 과거에는 고비용 구조였던 기술융합에 개방형 혁신이 획기적인 대안을 제공하고 있는 것이다.

한국의 기술융합 전략

기술융합은 다양한 형태로 나타난다. IT+BT, IT+NT, BT+NT, IT+ST 등 기술의 다양한 융합이 미래 인간의 니즈를 충족시킬 것이라는 기대를 안고 있다. 여기에서 한국의 기술융합에 대한 전략을 생각해 보기로 하

자. 한국은 미국에 비하여 시장역량이 모자라고, 중국에 비하여 원가역량이 모자란다. 신시장 창출을 중심으로 하는 블루오션 전략은 미국에 강점이 있고, 원가 우위를 중심으로 하는 레드오션 전투는 중국에 강점이 있다. 우리는 이미 존재하는 시장에 새로운 기술로서 우위를 갖는 소위 '퍼플오션' 전략이 유력한 대안이다. 기존 한국의 강한 산업인 건설, 조선, 자동차 등을 IT와 결합하면 U-CITY, U-SHIP, U-AUTO 전략이 된다. 강한 것을 더욱 강하게 만드는 것이 개방 국제사회의 경쟁역량이 아니겠는가? 사람과 국가의 비교 우위에 바탕을 둔 기술융합 전략이 필요한 것이다.

한편 전 세계의 다음 화두는 '녹색성장'으로 집약되고 있다. 지속 가능한 녹색성장은 피할 수 없는 길이므로 이 분야에서 한국의 전략적 대안이 요구된다. 녹색경제는 인풋-프로세스-아웃풋(Input-Process-Output)이라는 세 가지 측면에서 접근이 가능하다. 인풋은 대체자원(특히 에너지)의 공급 확대로서 원자력, 풍력, 태양광 등의 신산업이 기대된다. 이러한 산업은 각각 한국의 대기업과 벤처기업의 기술융합으로 세계를 앞서 갈 수 있는 분야들이다. 프로세스는 녹색제조, 고효율 기기 등으로 IT 기술융합이 주류를 형성하며, 한국의 벤처기업이 강력한 경쟁력을 가지고 있다. 아웃풋은 소비 형태를 혁신하는 것으로 세금, 보조금, 지원, 규제, 가치관 형성 등의 법 제도가 주를 이루고 있으며 유비쿼터스 기술의 융합이 큰 역할을 할 것이다. 결국 녹색경제는 창조경제인 것이다.

창조 영재기업인의 육성

한국의 경제적 기적은 1960년대의 여공, 1970년대의 기능공, 1980년대의 상사맨들, 1990년 이후의 공학도 등 한국의 유일한 자원인 인적 자원의 국제 경쟁력이 시대마다 뒷받침되었다. 그러나 중국 등의 후발국이 이미 여공, 기능공, 상사맨, 공학도들의 경쟁력을 추월해 가고 있는 것이 현실임을 인정할 때, 새로운 시대를 이끌어 갈 신성장 인적 자원의 개발 없이는 한국의 선진국 진입은 힘들어 보인다.

『아웃라이어』라는 책에서 주장하듯이 어릴 때부터 창조성을 1만 시간 이상 훈련한 영재 집단들로 십 년 후 한국의 성장 동력을 육성하는 것이 필요하다고 본다. 창조성은 기업가 정신과 결합할 때 극대화된다는 점에서, 창조성 교육에 기업가 정신을 결합한 창조 영재기업인의 육성을 위하여 특허청과 카이스트가 시범 사업을 전개하고 있다.

교육 과정의 핵심은 문제의 발굴을 뒷받침하는 역사, 철학 등 미래 인문학과 문제의 해결을 위한 융합기술과 기업가 정신으로 구성될 것이다. 이들을 연결하는 열린 학습 커뮤니티가 다수 형성될 것이다. 이들 영재들이 기술융합을 통한 지식재산권을 바탕으로 대한민국을 선진국으로 진입시키는 데 큰 역할을 하기 바라는 마음이다.

참고문헌

- *Open Innovation*, Henry Chesbrough, Perseus Distribution Services, 2003. / 『오픈 이노베이션』, 김기협 역, 은행나무, 2009.
- *Open Business Models*, Henry Chesbrough, Harvard Business Press, 2006. / 『오픈 사업 모델』, 김병조·서진영 역, 플래닛, 2009.
- "창조경제와 1인 창조기업", 이민화, '일자리 창출을 위한 지식 기반 창업 활성화 방안' 창업정책포럼 발표 자료, 2009. 5. 12.

문병로(서울대학교 컴퓨터공학부 교수)

서울대학교 계산통계학과를 졸업하고, KAIST 전산학과, 펜실베이니아 주립대학교 전산학과에서 각각 석사, 박사 학위를 취득하였다. 현재 서울대 컴퓨터공학부의 교수로 재직 중이며 생물정보학 협동과정의 겸임교수와 금융경제연구원의 연구원으로 활동하고 있다. 최적화및금융공학연구실을 이끌고 있으며, 유가증권 투자수익 최적화 전문 회사인 (주)옵투스의 대표이사를 겸하고 있다. 저서로 『쉽게 배우는 알고리즘』『쉽게 배우는 유전 알고리즘』『전산학 개론』이 있으며, 역서로 『Introduction to Algorithms』(공역)가 있다. 130여 편의 최적화 관련 논문이 있으며, 여러 가지 최적화 관련 벤치마크 테스트에서 기록을 갖고 있다. 주요 관심사는 알고리즘/최적화 이론과 이들의 산업적 응용이다.

2장 금융공학과 컴퓨터

애플이 아이폰을 출시해서 대성공을 거뒀다. 구글도 직접 휴대전화를 출시하려 하고 있다. 휴대전화산업은 더 이상 하드웨어 업체들의 시장이 아니다. IPTV를 중심으로 방송, 통신, 초고속 통신망 업체의 경계가 와해되고 있다. IT기술의 발전이 초래한 여러 융합 사례 중의 일부다. 산업적 기득권을 구성하던 경계가 허물어지고 있다. 금융 분야에도 일찌감치 IT기술은 침투했다. 가장 동물적이고 탐욕적인 금융 분야의 사람들이 이 기회를 놓칠 리 없다. 수학, 물리학, 컴퓨터공학이 월스트리트의 투자 부서에서 가장 선호하는 학부 전공이 되었다.

주식거래 시장의 주력이 사람에서 컴퓨터 알고리즘으로 넘어가고 있다. 에이트(Aite) 그룹은 2010년 미국과 EU의 주식거래의 50퍼센트가 알고리즘 트레이딩에 의해 수행될 거라고 예측했는데, 2010년 현재 이미 미국 전체 주식거래의 70퍼센트 이상이 컴퓨터에 의한 알고리즘 트레이딩인 것으로 추정된다. 조만간 선진 시장 주식거래의 적어도 90퍼센트 이상은 컴퓨터에 의한 자동 주문으로 이루어질 것이다. 이쯤 되면 시장은 사람들의 전쟁터인가, 기계들의 전쟁터인가? 경쟁은 점점 치열해질 것이다. 정보 가공, 데이터 마이닝, 알고리즘, 최적화 등 컴퓨터 관련 기술이 가장 유용한 단계에 접어들었다.

컴퓨터기술을 이용한 정보 우위

클로드 섀논이란 천재가 있었다. 우리가 매일 쓰고 있는 비트(bit)라는 말을 만든 사람이다. 그의 석사 논문이 부울대수를 이용해 계산을 할 수 있다는 것을 최초로 증명한 것인데, 이것으로 현대 컴퓨터의 하드웨어가 시작된다. 말하자면 컴퓨터의 아버지라고 할 수 있다. 솔로몬 골롬은 "디지털 시대에 섀논의 업적을 말해 보라는 것은 알파벳의 발명자가 문학에 어떤 영향을 미쳤는지 말해 보라는 것과 같다."라고 했을 정도다. 그런데 오히려 이보다 더 유명한 섀논의 업적은 정보이론(information theory)이다. 데이터 통신의 가장 기본적인 바탕을 이루는 이 이론의 핵심은 노이즈 속에 있는 정보의 양에 관한 것이다.

섀논이 주식투자에 대해 많은 연구를 했다는 사실은 잘 알려져 있지 않다. 섀논은 많은 주식 관련 노트를 남겼고 실제로도 성공한 투자자였다. 다른 분야에 비해 유달리 노이즈가 많은 주식시장은 노이즈 속에서 정보의 본류를 찾는 정보이론의 창시자인 섀논에게는 너무나 자연스런 관심의 확장이었을 것이다. 이런 배경을 모르면 과학자 섀논과 주식 연구는 전혀 어울리지 않는 것처럼 보일 것이다. 필자는 지인들에게 왜 컴퓨터공학자가 '엉뚱하게' 투자공학을 하고 있느냐는 '엉뚱한' 질문을 받을 때마다 샤논의 이야기로 설명을 대신한다.

주식시장은 데이터로 넘친다. 모든 상장주식은 매일매일 시가, 고가, 저가, 종가, 거래량, 시간대별 가격, 거래량, 거래 주체 등 실로 방대한 데이터를 생산한다. 우리나라는 모든 사람에게 공개되는 전자공시 시스템에 모든 상장회사의 재무제표를 매 분기 종료 45일, 결산월 종료 90일이 경과하기 전에 의무적으로 공시하도록 하고 있다. 투자에 영향을 미치는 사항들도 의무적으로 공시된다.

금융공학에서는 컴퓨터기술을 이용하여 데이터를 각자의 수준대로 가공하여 이용하게 된다. 투자에 있어서 남들보다 높은 수익을 올리기 위해서는 어떻게든 정보 우위에 서야 한다. 데이터 속에서 남들보다 고급의 정보를 가공해 내는 능력이 승부를 결정짓는다. 통찰력과 가공 기술의 차이에 따라 정보의 질이 결정된다. 데이터를 마이닝(mining)해 보면 인간이 직관적으로 파악할 수 없는 수많은 유용한 수익의 기회가 포착된다. 이런 일에는 컴퓨터, 통계, 수학 등의 기반을 가진 사람들이 유리하다. 포트폴리오 구성 주식들의 비중을 최적으로 조정하는 유니버설 포트폴리오를 제안해서 유명해진 토머스 커버는 스탠퍼드 대학 통계 · 전기공학과 교수다.

알고리즘 트레이딩과 투자 관련 시스템

알고리즘 트레이딩이란 컴퓨터 알고리즘이 직접 거래에 참여하는 것을 총칭한다. 여러 가지 분류가 가능하겠으나 단타 거래를 특징으로 하는 고빈도(high-frequency) 트레이딩과 그 반대인 저빈도 트레이딩으로 나눌 수 있다. 미국에는 총 20,000개 정도의 트레이딩 회사가 있다. 이 중 고빈도 트레이딩 회사는 2퍼센트 정도인데 이들이 미국 전체 주식거래의 73퍼센트를 차지한다.

고빈도 트레이딩사들은 타이트한 경쟁 속에서 더 빠르게, 더 지능적으로 수익의 기회를 잡아내기 위해 경쟁한다. 이들은 유동성을 공급함으로써 시장에 활력을 주는 역할을 한다. 여러 종목 간의 순간적 가격 괴리를 이용하는 페어 아비트리지 시스템이 한 예다. 심화된 경쟁으로 인해 차익의 크기도 점점 작아지고 있다. 하버드 대 수학과 교수 출신인 J. 시몬스 회장이 2007년과 2008년에 연거푸 조 단위의 연봉을 받은 것으로 유명한, 르네상스 테크놀로지(Renaissance Technologies)가 갖고 있는 경쟁우위 중 하나가 인자들 간의 관계를 영리하게 이용해서 수익의 순간을 포착해 내는 것이다.

반면 저빈도 트레이딩에서는 속도는 문제가 되지 않는다. 얼마나 스마트하게 수익을 잡아내느냐 하는 점은 동일하나 일반적으로 고빈도 트레이딩은 아주 적은 수익을 보고 매매를 하며, 저빈도 트레이딩은 매매의 속도를 따지지 않는 대신 매매당 수익 목표는 더 크다. 중장기 차익거래, 주기적인 포트폴리오 자동 구성, 주기적인 포트폴리오 리밸런싱, 중기적 패턴 매매 시스템 등을 들 수 있다.

다양한 주식투자 관련 시스템들이 있다. 우선 재무적 분석, 기술적 분석을 돕는 투자 보조 시스템을 들 수 있다. 요즘 우리나라의 대부분 HTS(홈트레이딩 시스템)에는 여러 가지 지표별, 패턴별로 조건을 만족하는 주식을 검색하는 기능이 있다. 또 규칙에 의해 매수·매도 시점을 알려 주는 시스템, 포트폴리오에서 종목 간 밸런스를 재구성하기 위한 자동 리밸런싱 시스템, 매수·매도 스케줄링 시스템 등을 들 수 있다. 투자전략 도출 시스템도 있다. 일정 기간 후에 가장 고수익을 거둘 수 있는 종목 선정, 배팅 전략 등을 포함한다. 포트폴리오를 최적으로 구성하는 시스템, 포트폴리오의 리스크를 측정하는 시스템도 있다. 유명한 차익거래 시스템은 가격의 불균형 정보를 남들보다 빨리 감지하여 이로부터 이득을 얻는다. 위험 차익거래, 인덱스 차익거래, 페어(pair) 차익거래, 가치 차익거래 등이 있다.

정보 가공

필자의 실험실에서는 정보를 가공하여 수익을 최대화하는 포트폴리오 모델과 패턴 스터디 등을 하고 있다. 전문적인 내용은 '영업비밀'이거니와 재미도 없다. 일반 독자들이 흥미를 가질 만한 간단한 것을 몇 가지 소개해 본다.

① 지난 2002년부터 2009년의 한국의 모든 주식을 조사해 본 결과, 오늘 아무 주식이나 사면 10일 후에는 평균 0.72퍼센트 상승한다. 이 기간의 모든 주식×거래일수는 약 280만 케이스 정도 되는데, 이 중 하락한 날이 상승한 날보다 8퍼센트 정도 더 많은데도 그렇다. 오늘 주가가 상승했다면 10일 후에는 평균 0.91퍼센트 상승한다. 오늘 주가가 하락했다면 다음 날은 평균 0.09퍼센트 하락하고, 10일 후에는 평균 0.54퍼센트 상승한다.

그러면 주가가 상승한 날 종가에 주식을 사서 10일 후에 파는 일을 반복하면 매번 0.91퍼센트의 수익을 올려 거래 비용 0.33퍼센트를 제외하고도 0.58퍼센트씩 복리수익을 올릴 수 있을 것 같은가? 종가에 정확히 살 수 있다고 가정을 해도 대답은 '노'다. 오히려 복리수익은 마이너스가 된

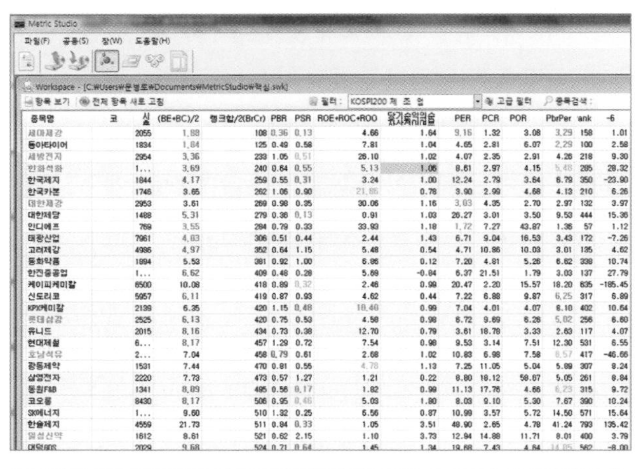

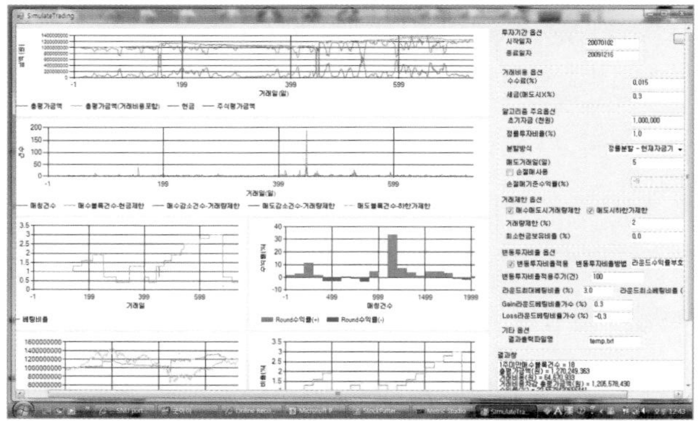

주식거래 시장의 주체가 사람에서 컴퓨터 알고리즘으로 넘어가고 있다.
(사진은 알고리즘 트레이딩 전문 회사인 (주)옵투스에서 사용하는 툴의 모습)

다. 이것은 산술평균과 기하평균의 차이 때문에 그렇다. 이런 것을 플러스 수익으로 바꾸는 전략을 연구하는 것은 샤논, 켈리 등의 배팅 전략과 맥이 통한다. 이것은 상당히 재미있는 주제인데 여기서는 공간의 제약 때문에 다룰 수 없어 유감이다.

② 시중에 패턴에 관한 책이 넘친다. 대부분 백발백중 모드다. 마치 A라는 패턴은 100퍼센트 상승을 예고한다는 식이다. 위험천만하다. 미국의 G. 모리스의 실험 결과에 따르면 유명한 패턴 88개로 실험한 결과 평균 적중률은 고작 51퍼센트였다. 필자가 한국의 모든 주식에 대해서 해 본 실험에서도 비슷한 경향을 보인다. 아마도 캔들차트를 맨 먼저 발명한 일본에서 초기에 몇 사람이 느낌에 의존한 나름의 패턴들을 제안했는데 이것이 다른 책에서 복제되면서 강화 현상이 일어난 것 같다.

필자의 연구실에서는 인간이 감지할 수 없는 패턴들을 컴퓨터를 이용해서 찾고 있는데 실제로 적중 확률이 80퍼센트를 넘는 패턴들이 존재하기는 한다(65퍼센트만 넘어도 대단한 기회를 제공한다). 이런 것은 확률 게임이기 때문에 정확한 확률로 이야기하지 못하면 자기의 느낌을 검증되지 않은 채로 전하는 것일 뿐이라고 받아들여야 한다. 확률적 반복 배팅에서 다수의 성공과 실패를 누적한 다음, 실패로 인한 손실을 성공으로 인한 수익이 상쇄하고 남는 것이 이득이 된다.

③ 우리나라 상장기업들을 영업이익 대비 순이자지급비용의 비율에 따라 20등분 했을 때, 투자수익률이 가장 높은 기업군은 이 수치가 가장 낮은 1군과 상당히 높은 편에 속하는 15~17군(순이자지급비율 23퍼센트~50퍼센트 정도)에 속하는 종목들이다. 15~17군의 결과는 뜻밖인데 통계적으로 유의한 일관성을 보인다. 최적화 전문가들은 이런 현상을 가장 잘 설명하는 다른 인자들의 조합을 자동으로 찾아내려 한다.

④ 현금잠김일수는 일 년 매출액 대비 어느 정도의 현금이 사업에 묶여 있는지를 나타내는 수치다. 이 수치는 시장에서의 지위나 사업 모델의 효

율성과 관련이 있다. 우리나라 기업들의 현금잠김일수를 조사해 보니 평균 110일 내외다. 현대자동차의 현금잠김일수는 불과 7일에 불과하다. 매입채무와 재고를 잘 관리해서 거의 남의 돈으로 장사하는 회사라 할 수 있다. 지난 2001년부터 2008년 8월까지 연초에 현금잠김일수가 마이너스인 기업만 골라 매입하면 연평균 19.6퍼센트의 기하평균수익(복리수익)을 내었고, 나머지 기업들의 연평균 수익은 2.8퍼센트였다(그 기간에 코스피 지수는 연평균 5.4퍼센트의 평균 복리수익을 기록했다).

⑤ 지난 1997년 4월부터 2008년 3월 말까지 우리나라 모든 상장주식 중 PBR(주가순자산비율. 주가를 1주당 자산가치로 나누어 볼 때 몇 배나 되는지를 나타내는 것)이 가장 낮은 10퍼센트 안에 드는 주식을 사서 1년 동안 보유하는 일을 계속하면 연평균 19.2퍼센트의 복리수익을 얻는다. 이 기간의 연평균 종합지수 상승률 5.0퍼센트를 크게 웃돈다. PBR이 가장 높은 10퍼센트에 드는 주식군은 연평균 15퍼센트의 손실을 보인다. 일반 투자자들이 가장 선호하는 주식은 우습게도 PBR이 가장 높은 10퍼센트에 드는 주식들이다. 2000년대 초의 새롬기술, 2008년의 동양제철화학 같은 주식이 대표적이다. 같은 방식의 스터디를 순이익, 영업이익, 현금흐름, 자본수익률, 안전마진, 매출 등으로 해 보면 모두 유의한 실험 결과를 낸다.

미국 주식의 경우 시총 대비 순자산(PBR)이 가장 큰 영향을 미치고, 우리나라 주식의 경우 시총 대비 영업 활동으로 인한 현금흐름(PCR)이 가장 큰 영향을 미친다. 위 PBR 실험을 PCR로 해 보면 가장 낮은 10퍼센트에 속하는 주식군은 평균 21.8퍼센트의 복리수익을 얻는다. 이런 비슷한 실험은 미국에서도 J. 오쇼너시, J. 시겔 등에 의해서 행해진 바 있는데 수치는 달라도 이런 인자들이 정보로서의 가치가 크다는 결론은 동일하다.

⑥ 정보이론가는 이런 장난들을 치면서 데이터와 친해진다. 위에서 예로 든 통계적 가공 결과들은 그 자체로도 단순한 투자의 기회를 제공하지만, 트레이딩 시스템의 일부를 구성하는 빌딩블록으로 사용된다. 이들로부터 더욱 추상화 수준이 높은 정보와 시스템이 겹겹이 만들어진다. 해결해야 할 최적화 문제의 수는 무한히 많다. 무엇을 최적화해야 하는지 안다면 3분의 1쯤은 해결한 것이다.

핵심기술

① 모델링—수익에 영향을 미치는 인자들은 아주 많다. 대차대조표, 손익계산서, 현금흐름표로 대표되는 재무제표 데이터와 주가, 거래량 데이터로부터 가공되는 수많은 인자들이 있다. 여러 경제 관련 지표들도 있다. 해외 시장 지수, 선물 지수 등 관련 시장 지표도 있다. 특정 기관의 움직임도 인자가 될 수 있다. 중요한 것만 해도 족히 수백 개는 된다. 이들이 어떻게 관계의 네트워크를 구성하며 어떻게 수익에 기여하는지를 모델링하는 것이 알고리즘 트레이딩의 핵심이다.

각 시스템은 각각의 관점으로 수많은 인자들 중 자신이 선택한 인자들을 사용한다. 가능한 모델이 무한히 많고, 하나의 모델이 결정되고 나서도 인자들의 결합 방법이 무한히 많기 때문에 중첩된 최적화 문제 투성이다. 방대한 데이터로 최적화 모델링을 전문적으로 해 온 연구자들이 아주 유리한 게임이다.

② 데이터 마이닝—데이터는 방대하다. 노이즈가 엄청나다. 방대한 데이

터로부터 그들이 초래하는 결과를 가장 잘 설명하는 모델을 만드는 작업이 필요하다. 이것은 컴퓨터의 한 연구 분야인 데이터 마이닝에 속하는 작업이다.

마이닝에서 중요한 것은 과거의 데이터로만 최적의 모델을 도출하는 것이 아니란 사실이다. 과거의 데이터에 대한 시뮬레이션이지만 시스템에게는 순차적으로 오픈하여 시스템이 미래를 모르는 상태에서 모델링하고 테스트를 받도록 해 실전 상황과 수익률에 별 차이가 없게 해야 한다.

이런 방식으로 코스피 상승률을 연평균 30퍼센트 이상 상회하는 모델을 만들 수 있다. 실제 운용 수익은 현장 상황의 영향을 받아 시뮬레이션 수익과는 차이가 난다. 2009년의 경우 필자가 관여하는 회사에서 실제로 시행한 알고리즘 트레이딩의 현장 수익은 시뮬레이션 수익을 조금 초과했다. 원래는 현장 수익이 3퍼센트 정도까지 낮아지는 것을 예상했는데 현장 운용 첫해인 2009년의 경우는 좀 뜻밖이었다.

③ 최적화 알고리즘—장이 중기적으로 상승세라는 것은 어떻게 정의하는 것이 최적인가? 어떤 이는 20일 이평선의 기울기가 양일 때 상승이라고 잡기도 하고, 어떤 이는 오늘의 종가가 20일 이평선 위에 위치하면 상승세에 있다고 하기도 한다. MACD나 스토캐스틱 지표로 정의할 수도 있다. 수없이 많은 정의가 가능하다. 이런 가능한 여러 지표들을 결합하여 상승세를 정의할 수도 있다. 어떤 지표들의 집합을 선택하며 이들을 어떻게 결합하는가? 모델과 인자들의 결합 방법은 무한히 많다. 최적화 문제다.

이렇게 상승세를 정의하는 블랙박스를 만들고 나면 이 블랙박스가 다시 다른 목적의 최적화(예를 들면, 패턴 검색, 포트폴리오 수익 최적화 등)의 한 인자가 된다. 즉 최적화 문제의 추상화 레벨이 점점 높아진다. 이런 추상화의 레벨은 2단계…, 5단계…, 얼마든지 높아질 수 있다. 과거에는 대부분의 문제에 대한 해답이 전문가의 통찰에 의해 제시되었다. 옵션의 적정가격을 산정하는 블랙-숄즈 모형, 장의 변동에 따른 적정 주가를 산정하는 CAPM 모델 등이 대표적이다. 이들은 노벨 경제학상을 받은 모델들이지만 여러 허점을 가진 것으로 드러났다. 당연한 것이다. 앞에서 예를 든, 시뮬레이션 수익과 실제 운용 수익 간의 갭을 최소화하는 전략을 찾는 것도 최적화 문제다.

노이즈가 많은 시장 데이터로 어떤 것을 설명하려면 방대한 데이터로부터 최적의 모델을 마이닝하지 않으면 안 된다. 전형적인 최적화 문제에서 각각의 솔루션은 다차원의 공간에서 한 점에 해당하고 각 점은 고유의 매력을 갖는다. 모든 가능한 경우를 다 살펴보고 가장 좋은 솔루션을 택하면 좋겠지만 문제 공간의 방대함 때문에 영겁의 시간이 지나도 결론이 나지 않는 경우가 많다. 우리에게 주어진 제한된 시간(예를 들면 하루, 1시간, 10분 등)에 가능하면 최적에 가까운 해를 찾아야 하는 것이다. 다양한 최적화 기법이 사용된다. 결정론적 알고리즘, 휴리스틱, 뉴럴넷, 유전 알고리즘, 선형 프로그래밍 등 다양한 기법을 사용한다.

④ 고급 통신기술—여러 종류의 증권, 여러 거래소에 걸쳐서 차익의 기회를 남들보다 빨리 감지하기 위해서는 효율적인 통신기술이 필요하다. 여러 다른 증권(주식, 선물, 옵션, 원자재 등)을 같이 다루고, 여러 거래소(뉴욕, 시카고, 런던 등)를 동시에 관계 지어 차익의 기회를 얻으려면 아주 영리한 통신기술이 필요하다. 경쟁자들보다 0.001초만 빨리 정보를 입수하여 결론을 빨리 내면 기회가 더 커진다. 얼마 전 신문에 여의도 증권거래소 바로 옆에 위치한 증권사가 데이터 입수 시점이 근소하게 빨라 불공정한 이득을 누린다고 다른 증권사가 클레임한 기사가 난 적이 있다.

결론

다양한 관점에서 시장을 바라볼 수 있다. 필자의 글은 정보이론 전문가, 최적화 전문가의 관점에서 쓴 것이라 다소의 편향성이 있다고 할 수 있다. 이런 관점이 아니라도 시장에서 수익을 내는 방법은 무수히 많다. 가능성이 무한한 시장이다.

2000년부터 2009년까지 코스피 상장사들의 순자산은 연평균 10.2퍼센트 정도 상승했다(2009년 말 순자산은 보정 예상치 사용). 이 기간 코스피 지수는 연평균 10.4퍼센트 정도 상승했다(기준년도 수치에 의한 왜곡을 피하기 위해 5년 이동평균치 사용). 그 사이에 주가는 미친 듯이 널뛰었지만 장기적으로 기업들의 부가 늘어난 만큼 주가가 상승했다. 이런 의미에서 시장은 합리적이다. 이 과정에서 비합리적인 주가의 등락을 현명하게 이용하는 방법을 찾으면 승자가 된다. 각자가 사용하는 데이터도 다르다. 접근하는 관점도 다르다. 품성도 다르다(프로그램도 품성이 있다). 이런 다양한 주체들이 얽혀 승부를 벌이는 곳이 주식시장이다. 이곳에 기계들의 비중이 점점 높아지고 있는 것이다. 우리가 알게 모르게 알고리즘으로 무장한 프로그램들이 시장을 무섭게 잠식하고 있다.

이 시장에서 제대로 무장하지 않으면 선진 자본시장의 플레이어들에게 계속 당할 것이다. 다행히 정보와 알고리즘의 전쟁이다. 비밀스런 정보에 의존하는 전쟁이라면 몰라도 공개된 데이터로부터 정보를 가공하고 시스템을 최적화하는 전쟁이라면 무서워할 것 없다. 그들의 영토에서 겨루어 이기는 국산 금융 솔루션도 탄생할 때가 되었다.

참고문헌

- *The Importable Origins of Modern Wall Street,* P. Bernstein, Ison Publishing, 1992.
- *Technical Analysis: The Complete Resource for Financial Market Technicians,* C. Kirkpatric, FT Press, 2006.
- *Candlestick Charting Explained: Timeless Techniques for Trading Stocks and Futures,* 3rd Edition, G. Morris, McGraw-Hill, 1995.
- *What Works on Wall Street,* 3rd Edition, J. O'Shaughnessy, McGraw-Hill, 2003.
- *Fortune's Formula: The Untold Story of the Science Betting System That Beats the Casinos and Wall Street,* W. Poundstone, Hill and Wang, 2005. / 『머니 사이언스』, 김현구 역, 소소, 2006.
- *Stocks for the Long Run,* 4th Edition, J. Siegel, McGraw-Hill, 2003. / 『장기투자 바이블』, 미래에셋증권 자산운용컨설팅본부 · 미래에셋증권 재무컨설팅본부 역, 미래에셋, 2008.

배종태(KAIST 테크노경영대학원 교수)

서울대학교 산업공학과를 졸업하고, KAIST 경영과학과에서 개발도상국에서의 기술 발전 과정에 대한 연구로 박사 학위를 받았다. KIST 경제분석실에서 선임연구원으로 재직하였으며, 태국 아시아공과대학 경영대학원의 창립교수를 역임하였다. 과학기술부 G7 전문가 기획단에서 G7 프로젝트의 총괄 간사를 맡기도 했고, 스탠퍼드 대학교 경영대학원에서 초빙연구원을 역임했다. 각종 정부위원회와 민간기업 자문교수로도 활동했다. 현재 KAIST 테크노경영대학원에서 교수로 재직하면서 기술경영과 기업가 정신에 대한 강의와 연구를 하고 있으며, *Journal of Business Venturing, Journal of Product Innovation Management,* 『기술혁신연구』 등 국내외 학술지에 34편의 논문을 발표하였고, 『생산전략과 기술경영』(공저) 등의 저서가 있다.

3장 융합기술 시대의 기술경영

융합기술과 기술경영

융합기술이란 IT, BT, NT 등 이종기술 간의 상호 보완적 융합(convergence)이나 결합(combination)을 통해 신제품, 서비스를 창출하거나 기존 기술의 성능을 향상시키는 기술을 말한다. 이처럼 융합기술은 여러 개별 요소기술의 결합에서 출발한다. 융합기술의 등장은 기술발전을 가속화시키고 기술의 사업화를 촉진한다. 이러한 융합기술에 대한 효과적인 기술경영을 위해서는, 폭넓은 기술변화의 방향과 속도에 대한 예측을 바탕으로 기술개발 목표 설정이 이루어져야 하고, 기술개발 방법에 있어서도 관련 부문 간의 기술협력이 더욱 필요하게 된다.

이러한 융합기술에 대한 효과적인 기술경영 방식이란 무엇인가? 기술경영은 "기술의 효과적인 획득·관리·활용을 통해 기술역량을 축적하여 경쟁우위를 강화하고, 기술의 사업화를 통해 수익 창출을 극대화하기 위한 제반 경영 활동"이라고 정의할 수 있다. 최근 기술경영 분야에서는 [표]에 제시된 이슈들과 기술경영 방안들이 관심을 끌고 있다.

[표] 기술경영의 핵심 이슈와 기술경영 방안

	이슈	기술경영 방안
1	기술의 전략적 선택	•경영전략과 기술전략의 연계, 기술기획 및 R&D 포트폴리오 관리 강화 •기술전략 및 개발목표의 명확화 : 기술 로드맵 작성
2	기술획득 방법의 선택	•자체 R&D와 외부 기술 활용의 연계 균형 : 자체 개발 또는 외부 조달의 결정(make or buy decision) •개방형 혁신(open innovation)의 강화, 외부 기술의 활용, R&D 국제화, 산학 협동 강화
3	핵심기술역량의 확보 및 강화	•연구소 핵심기술역량의 파악 및 측정, 보유 유무 판단 •현재와 미래의 핵심기술역량 강화 : 과제 선정 과정에서 반영
4	핵심인력의 확충 및 관리	•전략적 관점에서의 우수 인력 선발 및 배치, 교육 훈련 •R&D 인력의 경력 개발, 평가 및 승진, 동기 부여 및 적절한 보상
5	R&D 조직 및 문화	•연구소 비전 및 R&D 조직구조의 선택 : 환경 및 전략 반영, 공유 •연구원의 창의성 개발과 창의적 R&D 조직문화 조성 : 실패 허용 문화 등
6	R&D 투자 성과 평가	•R&D 투자 규모 산정 방식 및 투자 금액의 결정 •R&D 성과 지표 개발 및 R&D 수익률 측정 : 투자 정당화, 기술가치 평가

7	R&D 관리 시스템 도입	• R&D 프로젝트 관리 시스템 도입 : 프로젝트 유형화, 전산화 및 이에 기반한 관리 • 다양한 경영 기법 활용(Six Sigma, BSC 등) 및 프로세스 관리
8	시장진입 전략과 기술 마케팅	• 시장진입 시점 결정 : 선도자 및 후발자의 이익/위험 고려 • 신규 시장의 창출(틈새시장 등) 및 하이테크 마케팅(표적 마케팅)
9	R&D 사업화 촉진	• 사업화 능력 강화 및 사업화 노력 촉진 • R&D 부서와 사업 부서와의 연계 강화 : 의사소통 및 조정, 협조
10	지적자산의 관리	• 지적자산의 관리, 평가 및 활용 : 특허 관리 및 라이선싱 • 지식의 축적 및 공유 활동 촉진, 지식경영과 학습 조직 구축

이 중에서 융합기술 시대의 기술경영의 이슈들로 가장 중요한 것은 ① "무슨 기술을 어떻게 개발할 것인가?" 하는 기술, 프로젝트 차원의 문제와 ② "어떻게 조직적, 제도적으로 융합기술 혁신을 촉진할 것인가?" 하는 조직, 제도 차원의 문제라고 할 수 있다.

우선 무슨 기술을 어떻게 개발할 것인가의 문제는 [표]의 이슈 1, 2, 3에 해당된다. 기술경영 관련 의사결정에서 기업들이 당면한 가장 핵심적인 이슈는 무슨 기술을(what to do) 어떤 방법으로(how to do) 확보하느냐 하는 것이다. 최근 기술개발 투자는 점차 규모가 커지고 있어서 잘못된 투자 결정은 기업에게 치명적인 결과를 초래하기 때문에, 기업들은 경영전략과 연계된 기술전략을 수립하고(제3세대 R&D 방식), 전략적 관점에서 적정한 기술개발 목표를 설정하려고(기술 로드맵 작성) 노력한다. 생물정보학, 나노소재기술, 나노바이오센서 등 IT-BT, IT-NT, BT-NT의 융합에 의한 새로운 기술들이 등장하고 있고, 이 기술들에 기반한 새로운 제품들의 상용화도 몇 년 내에 실현될 것으로 예상할 수 있다. 기업들은 이러한 기술발전 추세와 실현 가능성 하에서 기술개발 목표를 설정한다(이슈 1). 이러한 융합기술은 기술획득 방법의 측면에서도 다양한 접근을 요구한다. 융합기술은 다양한 요소기술들의 결합과 여러 R&D 주체들 간의 상호 기술협력을 필요로 한다(이슈 2). 따라서 무슨 기술을 어떻게 개발하느냐의 문제는 기술전략의 수립과 실행의 핵심 사항이 되고, 이러한 전략적 R&D 활동을 통해 기업들은 핵심기술역량을 강화할 수 있다(이슈 3).

한편 어떻게 조직적, 제도적으로 융합기술 혁신을 촉진할 것이냐의 문제는 이슈 4, 5에 해당된다. 특히 학제적 연구를 필요로 하는 융합기술 개발에서는 특정 분야에 대한 전문 지식만을 보유한 I자형 인재보다, 여러 분야의 기술에 대한 지식과 이해를 가진 T자형 또는 π자형 인재의 육성이 필요하다. 따라서 융합기술 개발을 추진하는 기업은 이들을 위한 경력관리와 교육을 지원해야 한다. 아울러 R&D 조직에 있어서도, 관련 조직 간 협력 연구를 위한 가상 R&D 조직(virtual R&D unit)을 만들거나 학제적 연구를 위한 한시적 전담 조직(task force)을 운영하는 방안도 검토할 수 있다. 이와 같이 융합기술 개발을 조직적, 제도적으로 촉진하기 위한 제반 노력과 함께, 융합기술 개발을 가능하게 하는 핵심인력 확보와 창의적 문화 조성 등 구체적인 기술혁신 방안도 모색되어야 한다.

기술전략의 수립과 실행(거시적 관점)

융합기술 개발의 적정한 목표와 효과적 수단을 모색하기 위해서는 버겔만 교수 등이 제시한 기술전략 수립 단계를 따르는 것이 도움이 된다. 융합기술에 관한 기술전략 수립 과정은 [그림 1]에 제시된 바와 같이 ① 기술변화 파악, ② 산업 특성 분석, ③ 조직 여건 분석, ④ 전략적 의지 발휘 등 4단계를 거치는 것이 바람직하고, 이 과정을 통해 새로운 기술혁신 과제와 사업 기회가 파악, 발굴, 선택, 실현된다. 특히 융합기술의 효과적인 기술경영을 위해서는 기술변화의 흐름을 읽고 예측하는 제1단계와 이러한 기술의 변화가 어떤 산업, 제품, 서비스 영역에서 어떻게 변화를 유발할 것인지를 파악하는 제2단계가 가장 중요하다. 외부 환경 분석에 해당되는 1~2단계 분석을 통해, 융합기술과 신규 시장의 가능성을 파악하고 유망한 사

[그림 1] 기술전략 수립 과정

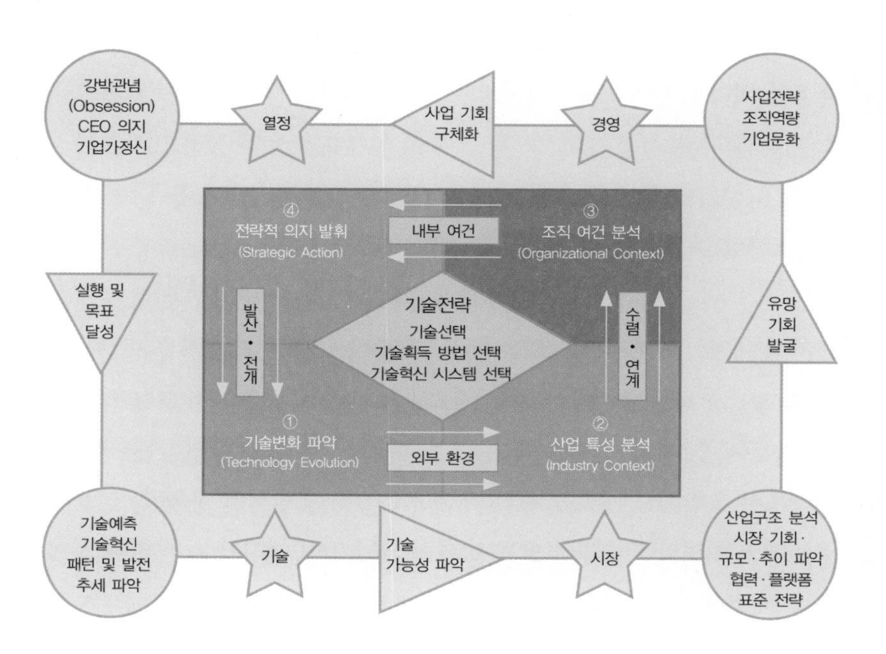

업 기회를 발굴할 수 있다. 특히 기술예측 시에는 외부 전문 기관의 보고서를 적극 활용할 필요가 있다.

한편 3~4단계에서는 파악된 기회가 해당 기업의 상황(전략, 역량, 문화)에서 실현 가능한 것인지, 가능하다면 구체적으로 어떤 방식으로 접근해야 할 것인지를 모색한다. 특히 조직 여건 분석 과정에서는 기존의 기업 전략과의 정합성(fit)을 파악하게 되며, 경우에 따라서는 새로운 융합기술과 신규 사업의 영역을 반영할 수 있도록 기존의 기업전략을 확장, 조정하기도 한다. 기술 전략 수립 과정의 마지막 단계에서는 자원 기반 관점(resource-based view)에서 보면 무리라고 판단되는 경우에도 최고 경영자의 전략적 의지와 강력한 기업가정신(entrepreneurship)을 바탕으로 '그럼에도 불구하고' 사업을 추진하여 성공하는 사례도 많이 나타난다. 우리나라의 반도체산업, 조선산업이 이러한 과정을 거쳐 열정과 학습 의지를 바탕으로 외부 자원을 활용하여 성공한 사례들인데, 향후 우리나라의 융합기술 혁신에서도 목표에 대한 건설적인 강박관념과 전략적 의지가 발휘될 필요가 있다.

융합기술 시대의 기술혁신 방법(미시적 관점)

기업 내에서 이루어지는 기술혁신 과정을 ① 아이디어 창출 및 기획(idea generation), ② R&D를 통한 문제해결(problem solving), ③ 사업화(또는 기술이전)를 통한 제품, 서비스 창출(commercialization)의 3단계로 나누어 본다면, 각 단계에서 융합기술 개발을 위한 다양한 기술혁신 방식이 적용될 수 있다. 융합기술 시대의 기술혁신 방법으로는 [그림 2]에 제시된 바와 같이 결합형 혁신, 플랫폼 혁신, 실행기술 혁신 등을 들 수 있다.

[그림 2] 기술융합을 촉진하는 기술혁신 유형

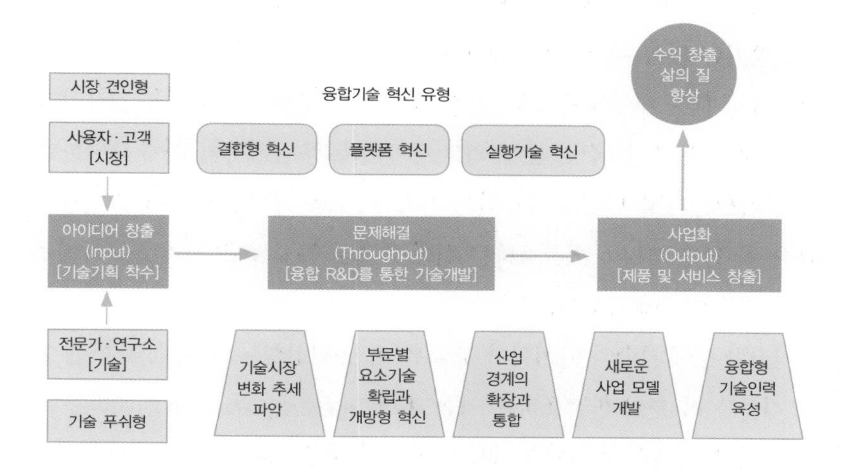

결합형 혁신(combinatorial innovation)의 대표적인 사례는 IT-BT 융합기술, IT-NT 융합기술, BT-NT 융합기술 등에서 찾아볼 수 있다. IT(컴퓨터, 반도체, 유무선통신 등), BT(유전공학, 분자생물학, 신약 등), NT(나노공정, 나노신소재, 나노구조체 등)의 각 요소기술들을 바탕으로, IT-BT가 융합하여 생물정보학, 바이오센서칩, 바이오컴퓨터 기술이 창출되고, IT-NT가 융합하여 나노소재기술, 나노공정기술, 나노소자기술, 나노 기반 SoC기술이 만들어진다. 아울러 BT-NT가 융합하여 나노바이오센서, 인공조직, 약물전달기술이 개발된다. 이처럼 가장 일반적인 융합 R&D 형태가 결합형 혁신이라고 할 수 있다.

플랫폼 혁신(platform innovation)은 IT 등의 기술을 바탕으로 시스템이나 제품의 플랫폼을 개발하고 이를 바탕으로 시스템이나 제품의 통합, 제어, 조정을 추진하는 경우에 일어난다. 자동차에 부착되는 전자 부품들을 통합적으로 제어하는 플랫폼 개발이나, 유비쿼터스 도시용 개방형 플랫폼 개발 등은 모두 플랫폼 혁신의 좋은 사례라고 하겠다.

실행기술 혁신(enabling technology innovation)은 주로 IT를 전통산업 등에 적용하여, 해당 제품에서 새로운 성능이나 기능을 발휘하게 하는 경우이다. IT를 자동차, 조선, 국방, 건설, 의료 등에 접목하는 경우가 이에 해당한다. 구체적으로, IT를 빌딩에 적용하여 전자파·소음 차단 첨단 빌딩을 만들거나, 선박 건조 과정을 최적화하는 선박 구조물 통합 관리 시스템을 개발하는 사례가 여기에 속한다.

이러한 융합기술의 아이디어 창출은 시장 견인형(market-pull)보다는 기존 기술을 타 분야에 적용하는 기술 푸쉬형(technology-push)에 의존하는 경우가 많다. 아울러 융합기술 개발이 기술적 성공(output)을 하고 나면, 사업화 과정을 잘 마무리해야 상업적 성공(outcome)에 이르게 되고, 이 융합기술이 널리 보급되고 확산되어야 건설적인 사회적 영향(impact)을 줄 수 있다.

융합기술의 효과적 혁신을 위한 방안

융합기술의 경영이 일반 기술의 경영과 근본적으로 다르지는 않으나, 다양한 패턴으로 급속히 발전하는 융합기술은 새로운 기회이자 기존 기술에는 위협이 되기도 한다. 모든 '새로운' 일에는 가능성(potential, return)도 있고 위험성(risk)도 있다. 마찬가지로 융합기술 개발에 있어서도 가능성과 위험성이 있으므로 이를 동시에 관리하기 위해서는, ① 기술과 시장의 변화 추세 파악, ② 부문별 요소기술 확립과 개방형 혁신의 추진, ③ 산업 경계의 확장과 통합, ④ 새로운 사업 모델(business model) 개발, ⑤ 융합형 기술인력 육성 등의 제도적·조직적 노력을 바탕으로, 결합형 혁신, 플랫폼 혁신, 실행기술 혁신 등 다양한 기술혁신 노력을 적극 추진해야 한다.

특히 융합기술 개발에서는 개방적 사고(open mind)를 바탕으로 개방형 혁신(open innovation)을 적극 활용해야 한다. 자기 기술이 최고라고 생각하여 외부 기술을 무시하는 폐쇄형 혁신 시스템에서 흔히 나타나는 자기교만증세(not invented here syndrome)가 극복되어야 개방형 혁신이 조직 내에서 힘을 가지고 추진될 수 있다. 아울러 융합기술 개발을 전략적으로 추진하기 위해서는 CEO의 강력한 의지와 내부 구성원들의 공감대, 융합기술 개발을 위한 조직의 구성, 전사적 실행 메커니즘 구축, 그리고 융합형 R&D 인력 육성 노력도 필요하다.

참고문헌

- *Strategic Management of Technology and Innovation,* Fifth edition, Robert A. Burgelman, Clayton M. Christensen, and Steven C. Wheelwright (eds.), McGraw-Hill, Boston, 2009.
- *The Innovator's Solution: Creating and Sustaining Successful Growth,* Clayton M. Christensen and Michael E. Raynor, Harvard Business School Publishing Company, Boston, 2003. / 『성장과 혁신』, 딜로이트 컨설팅 코리아 역, 세종서적, 2009.
- *Strategic Management of Technological Innovation,* Third Edition, Melissa A. Schilling, McGraw-Hill, 2009. / 『기술경영과 혁신전략』, 김길선 역, McGraw-Hill Korea, 2009.
- 『경영학 뉴패러다임 : 생산전략과 기술경영』, 이승규·배종태·김정섭, 박영사, 2002.

이언오(삼성경제연구소 공공정책실 전무)

서울대학교 경영학과를 졸업한 뒤 KAIST에서 경영과학 석사와 박사 과정을 마쳤다. 한국개발연구원 주임연구원, 삼성그룹 회장실 부장을 거쳐 1993년 이후 삼성경제연구소 공공정책실 전무로 재직 중이다. 저서로는 『21세기를 향한 국가경쟁력』(공저) 『21세기 성장엔진을 찾아라』(공저) 『창조적 혁신을 위한 과학기술 정책 방향』 등이 있다. 최근 우리 사회의 현안인 일자리 문제에 관심을 갖고 청년들과 함께 창업 활성화, 소기업 육성 등의 대안을 모색하고 있다.

4장 융합기술과 비즈니스

융합기술이 세상을 바꾸는 빅뱅이 시작되었다. 그동안 독자적으로 발전해 왔던 IT, 바이오, 나노, 문화, 환경, 인지과학이 학문과 시장의 경계를 넘어 융합되는 중이다. 유비쿼터스, 핵융합, 우주진출 등이 인간 활동의 제약을 타파하고 영역을 획기적으로 확장시킬 전망이다. 하지만 기후변화, 변종 바이러스에서 보듯이 불안도 상존한다. 이번 융합의 시기를 지나면 과거와 다른 새로운 시대가 전개될 것이다. 미래가 어떤 모습일지 아직은 불확실하다. 기술의 발전 방향과 성과물을 제어하는 것은 불가능해 보인다.

융합기술 충격이 기업의 지판을 흔들고 있다. 기술, 사업의 융합 가속과 무한 경쟁으로 인해 기업의 기술 선점, 사업 모델 혁신, 시스템 유연성이 더욱 중요해진다. 기술획득, 사업 모델, 경쟁 방식 등에서 개방과 상호 작용이 확산된다. 단일 기술, 자체 완결 구조에 강점이 있는 기업은 그것이 오히려 취약점으로 작용한다. 불확실성과 변동성에 따른 위험도 커진다.

개방형 기술·사업 모델로 융합 기회를 선점

융합기술 혁신은 다양한 기술이 결합되고 부족한 기술이 보완되는 과정이다. 기술개발 주체가 늘어나고 가치 평가와 성과 배분에 따른 복잡성이 증가한다. 아이디어, 기술, 사업 모델이 수익원이 되며 기술과 사업 모델의 통합이 촉진된다. 기업은 개방형 기술 개발과 사업화에 나선다. 발명자본은 특허 등록된 기술개발 성과와 사업 모델을 대상으로 한다. 심지어 특허괴물(유망 기업의 특허 기술을 선점하여 소송을 통해 거액을 챙기는 신생 사업)은 사업 없이 특허 소송만으로 수익을 올리려고 한다. 기존 금융기관이나 모험자본과 비교하여 발명 자본과 특허괴물은 기술혁신의 앞 단계에서 활동하며 영향력이 큰 것이 특징이다. 융합기술은 기업에게 기회이기도 하지만 잘못 대처할 경우 막대한 손실을 입는다. 특허와 표준이 취약한 주변 기업은 생존하기가 한층 어려워진다.

개방형 기술•사업 모델

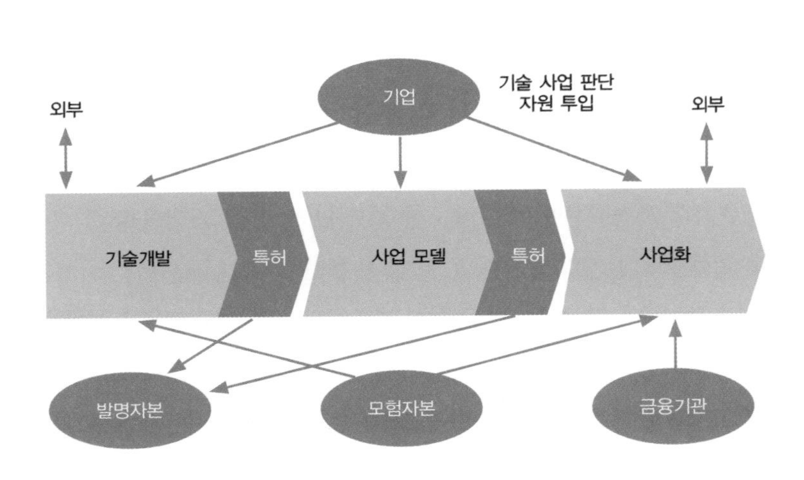

기업들은 기술 거래, 위탁 개발, 공동 연구, 기술 교환 등에 적극 나선다. 기본은 두 기업이 탐색과 협상을 거쳐 융합기술 개발에 착수하는 것이다. 하지만 정보와 신뢰 부족이 융합기술의 시도를 가로막고 있다. 공동 개발과 제휴 과정에서 투명한 정보 공유, 공정한 성과 배분이 문제 되며 결국 신뢰가 전제되어야 한다. 최근 복수 기업의 혁신 네트워크 구축을 지원하는 전문 회사가 등장했다. 미국 이노베이션 익스체인지(Innovation Exchange)사는 회원사를 모집하여 융합을 촉진시키고 발생 수익을 나눠 갖는다. 중개자로 불리는 이노베이션 익스체인지의 직원이 각 회사의 기술개발과 사업화에 참여한다. 그는 지적재산권을 소유하지 못하며 비밀 협약을 준수해야 한다. 회원사의 신뢰를 바탕으로 기밀 정보에 접근하고 납득할 수 있는 수익 모델을 찾아내는 데 주력한다.

융합기술 혁신 과정에서 요소기술이 타 기업의 권리를 침해할 수 있고, 특허괴물이 악의적으로 공격해 오기도 한다. 기술개발과 사업 모델을 사

이노베이션 익스체인지의 사업 방식

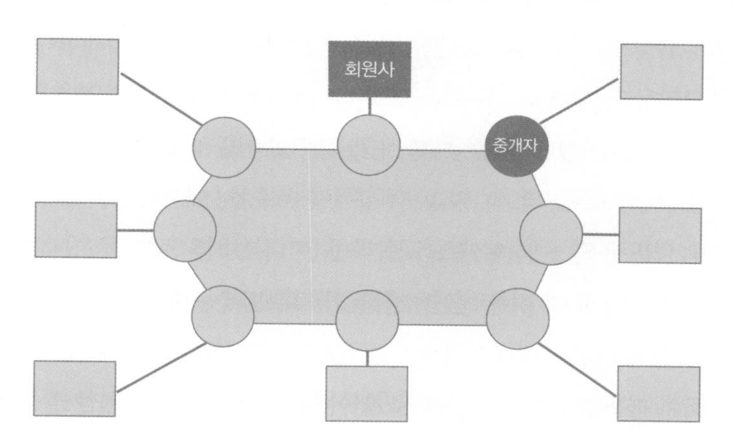

전 점검하고 보유 기술을 특허 등록하는 등 방어막을 구축해야 한다. 사내 특허 역량 강화로는 부족하며 업계, 법조계, 정부와 공동으로 대응할 필요가 있다. 소송을 당하지 않는 것이 최선이지만 일단 공격을 받으면 상대의 약점을 집요하게 파고드는 등 공격 모드로 전환해야 한다.

융합기술과 사업 모델에 강한 기업이 당연히 기회를 선점한다. 이때 기술적 우위보다는 사업 모델의 창조성과 파급력이 훨씬 중요하다. 애플의 아이팟은 디자인과 인터페이스도 뛰어나지만 아이튠즈와의 결합이 핵심 성공 요인이다. 불법 다운로드를 차단하고 음원 소유자가 돈을 벌도록 하는 탁월한 모델이다. 아이폰은 한 걸음 더 나아가 휴대폰에 예술과 스토리를 가미했으며 콘텐츠 제공자들과 함께 파이를 키워 나간다. 국내에서는 IT를 적용하여 실내 골프의 현장감과 게임성을 높인 골프존이 융합기술의 대표 사례로 거론된다.

융합기술은 기업 생태계의 개방성과 역동성을 높인다. 기업들이 자유롭게 경쟁, 협력하고 수시로 생성, 소멸하게 된다. 아이디어와 기술을 가진 기업은 모두 융합의 광장에 초대받는다. 인터넷과 모바일이 집단지능을 활성화시켜 신속하게, 그것도 저비용으로 기술적 해결책을 찾아 준다. 이 방식은 고객 반응 점검, 신수요 발굴과 잠재 위험 제거에도 효과적이다.

새로운 기업 생태계의 주역은 소기업 네트워크이다. 1인 기업 1만 개로 이루어진 네트워크가 종업원 1만 명의 대기업보다 융합에 적합한 것이다. 상당수 소기업은 원천기술과 네트워크 역량을 무기로 거대기업에 도전하게 된다. 과거에는 기술발전이 소수 기업에게 부와 지배력을 집중시키는 경향이 있었다. 이에 비해 융합기술은 기술 독점을 어렵게 만들어 기업 간 쏠림을 완화시킨다. 대다수 기업에게 기회의 창이 열린다.

조직이 유연하고 실행에 강한 기업이 유리하다. 특이 인재가 존중받고 실패에 관대해야 융합을 위한 시도가 활발해진다. 융합기술은 계획과 체계의 산물이 아닌 무수한 시행착오의 결과물이다. 융합기술을 미래 방향으로서 인지하는 것과 즉시 실행하는 것은 전혀 다른 문제이다. 당연히 CEO가 융합기술 실행을 주도해야 한다. 최고책임자를 넘어 융합조직자로 거듭나야 한다. 최고실행책임자(Chief Executive Officer)에서 융합실행조직자(Convergent Executive Organizer)로 바뀌어야 하는 것이다. 에너지를 임계치 이상 응축시켜야 핵융합을 일으킬 수 있다. CEO는 기술, 사업의 에너지를 응축시키는 중심핵이다.

기업은 복수 주체와 연계하여 필요 자원을 확보하고 사후적으로 성과를 배분한다. 제조업체, 연구기관과 대학이 기술개발을 담당하고, 모험자본과 금융기관은 투자나 대출 형태로 자금을 제공한다. 융합기술의 모호성, 실패 가능성, 성과 배분 갈등 때문에 프로젝트가 성사되기 어렵고 추진하는 과정에서 계속 장벽에 부딪힌다. 두 기업이 공동 개발 혹은 M&A(기업의 매수·합병)에 합의하거나 성과를 내는 것도 쉽지 않은데 융합기술은 그보다 훨씬 어려운 과제이다.

확실한 니즈가 있는 선도 기업, 기반기술을 개척해야 하는 국책연구소가 주도하는 것이 바람직한 모델로 보인다. 정부가 출연 기관과 정책 자금을 지렛대로 해서 융합기술 개발에 참여하겠지만 그 역할은 제한적일 수밖에 없다. 융합기술이 요구하는 비전 제시, 전략 수정, 자원 투입, 기술-시장 연계, 이해 조정 등과 정부의 규정·절차 중시는 서로 조화를 이루기 어렵다.

투자수익 극대화만을 추구하게 되면 사회적으로 유용한 기술은 우선순위에서 밀린다. 정부의 기술개발 지원은 많은 경우 도덕적 해이를 유발한다. 융합기술 추진의 유연성과 역동성을 확보하기 위해 투자—대출—기부

[표] 소액 창업 모델의 자원 투입과 수익 배분

		투자자 (기업, 연구기관, 모험자본)	대출자 (금융기관,정책자금)	기부자 (개인, 기업, 정부)
자원 투입	투자〉착수비용	금전·비금전 투입	—	—
	투자〈착수비용	금전·비금전 투입	비용-투자 부족분	원리금 상환 약정
성과 배분	수익〈투자→중단	(투자 손실)	원리금 확보	부족분 기부
	투자〈수익〈투자+발생비용	(사업 손실)	원리금 확보	—
	수익〉투자+발생비용	투자·사업 수익	원리금 확보	—

를 결합한 소액 창업(Microventure) 모델을 도입해야한다. 소액 창업 모델은 참여자의 역할을 명확히 하고 반복 게임으로 추진되는 것이다[표].

제조업체, 연구소, 대학이 투자자로서 리스크를 안고 금전·비금전 자원을 투입한다. 이때 대출자가 부족한 자금을 제공한다. 결산을 해서 대출 원리금을 상환한 나머지가 투자자의 손익이 된다. 발생 수익이 원리금에 미달할 경우 기존 방식에서는 투자자가 차액을 부담한다. 소액 창업 모델은 기부자가 사전에 원리금 상환을 보장해 준다. 투자자의 원리금 상환 부담이 그만큼 줄어들어 융합기술 개발이 촉진된다.

소액 창업 모델은 신뢰를 기반으로 되갚음(Tit-for-Tat) 게임을 반복한다. 투자자, 대출자, 기부자가 모여 게임 규칙에 합의하고 각자 자원을 내놓아야 과제가 시작된다. 일정 시점마다 성과를 평가하여 계속 추진 여부를 판단한다. 중단으로 결론 나면 원리금 상환과 투자자 배당이 이루어진다. 원리금 상환이 어려우면 기부자가 약속한 차액을 내놓는다. 계속 진행할 경우 투자자, 대출자, 기부자가 추가 자원 투입을 약속하거나 실천에 옮긴다. 소액 창업 모델은 참여자들 간 신뢰 형성이 성패를 좌우한다. 신뢰는 해당 과제의 진행 속도를 높여 주고 코스트를 낮춘다. 신뢰가 있는 참여자는 다른 게임에 초대될 가능성이 높아진다.

영혼이 있는 융합기술, CEO의 책임

향후 융합기술이 야기하는 소용돌이가 예상되며 기업 패러다임의 근본적 전환이 요구된다. 구성원이 직장에서 보람을 찾고 일, 가정, 여가가 조화를 이루는 것이 그 출발점이다. 기술과 사업의 융합 이전에 일과 삶이 융합되어야 한다. 아웃도어 의류업체인 파타고니아사는 경영 위기를 겪고 나서 일, 가정, 여가의 구분을 없앴다. 한 예로 캘리포니아 해변에 위치한 본사 직원들은 파도가 몰려오면 누구든 서핑하러 갈 수 있도록 했다. 종업원을 물리적 공간, 근무 시간으로부터 해방시킨 이후 파타고니아는 실적이 극적으로 개선되었다.

그리고 기업은 성장, 이익에서 사회적 가치로 무게중심을 옮겨야 한다. 공동체의 일원으로서 빈곤, 스트레스, 환경 파괴, 자원 고갈 등에 대처할 필요가 있다. 관련 융합기술 혁신과 사업 모델 실현을 위해 기업역량을 투입해야 한다. 이미 사회적 기업가들이 융합기술의 유용성을 입증해 보이고 있다. 영국인 트레버 베일리가 발명한 태엽 라디오는 전기가 없는 최빈국 사람들의 삶을 개선시켰다. 태엽이 가늘고 팽팽한 깃털로 만들어져 3분 돌려서 세 시간 청취할 수 있다. 이 라디오는 인류에게 도움을 준 100대 발명품에 선정되기도 했다. 그 밖에 공익 목적을 위해 범용 기술을 융합시킨 사례로 태엽 손전등, 발 작동 물 펌프, 저가 백내장 수술 등이 있다.

과거 교역로를 따라 상품과 문화가 만나고 융합이 이루어졌다. 중국 운남성 차마고도에는 "열리고 하나 되어 더욱 커지네."라는 노래가 전해져 온다. 그 옛날 상단이 마을에 접근하면 마을 악대가 마중을 나갔었다. 함께 어울린 연주는 거래를 마치고 마을을 빠져나갈 때까지 계속되었다. 교역로를 따라 음악이 융합되고 또한 전파되었던 것이다. 융합기술은 기술의 개방, 교류, 공유를 통해 판이 커지는 현대판 차마고도라 하겠다.

백인 탐험대가 인디언 짐꾼들을 데리고 정글에 들어갔을 때의 일이다. 인디언들이 갑자기 백인의 재촉을 거부하고 땅에 주저앉았다고 한다. 자신들의 영혼이 따라오도록 하기 위해서. 융합기술이 물질과 속도 일변도로 나아가게 되면 사람들의 영혼이 피폐해진다. 융합기술이 개인 행복, 정신 성숙, 사회적 배려, 생태보전에 도움이 되도록 해야 한다. CEO는 영혼이 있는 융합기술을 추구해야 할 책임이 있다.

참고문헌

- *The Age of Speed,* Vince Poscente, Ballantine Books, 2008. / 『속도의 시대』, 이현숙 역, 멜론, 2008.
- "국가융합기술 발전 기본계획 수립에 관한 연구", 안승구, 한국과학재단, 2009.
- "2030년의 대한민국", 〈월간조선〉(2009년 1월호 별책부록)
- *The Power of Unreasonable People,* John Elkington and Pamela Hartigan, Harvard Business School Press, 2008. / 『세상을 바꾼 비이성적인 사람들의 힘』, 강성구 역, 에이지21, 2008.
- *Open Business Models,* Henry Chesbrough, Harvard Business Press, 2006. / 『오픈 사업 모델』, 김병조 외 역, 플래닛, 2009.

9부

인문사회과학과 융합기술

송성수(부산대학교 기초교육원 교수)

서울대학교 무기재료공학과를 졸업한 뒤 서울대 대학원 과학사 및 과학철학 협동과정에서 석사 학위와 박사 학위를 받았다. 산업기술정책연구소 연구원, 과학기술정책연구원(STEPI) 부연구위원을 거쳐 2006년 9월부터 부산대학교 기초교육원 교수로 재직 중이며, 부산대 대학원의 과학기술학 협동과정, 기술사업정책 전공에도 관여하고 있다. 저서로는 『우리에게 기술이란 무엇인가』(엮음) 『과학기술은 사회적으로 어떻게 구성되는가』(엮음) 『청소년을 위한 과학자 이야기』 『나는 과학자의 길을 갈 테야』(공저) 『소리 없이 세상을 움직인다, 철강』 『과학, 우리 시대의 교양』(공저) 『기술의 프로메테우스』 『근현대 과학기술과 삶의 변화』(공저) 『과학기술과 문화가 만날 때』 『기술의 역사』 『과학기술의 개척자들』 등이 있다.

1장 기술과 사회의 상호 작용

우리가 사는 현대사회에서 기술은 공기와 같은 존재라고 할 수 있다. 기술은 우리가 숨 쉬는 공기처럼 일상생활에 널리 퍼져 있다. 우리의 의식주나 직장 생활, 그리고 여가 활동에 이르기까지 기술이 매개되지 않는 경우는 거의 없다. 그러나 우리는 공기와 마찬가지로 기술의 중요성을 평소에는 잘 느끼지 못한다. 이러한 점은 정전 사태가 발생하지 않을 때에는 전기의 소중함을 느끼지 못하는 것에서 단적으로 드러난다.

이처럼 우리는 기술과 밀접히 연관된 생활을 영위하면서도 여전히 기술의 본질을 잘 이해하지 못하고 있으며 이에 따라 기술과 관련된 각종 이데올로기에 쉽게 빠져들기도 한다. 이런 맥락에서 이 글에서는 넓게는 과학기술학(STS, Science and Technology Studies), 좁게는 기술사회학에서 논의되고 있는 기술과 사회의 상호 작용에 관한 주요한 시각들을 살펴봄으로써 우리에게 기술이 갖는 의미에 대해 생각해 보고자 한다. 이하에서는 상식적 차원에서 널리 통용되고 있는 기술결정론(technological determinism)과 기술중립론(technological neutralism)을 검토하면서 몇 가지 문제점을 지적한 후, 1980년대 이후에 활발하게 논의되고 있는 기술의 사회구성주의(social constructivism)를 소개하고 그것이 지닌 정책적 함의를 도출해 보겠다.

기술은 사회를 결정하는가?

기술과 사회의 관계에 접근하는 대표적인 관점으로는 기술결정론을 들 수 있다. 기술결정론은 기술이 그 자체의 고유한 발전 논리, 즉 공학적 논리를 가지고 있기 때문에, 기술의 발전은 구체적인 시간과 공간에 관계없이 동일한 경로를 밟는다고 가정한다. 이러한 관점에 의하면, 사회구조는 기술의 논리 자체에 영향을 미치지 않으며 기술 발전의 속도를 조절할 수 있을 뿐이다. 반면 사회와 무관하게 자율적으로 발전한 기술은 사회의 변화에 막대한 영향을 미치며, 심지어 사회의 변화가 모두 기술의 속성과 영향력으로만 설명되기도 한다. 더 나아가서 낙관적 형태의 기술결정론은 기술의 발전이 모든 사회집단에게 보편적인 이익이 된다고 간주하고 있다.

이처럼 기술결정론은 기술의 중립성과 기술 중심적인 사고를 주요한 특징으로 삼고 있다. 기술은 두 가지 의미에서 중립적이다. 기술은 사회와 무관하게 중립적으로 발전하며, 특정한 집단에게 이익을 주는 것이 아니라 모든 사회집단에게 공동의 선(善)이 된다는 것이다. 또한 기술결정론에 의하면 기술이 모든 변화를 일으키는 판도라의 상자이며, 다른 변수들은 모두 기술 발전의 부산물에 지나지 않는다. 기술은 독립변수이며 사회는 종속변수인 것이다.

우리가 기술과 사회의 관계에 대해 좀 더 분석적으로 접근한다면 기술결정론의 약점은 어렵지 않게 찾아낼 수 있다. 사실상 기술결정론은 '기술의 일생'이나 '기술의 사이클'을 고려하지 않고 '기술'과 '사회'라는 분화되지 않은 거시적 개념에만 입각하고 있다. 그러나 기술이 생성되어 그것이 사회에 영향을 미치는 과정에는 기술의 개발, 기술의 선택, 기술의 사용, 기술의 효과와 같은 여러 단위들이 존재한다. 이처럼 기술이 사회에 영향을 미치기 위해서는 다양한 매개 고리가 필요하기에, 기술의 변화는 사회활동의 양식과 범위에 한계를 부과하는 것이지 기술변화가 곧바로 사회변동을 유발하지는 않는다. 더구나 위의 각 부문들은 서로 영향을 주고받기 때문에 문제는 더욱 복잡해진다.

기술결정론에 대한 보다 근본적인 비판은 기술이 독립변수가 아니라 기술변화 역시 사회의 영향을 받는다는 점에 있다. 여기서 우리는 "무엇이 사회적 영향을 가지는 기술을 형성하는가?" 혹은 "기술의 변화에서 사회가 담당하는 역할은 무엇인가?" 등과 같은 질문을 제기할 수 있다. 요컨대 특정한 시간과 공간에서 특정한 기술이 개발된 이유는 무엇이고 어떠한 조건에서 그러한 기술이 현실화되었는가를 이해하기 위해서는 기술이 만들어지고 드러나는 과정에서 작동하는 사회적 관계를 고려해야 하는 것이다.

기술중립론은 기술 자체는 가치중립적인데 그것을 어떻게 사용하느냐에 따라 기술의 효과가 달라질 수 있다는 주장에 해당한다. "기술은 양날의 칼이다." 혹은 "기술은 야누스의 얼굴을 가지고 있다." 등과 같은 비유가 여기에 해당한다. 즉 기술을 이용 · 선용(use)하느냐 혹은 오용 · 악용(abuse)하느냐에 따라 인류에게 도움을 주기도 하고 해악을 끼치기도 한다는 것이다. 이처럼 기술중립론은 기술결정론과 달리 기술의 효과가 특정한

기술은 긍정적 측면과 부정적 측면을 모두 가지고 있어서 야누스의 얼굴에 비유되고 있다.

사회의 구조와 성격에 따라 달라진다는 점에 주목하고 있다. 이와 함께 기술결정론이 기술의 긍정적 측면에만 주목하는 경향을 보이고 있는 데 반해 기술중립론은 기술의 긍정적 측면과 함께 부정적 측면을 고려하고 있다.

분명히 기술에는 양날의 칼과 같은 성격이 존재한다. 외과 의사의 칼은 사람의 생명을 구하지만, 그 칼을 강도가 사용하면 사람의 생명을 위협하게 된다. 그러나 이러한 논의를 모든 경우에 적용하는 것은 곤란하다. 몇몇 기술의 경우에는 그 가치가 특정한 방향으로 경도되어 있기 때문이다. 예를 들어, 미국에서는 "총이 사람을 죽이는 것이 아니라 사람이 사람을 죽이는 것이다."라는 식으로 총의 사용을 옹호하는 경우가 있는데, 사실상 총은 사람을 죽이는 것 이외에는 사용될 확률이 많지 않다.

또한 기술중립론은 특정한 기술이 개발, 선택, 사용되는 사회적 양식을 분석했다기보다는 기술 자체와 기술의 사용을 기계적으로 구분한 후 후자(後者)와 관련해서만 기술의 사회적 성격을 밝히는 데 주목하고 있다. 기술중립론은 기술결정론과 마찬가지로 기술의 내용과 사회를 분리하고 기술 자체는 내적인 논리에 따라 발전한다고 간주하고 있는 것이다. 이러한 접근법은 "특정한 사회가 필요로 하는 기술이 어떤 내용을 가져야 하고 동시에 어떤 기술이 지양되어야 할 것인가."에 대한 구체적인 판단을 어렵게 한다.

기술의 사회적 구성

기술변화의 사회적 성격을 강조하면서 기술의 효과뿐만 아니라 기술의 내용까지 논의의 대상으로 삼는 대표적인 관점으로는 기술의 사회구성주의를 들 수 있다. 기술의 사회구성주의는 다양한 분파로 이루어져 있다. 그것은 핀치와 바이커의 기술의 사회적 구성론(social construction of technology), 휴즈의 기술 시스템(technological system) 이론, 라투르, 칼롱, 존 로의 행위자-연결망 이론(actor-network theory)으로 분류할 수 있다.

핀치와 바이커는 과학지식사회학에서 비롯된 상대주의의 경험적 프로그램(empirical programme of relativism)을 기술의 영역으로 확장하여, 과학적 사실이 사회적으로 구성되는 것처럼 기술적 인공물도 사회적으로 구성된다고 주장한다. 그들은 자전거와 형광등의 변천에 관한 사례 연구를 통해 기술의 구성 과정을 다음과 같이 분석하고 있다. 특정한 기술과 관련된 사회집단(social relevant groups)은 해석적 유연성(interpretative flexibility)을 가지고 있어서 자신의 이해관계에 따라 기술이 지니고 있는 의미와 문제점을 서로 다르게 파악한다. 이에 따라 각 사회집단은 문제점에 관한 해결책으로서 상이한 기술적 인공물을 제시하며 그것을 둘러싼 논의가 확산되는 과정에서 사회집단들 사이에는 문제점과 해결책에 관한 갈등이 발생한다. 이러한

19세기 중엽까지 자전거의 지배적인 형태는 앞바퀴가 큰 자전거였다. 그것은 주로 남성들이 선호했지만 치마를 입은 여성들을 위해 변형된 모델이 만들어지기도 했다.

갈등은 집단적이고 도덕적, 정치적 성격을 가지는 협상이 진행되는 매우 복잡한 과정을 거치게 되고, 결국 어느 정도 합의에 도달한 기술적 인공물의 형태가 선택된다. 이처럼 논쟁이 종결되는 단계, 즉 안정화 단계에 이르면 관련된 사회집단들은 자신들이 설정한 문제점이 해결되었다고 인식하게 되며 이전과는 다른 차원의 새로운 문제를 제기하기 시작한다.

휴즈는 전등 및 전력 시스템에 관한 역사적 연구를 통해 기술 시스템 이론을 제창하고 있다. 기술 시스템은 물리적 인공물, 조직, 과학 기반, 법적 장치, 자연자원 등으로 구성되며, 각 요소는 다른 요소들과 상호 작용하면서 시스템 전체의 목표에 기여하게 된다. 기술 시스템에 포함되지 않은 요소들은 주변 환경(surroundings)에 해당하는데, 기술 시스템과 주변 환경은 정태적으로 분리된 것이 아니라 기술 시스템이 진화하면서 주변 환경의 일부를 시스템의 구성 요소로 포섭하기도 하며 반대로 시스템의 구성 요소가 주변 환경으로 해체되기도 한다. 휴즈는 이러한 이질적인 요소들을 기술 시스템으로 통합하고 주변 환경에 있는 요소들을 기술 시스템으로 끌어들이는 핵심 주체를 시스템 구축가(system builder)로 규정하고 있다. 시스템 구축가들은 기술 시스템의 성장이 지체되는 영역인 역돌출부(reverse salients)에 물적·인적 자원을 집중하여 결정적인 문제들을 풀이함으로써 난국을 타개하고 시스템의 성장에 기여한다. 기술 시스템의 성장 과정에서 발생하는 문제가 시스템 내부에서 해결될 경우에는 시스템이 더욱 공고화하지만 그렇지 않은 경우에는 기존 시스템과 새로운 시스템 사이의 경쟁이 발생한다. 기술 시스템의 공고화는 보통 기업 간 합병이나 산업의 표준화를 수반하며, 성숙한 기술 시스템은 모멘텀(momentum)을 가지게 되어 그것을 변경하는 것은 원칙적으로는 가능하지만 실제로는 매우 어렵게 된다.

라투르, 칼롱, 로는 민속지적 접근을 활용하여 전기자동차와 같은 기술 프로젝트의 일생을 탐구함으로써 기술과 사회가 고정된 실체가 아니라 항상 변화를 경험하고 있다고 주장한다. 그들에 의하면, 기술과 사회가 만들어지는 과정에서는 사회가 기술변화를 규정하는 측면과 기술이 사회변화를 유발하는 측면이 동시에 나타나며, 이러한 과정에서 기술과 사회는 동시에 구성되고 진화하게 된다. 그들은 행위자-연결망이란 개념을 통해 기술과 사회의 동시 진화를 설명하려고 시도한다. 행위자-연결망에는 엔지니어, 기업가, 정부 관료, 사회운동가 등과 같은 인간적 행위자(human actors)뿐만 아니라 자연자원, 기술, 제도, 기업 등과 같은 비인간적 행위자(nonhuman actors)도 포함된다. 이처럼 매우 다양한 행위자를 동원하고 활용함으로써 행위자-연결망은 특정한 프로젝트를 도출하고 수행하게 된다. 여기서 프로젝트의 존폐 여부를 결정하는 연결망은 포괄적 연결망(global network)이고, 실무 차원에서 프로젝트를 집행하는 연결망은 국소적 연결망(local network)이며, 두 연결망 간의 거래가 통제되는 지점은 강제적 통과 지점(obligatory point of passage)에 해당한다. 연결망을 형성하고 발전시키는 주요 행위자는 이질적 엔지니어(heterogeneous engineers)로 개념화되고 있는데, 그들은 과학기술적인 요소에서 사회정치적인 요소에 이르는 매우 이질적인 자원을 결합하며, 특정한 기술뿐만 아니라 특정한 사회 모델을 구현하려고 노력한다.

그렇다면 이와 같은 사회구성주의의 논의를 어떻게 종합할 수 있을까? 여기서 유의할 사항은 기술의 사회적 구성론, 기술 시스템 이론, 행위자-연결망 이론이 모두 기술변화의 특정한 측면이나 국면에 주목하고 있다는 점이다. 기술이 처음에 설계되거나 출현하는 과정에서는 기술의 용도나 궤적에 해석적 유연성이 존재한다. 그 기술이 어떻게 변화할 것인지가 결정되어 있는 것이 아니라 기술변화를 둘러싼 다양한 이해관계에 의해 영향을 받는 것이다. 이러한 개별적 기술이 기술 시스템의 일부로 편입되고 기술 시스템이 성장하는 과정에서는 시스템 구축가나 이질적 엔지니어의 역할이 중요하다. 그들은 일반적인 발명가와는 달리 전체 시스템이나 네트워크에 주목한다. 기술 시스템이 안정화의 단계에 이르면, 기술은 종종 그것을 처음 만들었던 사람의 의지대로 변하지 않는다. 성숙한 기술 시스템은 엄청난 모멘텀을 가지게 되며, 어떤 경우에는 기술 자체가 독자적인 삶을 가진 것으로 보이기도 한다. 그러나 기술이 인간과 무관한 생명을 가진 존재는 아니며, 기술 시스템의 진화 방향을 변경하는 것이 불가능하지는 않다.

기술의 재구성을 위하여

앞서 논의한 기술의 사회구성주의는 참여 지향적 과학기술 정책의 근거로도 활용될 수 있다. 선진 국가들은 기술의 부정적인 측면을 최소화하고 긍정적인 측면을 극대화할 수 있도록 오래전부터 기술영향평가(TA, technology assessment) 활동을 시도해 왔다. 기술영향평가 활동의 흐름은 크게 '전통적 TA'와 '구성적 TA'의 두 유형으로 나누어 볼 수 있다. 전통적 TA는 사후적 성격을 띠고 있어서 기술 그 자체는 주어진 것으로 받아들이고 다만 그것이 야기할 수 있는 문제점들을 최소화하는 데 초점을 둔다. 또한 전통적 TA는 전문 지식으로 무장된 과학기술자들이 기술의 발전과 기술의 사회적 영향을 가장 잘 분석할 수 있다는 엘리트주의적 관점에 입각하고 있다. 이러한 전통적 TA는 다음과 같은 두 가지 문제점을 가지고 있다.

첫 번째 문제점은 '통제의 딜레마'이다. TA의 목적이 기술의 긍정적인 발전을 위해 기술변화를 통제한다는 것에 있지만, 기술개발에는 많은 불확실성이 따르기 때문에 미리 그 영향을 예측하기 어렵고 이미 엄청난 자원을 투자한 프로그램에 대해서는 문제를 제기할 수 없기 때문에 결국 통제에 실패한다는 것이다. 두 번째 문제점은 '절차적 정당성'이다. 국민이 접할 수 있는 정보가 많아지고 사회가 점점 민주화됨에 따라 국민의 참여 욕구는 증가하고 있는데, 전문가 집단에게만 정책 결정을 일임한다면 정책 내용의 성격이나 수준과는 별도로 국민의 불신이 유발되어 정책 시행에 있어

© 푸른아시아 김태균

구성적 기술영향평가의 대표적 모델로는 합의회의를 들 수 있다. 합의회의는 시민 패널과 전문가 패널의 토론을 통해 과학기술과 관련된 사회적 이슈에 대해 합의를 도출하는 것을 목적으로 삼고 있다. 위 그림은 2004년에 개최된 '전력정책의 미래에 대한 합의회의'에서 시민 패널이 전문가 패널에게 질의하는 모습.

서 난관에 봉착한다는 것이다.

구성적 TA는 기술변화의 속도와 방향이 사회적 행위자들의 목적의식적인 개입에 의해 변화될 수 있다는 인식에서 출발한다. 즉 기술변화를 주어진 것으로 받아들이지 않고 그 과정에 적극적으로 개입하여 부정적인 효과를 미리 예방함으로써 기술변화의 방향 자체를 조절하고자 하는 것이다. 이를 위하여 구성적 TA는 전문적인 과학기술자에게 기술개발을 전적으로 위임하지 않고 이해 당사자들을 기술개발의 초기 단계에서부터 포괄적으로 참여시킴으로써 사회적으로 유용한 대안적 기술을 개발하려고 한다. 동시에 구성적 TA는 기술변화의 선택 환경을 조절함으로써 사회적으로 바람직한 기술이 생존할 수 있도록 정책적으로 개입하고 기술의 사회적 영향들에 대한 정보들을 끊임없이 기술개발 과정에 피드백하여 기술의 부정적 영향을 사전에 최대한 방지하려고 한다.

이처럼 전통적 TA는 기술결정론적 관점에서 사후적 조치를 중시하는 반면 구성적 TA는 기술의 사회구성주의에 입각하여 참여 지향적인 과학기술정책을 추구하고 있는 것이다.

참고문헌

- 『우리에게 기술이란 무엇인가 : 기술론 입문』, 송성수 엮음, 녹두, 1995.
- 『과학기술은 사회적으로 어떻게 구성되는가』, 송성수 엮음, 새물결, 1999.
- 『필로테크놀로지를 말한다 : 21세기 첨단 공학기술에 대한 철학적 성찰』, 이중원·홍성욱 외, 해나무, 2008.
- 『욕망하는 테크놀로지 : 과학기술학자들 '기술'을 성찰하다』, 이상욱 외, 동아시아, 2009.
- 『토플러&엘륄 : 현대 기술의 빛과 그림자』, 손화철, 김영사, 2006.
- 『과학기술·환경·시민참여』, 참여연대시민과학센터, 한울, 2002.

박길성(고려대학교 사회학과 교수)

고려대학교 사회학과를 졸업하고 미국 위스콘신 대학교에서 사회학 박사 학위를 받았다. 현재 고려대 사회학과 교수이며, 미국 유타 주립대 겸임교수직을 맡고 있다. 주요 저서로는 『세계화 : 자본과 문화의 구조변동』『한국사회의 재구조화 : 강요된 조정, 갈등적 조율』『IMF 10년, 한국사회 다시 보다』 등이 있다.

2장 정보사회론

정보사회의 의미

오늘날 사회변동을 주도하는 큰 축의 하나는 단연 정보화다. 정보화의 비약적 발전은 삶의 조건을 근본적으로 바꾸어 놓고 있다. 그러나 정보사회가 대중적으로 회자되기는 하지만 정작 한 마디로 풀어내긴 그리 쉬운 일이 아니다. 무엇보다 정보사회의 구성적 내용이 매우 다양하기 때문이다. 실제로 정보사회에 관한 문헌을 읽는 독자들을 놀라게 하는 것은, 많은 글들이 정보사회에 대해 불명확한 개념 정의를 가지고 작업한다는 점이다. 관점과 관심에 따라 정보사회에서 강조하고자 하는 방점이 다른 것은 물론이고 정보사회의 미래에 관해서도 상이한 전망을 제시한다. 유토피아 대 디스토피아의 논쟁에서 정보사회만큼 극명한 대척점을 보이는 것도 그리 흔치 않다.

기술적 측면을 강조하는 논자들은 우리의 생활 방식을 혁명적으로 변화시키는 정보기술의 능력에 대해 흥분한다. 새로운 시대를 보여 주는 가장 가시적인 지표로 신기술을 지목하는 것이다. 가장 흥분한 사람은 아마도 미래학자인 앨빈 토플러가 아닌가 싶다. 그의 주장을 기억하기 쉬운 은유로 표현하자면, 세계는 긴 시간에 걸쳐 세 개의 기술혁신 파동에 따라 형성되었는데, 각각의 파동은 거대한 물결처럼 넘친다는 것이다. 첫 번째는 농업혁명이었고, 두 번째는 산업혁명이었다. 세 번째가 오늘날 새로운 삶의 방식을 예고하는 정보혁명이다.

정보사회의 경제적 측면을 강조하는 논자들은 정보사회의 의미를 정보활동의 경제적 가치에 초점을 맞춘다. 이를테면 국내총생산에서 정보활동에 의해 설명되는 비율과 증가를 도식화하면서, 정보경제에 기반을 둔 사회의 모습을 그려 낸다. 정보사회의 모습을 과거와는 다른 경제 양식으로 읽어 내는 것이다. 피터 드러커의 표현을 빌리면 재화경제에서 지식경제로의 전환을 의미한다.

정보사회의 직업적 측면을 강조하는 논자들은 직업 구조의 변화에 초점을 맞춘다. 다수의 직업이 정보노동에서 발견되는 경우 정보사회가 성취되었다고 주장하는 것이다. 정보노동의 실질적 증가는 정보사회의 도래를 알리는 것으로 간주될 수 있기 때문이다. 단출하게 표현하면 정보 업무와 관련된 직업이 지배적이 될 때 정보사회가 등장한다는 주장이다. 직업 분포에서의 변화는 정보사회에 관한 가장 영향력 있는 다니엘 벨 이론의 핵심이기도 하다.

정보사회의 공간적 측면을 강조하는 논자들은 정보사회의 구성적 특징으로 물리적·공간적 거리가 무의미해짐을 강변한다. 정보사회에 대한 공간적 접근은 대체로 지리학자들에 의해 선호된다. 이 접근은 상이한 장소를 연결하는 정보 네트워크의 중요성을 강조한다. 네트워크 사회에서는 시간과 거리의 제약이 급격히 약화되어, 기업은 물론이고 개인까지도 세계적 차원의 문제를 효과적으로 관리할 수 있음을 강조한다.

정보사회의 성격을 정리하면 다음과 같다. 정보사회의 토대는 정보기술혁명이다. 정보사회는 지식, 정보를 골간으로 하는 새로운 발전 양식에 의해 구축된다. 정보사회의 핵심은 시간과 공간의 벽이 허물어지는 것이다. 공간의 제약이 완전히 제거되지는 않았지만 극적으로 감소하였다. 다르게 표현하면 시·공간의 단축 역사가 정보시대에 이르러 완성된다는 것이다. 어느 곳에 있느냐는 절대적 위치(absolute location)보다 다른 곳과 연결되어 있느냐는 상대적 위치(relative location)가 중요해진다. 정보기술의 비약적 발전이 동반하는 사회관계의 변화는 어제와 오늘 그리고 내일을 양적으로나 질적으로 완전히 다른 모습으로 만들기에 충분하다. 오늘의 정보사회, 그리고 내일의 정보사회는 지난 시대와는 매우 다른 노동의 방식, 거래의 방식, 학습의 방식, 여가의 방식, 관리의 방식, 심지어는 사랑의 방식을 지니고 있다. 새로운 문명사의 출현이라 할 만하다.

정보사회의 대표 이론가

다니엘 벨, 앨빈 토플러, 마누엘 카스텔은 산업사회 이후에 전개되고 있는 정보사회의 뉴패러다임에 관한 논의에서 가장 많이 인용되는 대표적인 이론가다. 이들은 아카데미아에서뿐만 아니라 미디어 등에서 정보사회론을 확산시킨 논객이다. 그러나 이들의 역할은 각기 다르게 각인된다. 다니엘 벨은 정보사회에 관해 학문적 지평을 선도적으로 펼친 사회학자다. 따라서 벨의 논제는 오랫동안 정보사회에 관한 교과서의 역할을 하였다. 앨빈 토플러는 정보사회론을 대중화시킨 미래학자다. 따라서 토플러의 메시지는 도발적이고 화려하다. 마누엘 카스텔은 정보사회론을 완결한 종합이론가다. 카스텔이 제시한 네트워크 사회의 메시지는 현대사회의 정보에 관한 가장 방대하고 정교한 분석이라는 칭송으로 이어진다.

'정보사회론=다니엘 벨'이라는 등식이 성립할 정도로 정보사회론에 있어 벨의 영향은 매우 크다. 새로운 유형의 사회를 정보사회로 규정한 대표적인 학자가 다니엘 벨이다. 이른바 탈산업사회론이다. 정보사회와 탈산업사회는 일반적으로 동의어로 사용된다. 정보시대는 탈산업사회를 표현하는 것으로 제시되며, 탈산업사회는 넓게는 정보사회로 간주된다. 벨은 자신의 1973년 저서 『탈산업사회의 도래』에서 3단계의 사회발전에 대해 언급한다. 농업사회, 산업사회를 지나 탈산업사회에 이르면 생산노동보다는 지식과 서비스 중심으로 산업구조가 심화되고, 경영자와 전문직 종사자, 기술직 등 지식을 활용하는 집단의 권한이 대폭 커진다. 방대한 저서의 지면 대부분은 탈산업사회의 핵심적인 다섯 가지 구성 요소(경제 부문, 직업 분포, 기축 원리, 미래 지향, 의사결정)들에 대한 구체적인 양상과 전망을 서술하는 데 할애되고 있다.

정보사회에 대한 대중적 관심은 제3의 물결(The Third Wave)을 설파한 미래학자 앨빈 토플러에 의해 이루어졌다. 농업문명의 첫 번째 물결, 산업문명의 두 번째 물결, 세 번째 물결이 곧 정보화사회다. 미래학자답게 토플러는 미래상을 그려 내는 데 탁월함을 보인다. 그는 『제3의 물결』에서 가장 매력적인 미래상들을 제시한다. 그중의 하나가 번거롭게 출퇴근할 필요 없이 집에서 업무를 처리하는 재택근무다. 미래에는 컴퓨터와 통신망을 갖춘 가정집이 가장 전형적인 작업장이 될 것이라는 주장이다. 정보사회로 통칭되는 미래사회의 전망에서도 낙관적인 견해를 제시한다. 낙관론적인 견해는 정보사회로 이행함에 따라 종래 산업사회를 특징짓던 계급 갈등이 완화될 것이라는 전망에서도 분명하게 읽힌다.

정보사회론의 백미는 카스텔의 저작이다. 카스텔은 1996~1998년 사이에 '정보시대(The Information Age: Economy, Society and Culture)'라는 대제목으로 『네트워크 사회의 도래』『정체성의 힘』『밀레니엄의 종언』의 3부작을 출간하였다. 핵심 논제는 근대사회를 지탱했던 경제, 사회, 문화의 원리가 총체적으로 붕괴되고 인터넷에 기반을 둔 네트워크가 모든 것을 지배하는 사회로 이행하고 있다는 것이다. 이 저작의 출판으로 카스텔은 현대사회에 관한 이 시대 최고의 학자로 인정받고 있다. 1,000쪽이 넘는 3부작은 현대사회의 정보에 관한 가장 방대하고 정교한 분석이라 할 수 있다. 심지어 일부 논평가들은 카스텔을 사회학의 고전적 태두인 칼 마르크스, 막스 베버, 에밀 뒤르켕과 같은 반열에 올려놓는 데 주저하지 않는다.

3부작의 내용이 말해 주듯 카스텔의 관심 범위는 매우 넓다. 정보사회가 어떻게 형성되었는가의 질문에서 출발한 카스텔은 오늘의 사회를 글로벌 경제와 정보혁명의 결합에 의한 신세계로 그리면서 오늘의 자본주의를 정보자본주의로 명명하고 있다. 그리고 정보자본주의를 재생산하는 핵심으로 네트워크를 포착하고 있다. 이 네트워크가 경제는 물론이고 사회조직과 문화 양식에도 급속히 확산되어 사회 전체를 새로운 방식으로 재구조화한다는 것이다.

엄격하게 얘기하면 카스텔이 분석한 것은 새로운 형태의 사회 출현, 곧 네트워크 사회에 대한 것이다. 네트워크 사회는 개인, 가족, 회사 또는 국가가 더 이상 분석 단위가 아니라는 사실에 기반을 둔다. 네트워크 사회는

정보사회의 대표 이론가. 다니엘 벨, 앨빈 토플러, 마누엘 카스텔(왼쪽부터).

경제, 노동, 정치 등 다양한 형태의 네트워크에 둘러싸인 조직화된 사회다. 산업사회의 축이 되었던 정치·경제의 논리와 사회·문화의 정체성이 정보화사회에서는 네트워크가 모든 것을 지배하는 사회로 이행되고 있다는 것이다. 네트워크 사회에서 개인의 정체성은 훨씬 더 개방적이 된다. 더 이상 과거로부터 우리의 정체성을 가져올 필요가 없다는 논리다.

네트워크는 인간이 실행해 온 관행의 오래된 형태이지만 카스텔은 정보기술의 발전, 그중에서도 특히 인터넷에 의해 강력해진 네트워크로 우리 시대의 조직구조를 규정한다. 네트워크로 인한 유연성과 적응성이 이전의 조직 유형에 비해 커다란 장점을 제공한다는 점을 부각시킨다. 카스텔은 20세기의 마지막 25년간 이루어진 정보기술의 괄목할 만한 진전이 그

가 지칭한 것처럼 인터넷 갤럭시(internet galaxy)를 창조했고 모든 상황을 바꾸어 놓았다고 주장한다. 인터넷의 도래는 이제 세계의 거의 어디에서든 즉각적으로 자료의 처리가 이루어질 수 있음을 의미하고, 관련된 사람들이 물리적으로 근접해 있을 필요가 없어졌음을 뜻한다. 전통적인 시간과 공간 개념이 소멸하는 자리에, 시간 없는 시간과 흐름의 공간이 들어서서 기존의 권력과 사회질서를 대체한다고 주장한다.

웹2.0 시대

장소와 물질에 기반을 둔 현실세계와는 달리 네트워크 속에 존재하는 공간 아닌 공간이 사회 구성의 핵심 영역으로 등장한다. 사이버공간이 무한히 확대된다. 인터넷을 통한 정보검색이나 정보획득은 오프라인을 압도한다. 인터넷 뱅킹, 인터넷 쇼핑이 크게 성장하여 일상생활이 사이버공간 내로 편입되는 양상을 보인다. 사이버공간은 보다 적극적인 여론 형성의 공간으로 변모한다. 여론 형성과 시민사회운동의 대안적 공간으로 부상한다. 2002년 월드컵에서 목도한 붉은악마 현상, 오마이뉴스와 같은 인터넷 언론의 활성화는 여러 사회, 정치 집단들이 사이버공간으로 모여들게 만들었다. 인터넷 사이트를 이용한 온라인상에서 네트워크 공동체가 현실화된다. 인터넷 공동체는 피시통신 동호회의 출현에서 인터넷 카페를 거쳐 미니홈피, 1인 블로그, UCC로 대표되는 마이스페이스 시대로 돌입하였다. 구글, 위키피디아가 지식 생산과 소비의 새로운 모형으로 등장하였다. 매우 짧은 기간 동안 웹1.0의 시대가 막을 내리고 웹2.0의 시대가 일상화된 것이다.

오늘날 정보사회의 상징은 웹2.0으로 축약된다. 웹1.0은 기존의 미디어를 모방하여 일방적인 정보의 전달에 그쳤다. 유튜브 등으로 대표되는 웹2.0 시대의 서비스는 사용자에게 도구를 제공하고 그것을 이용하여 사용자들이 제작한 콘텐츠를 통해 엄청난 부가가치를 창출한다. 웹2.0으로 일컬어지는 사이버공간의 질적 변화는 사용자에 의한 자료의 생산, 자료의 공유, 이른바 집단지성으로 일컬어지는 공동 작업으로 이어지면서 새로운 시대적 의의를 지닌다.

개방, 참여, 공유를 핵심 가치로 등장한 웹2.0은 정보사회의 이상을 실현할 새로운 포맷으로 크게 환영받은 바 있다. 지난 몇 년간 사이버공간에서 웹2.0의 영역은 크게 확대되었으며 웹2.0은 이제 단순한 기술적 기반을 넘어 위키노믹스, 롱테일 경제학과 같은 정치, 경제, 문화의 영역에서 다양성과 참여를 촉진하는 강력한 파급성을 지닌 트렌드로서 사회 전반의 일대 변혁으로 예견된다. 웹2.0은 개방과 참여를 근간으로 쌍방향성과 상호 소통을 중시한다. 웹2.0은 문화의 생산과 소비에서 나타나는 일방향성을 무너뜨렸다. 개인은 콘텐츠의 수용자로서만 머무르는 것이 아니라, 소비자임과 동시에 생산자의 역할을 하게 되는 것이다. 아울러 공유와 협업을 통한 집단지성이 이 시대의 창조를 담아내는 대안의 하나로 등장하고 있다.

참고문헌

- 『정보사회의 이해』, 이종구 외, 미래M&B, 2005.
- 『네트워크 혁명, 그 열림과 닫힘』, 홍성욱, 들녘, 2002.
- *The Coming of Post-Industrial Society,* Daniel Bell, Basic Books, 1973. / 『탈산업사회의 도래』, 김원동·박형신 역, 아카넷, 2006.
- *The Rise of the Network Society, The Information Age: Economy, Society and Culture Vol.* I, Manuel Castells, Wiley-Blackwell, 1996. / 『네트워크 사회의 도래』, 김묵한·박행웅·오은주 역, 한울아카데미, 2003.
- *The Power of Identity, The Information Age: Economy, Society and Culture Vol. II,* Manuel Castells, 1997. / 『정체성 권력』, 정병순 역, 한울아카데미, 2008.
- *End of Millennium, The Information Age: Economy, Society and Culture Vol. III,* Manuel Castells, Wiley-Blackwell, 1998. / 『밀레니엄의 종언』, 박행웅·이종삼 역, 한울아카데미, 2003.
- *L'intelligence Collective,* Pierre Lévy, La Découverte, 1994. / 『집단지성 : 사이버공간의 인류학을 위하여』, 권수경 역, 문학과지성사, 2002.
- *The Third Wave,* Alvin Toffler, Bantam Books, 1980. / 『제3물결』, 이규행 역, 한국경제신문사, 1989.

문근찬(한국사이버대학교 경영학부 교수)

서울대학교 사범대학을 졸업하고, 다년간 LG그룹에서 근무하였다. 경북대학교에서 경영학 석사, 아주대학교 대학원에서 경영학 박사 학위를 받았다. 기업체 재직 시 생산경영과 기업 연수, 컨설팅 분야에서 경력을 쌓은 후, 현재는 한국사이버대학교(KCU) 경영학부 교수로 재직 중이다. 미국 인디애나 대학교 교환교수 시 '조직 성과를 위한 교육 및 인재 개발'에 관해 연구했다. 저서로는 『현대 생산관리』 『CPIM연구』 『벤처창업과 기업가정신』 『경영학』 『혁신과 변화관리』 『리더십 산책』 『피터 드러커 경영박물관』 등이 있다.

③장 융합기술 시대의 인재 양성

산업경제에서 지식경제로

현재 우리는 산업경제로부터 지식경제로 넘어가는 격변기에 살고 있다. 그 변화는 지각변동에 의해 생긴 단층과 같이 사회, 경제, 역사적으로 앞뒤의 두 시대를 확연히 구분한다. 한국은 한국전쟁이 끝난 후 약 40년 동안에 서구의 150여 년에 해당하는 변혁을 겪었다. 이 기간 중에 한국은 세계 최빈국에서 선진국의 문턱에까지 도달했는데, 이는 산업화 초기에 교육 수준이 높고 업무 성취도가 탁월한 전문가와 경영자 등 많은 지식근로자(knowledge worker)를 양성해 낼 수 있었던 덕이다. 한마디로 한국은 산업경제 시대에 지식의 대량 확산이라는 흐름을 잘 타는 성공 사례를 이루었다.

하지만 이제 산업경제에서 지식경제의 시대로 넘어가고 있다. 새로 도래하는 지식경제를 맞아 한국인은 새로운 패러다임으로 스스로 재무장하지 않으면 다시 나락에 빠질 수 있다. 이미 한국인 특유의 자랑거리였던 기업가 정신이 쇠퇴하고 있다거나, 낮은 출생률과 급속한 고령화 사회로의 이행, 대학을 나오고도 취직을 못 하는 청년실업 사태 등 많은 징후들이 우려를 더하게 한다. 특히 지식이 국력의 원천인 지식경제에서 우리의 획일적인 평준화 교육과 평등주의는 한국의 청소년을 글로벌 경쟁에서 뒤처지게 하는 원인이 되고 있다. 지식경제는 본질적으로 경쟁의 산물이기 때문이다.

지식의 의미 변화와 산업화에의 영향

지식경제의 본격화를 예고하는 융합기술 시대를 맞아 이 시대가 요구하는 인재의 요건을 명확히 하고 그런 인재를 제대로 길러 내는 일이야말로 백년대계라 할 만하다. 기술융합 시대의 인재 요건을 파악하기 위해서는 이 시대의 역사적 성격을 올바르게 간파할 필요가 있다.

지식사회의 도래를 예언한 피터 드러커

피터 드러커에 의하면 역사상 기술의 발전 단계는 지식의 의미 변화와 관련이 있다. 이는 지식의 의미와 쓰임새에 대한 변천의 과정을 살펴보면 오늘날의 기술융합이라는 현상의 의미를 보다 생생하게 파악할 수 있음을 의미한다. 지식(knowledge)은 다음과 같은 단계로 변천했다.

① 교양으로서의 지식—아주 오랫동안 지식은 사람이 품위 있게 사는 데 필요한 교양으로 인식되었다. 소크라테스가 "너 자신을 알라."고 한 것이나, 동양의 유학이 대체로 "군자로서 어떻게 살고 행동하고 말해야 하는가."를 가르쳤던 것처럼 지식이란 곧 교양을 의미했다.

② 기술로서의 지식—그러다가 1700년경 기술(technology)이 발명되었다. 그 이전 장인의 비밀스런 메모나 머릿속에만 존재하던 비전(秘傳)으로서의 '기능(techne)'이 백과전서에 의해 집대성되면서 기능은 기술로 확산된 것이다. 이제 단지 교양으로서의 지식보다는 물건이나 공정, 도구를 만드는 데 쓰이는 기술이 보다 의미 있는 지식이 되었다. 기술의 확산이 바로 산업혁명의 본질이다.

③ 일하는 방법에의 적용—미국의 프레더릭 테일러가 과학적 관리법을 집대성함으로써 1880년경부터 생산성이 획기적으로 개선되면서 산업혁명이 가속화되었다. 이때부터 사람들은 작업하는 방법(일)에 지식을 적용하기 시작했다. 이제 사람들은 단순히 열심히 일하는 것보다는 현명하게 일하는 방법을 찾아 표준화할 수 있게 된 것이다. 바로 이 과학적 관리법을 모태로 한 산업교육에 의해 한국은 불과 20여 년 만에 산업국가로 도약할 수 있었는데, 이는 세계적인 성공 사례에 속한다.

④ 경영혁명의 단계—제2차 세계대전 후 본격적으로 일기 시작한 경영혁명으로 기업과 여타의 기관들은 지식을 체계적인 혁신(innovation)에 적용하기 시작했다. 즉 지식을 지식 자체를 갈고닦는 데 적용하기 시작한 것이다. 오늘날의 경영(management)을 달리 정의하자면 '남다른 지식으로 핵심

역량을 확보하고 지속적으로 새로운 지식을 창출하여 고객 가치를 창조하는 활동'이라 할 수 있다. 즉 조직체의 성과는 지식 창출의 질과 속도로 결정된다. 이에 따라 변화와 혁신, 조직 학습의 중요성이 강조되는 시대가 되었다. 한국의 몇몇 대기업들이 글로벌 기업으로 도약한 것은 지속적인 혁신 프로세스를 경영에 내재할 수 있었기 때문이다. 비교적 한국은 이 단계까지는 그럭저럭 성공적인 나라였다고 할 수 있다.

⑤ 전환기 이후의 사회—융합기술의 시대는 드러커의 표현을 빌리면 전환기 이후의 시대라 할 만하다. 전환기 이후는 단지 한 세대 차이임에도 불구하고 그 이전과 이후가 너무도 달라서 아이들이 부모 세대의 사회와 생활상을 이해조차 못하는 세상이 될 것이다. 이는 지식사회가 심화되면서 나노기술(NT), 바이오기술(BT), 정보기술(IT), 인지과학 등 첨단기술이 융합하여 그 영역을 서로 넘나들며 새로운 기술과 신산업을 창출함으로써 만들어 낼 격동적인 새 시대의 모습이다.

융합기술 시대의 인재 요건과 인재상

지식의 역사적 발전을 살펴보면, 융합기술의 시대란 대체로 지식사회가 본격화하여 전환기를 넘어간 시점으로 볼 수 있다. 지식사회란 전체 구성원 중에서 지식근로자의 비중이 압도적으로 커진 사회, 그리고 전체 자산 중 지적재산권과 같은 지식자산의 비중이 절대적으로 크고 중요하게 된 신경제 사회를 말한다. 이는 지식의 융합에 의해 무형적 지적자산의 규모가 기하급수적으로 커지게 되는 데 기인한다. 우리는 이제 전환기 이후의 시대를 준비하고, 또한 그때 활약할 인재를 육성해야 한다. 이는 크게 보아 진정한 지식근로자를 육성하고 지식근로자가 제 기량을 펼칠 수 있는 토양을 만드는 것으로 요약할 수 있다. 그렇다면 여기서 말하는 지식근로자란 어떤 사람을 말하는지 그 속성을 먼저 생각해 보자.

우선 이 시대의 주역인 지식근로자는 자신의 전문성으로 무장하고 평생직장보다는 자신의 일에서 정체성을 찾는 지식근로자들이다. 지식근로자란 최초에 교양 있는 사람 내지 교육받은 사람을 의미하던 데서 이제는 의미 있는 혁신을 이룰 수 있는 고도의 전문 지식을 보유한 사람들을 의미하게 되었다. 이들 최고 전문가를 확보하기 위해 대기업 등 유력한 조직체들은 다양한 인센티브를 제시하며 모셔 가기 경쟁을 한다. 창조적인 지식근로자 한 사람이 주도하여 엄청난 신사업을 성공시킬지도 모르는 시대이기 때문이다. 이런 모습은 지식사회 역시 고도의 경쟁사회일 수밖에 없음을 시사한다.

또 다른 속성으로서, 지식근로자는 혼자가 아니라 조직에 소속될 때에만 생산적이 될 수 있다는 점을 들 수 있다. 사회적으로 의미 있는 업적은 지식근로자가 대기업체나 특정 조직체에 소속되어 조직체의 역량 속에서 기여하면서 이루어지기 때문이다. 즉 지식근로자는 팀플레이어가 되어야 한다. 융합기술도 서로 다른 전문 분야를 다루는 전문가 간의 팀워크 속에서 창조된다. 하지만 지식근로자가 고용되는 형식은 꼭 현재의 전일제 근무뿐 아니라 프리랜서 내지 비정규직 형식 등 다양하게 변할 것이다. 이런 면에서 앞으로 요구되는 지식근로자는 우선적으로 자신의 영역에서 고도의 전문성을 가지면서도 동시에 다른 인접 영역, 더 나아가 인문, 교양에 대해서도 폭넓은 안목을 가짐으로써 팀 프로젝트에서 리더십을 발휘할 수 있는 사람이라야 한다. 흔히 T자형 인재가 요구되는 것이다.

이상 논의한 지식근로자의 속성에 부합하면서 도래하는 융합기술 시대를 맞아 한국의 국가 경제를 지난 시절 우리가 구가했던 한강의 기적처럼 또 한 단계 도약시킬 수 있는 인재군을 육성해야 한다. 그런 인재군은 크게 다음 세 그룹으로 나눌 수 있다.

첫째는 글로벌 경영 능력을 갖춘 경영인력이 필요하다. 오늘날 대두하고 있는 기술융합의 시대에 국가 경쟁력을 한 단계 재도약시킬 수 있는 주역은 고도의 경쟁력을 갖춘 지도자급 인재다. 이런 인재의 예로서 도산 위기의 노키아를 세계 제일의 회사로 만든 요르마 올릴라라는 천재 경영인을 들 수 있다. 그는 노키아를 통해 인구 500만의 핀란드인에게 삶의 희망을 선사하며 일등 국가의 비전을 제시할 수 있었다. 이와 유사하게 GE의 경쟁력은 잭 웰치라는 천재적 경영자가 결정적인 역할을 했다. 애플, 마이크로소프트, 구글, 아마존 같은 세계적 기업들의 성공도 각각 천재적 창업자의 창의적 아이디어에 의해 만들어졌다. 이들 글로벌 기업들은 매출의 대부분을 자국이 아닌 해외에서 올리고 있는데, 이는 그 직원들을 글로벌 경제에서 활약할 수 있는 인재로 키웠기 때문에 가능한 것이다. 이런 예를 볼 때, 한국이라는 경계 속에서 교육 기회의 균등이나 따지는 풍토에서는 글로벌 경영 능력을 갖춘 인재는 나오기 어렵다. 따라서 우리는 하루속히 세계 수준의 인재가 되기 위한 열린 경쟁을 당연하게 생각하는 인재 육성 환경을 만들어야 한다. 이는 해외의 글로벌 인재와 기업들이 한국에 들어와 불편 없이 활동하고 투자할 수 있는 기본 인프라 구축을 포함한다. 지난 세월의 성과로 볼 때 유능한 경영자를 만들 자원은 충분하다고 본다면, 하루속히 싱가포르와 같은 글로벌 환경을 만들 필요가 있다.

둘째는 두뇌형 고부가가치 기술자의 양성이 필요하다. 이들은 대개 이공계 대학의 커리큘럼에 의해 양성되는 엔지니어 직무군을 말한다. 이들을

지식경제에서 가치 창조는 주로 지식근로자로부터 나온다.

새 시대의 요구에 맞는 경쟁력 있는 인재로 키우는 일에 있어서 한국의 대학들은 통렬한 책임감을 느껴야 한다. 경제 규모의 면에서는 10여 위권인 한국이라지만 한국의 대학들은 세계 순위 100위권 바깥에 있는 현실이라든가, 대학의 졸업자들에게 기업체에서 즉시 일을 맡기지 못하고 새로 교육을 시켜야만 현업 배치가 가능하다는 불만을 볼 때 한국 대학의 기술자 교육은 대체로 경쟁력이 떨어진다고 평가할 수밖에 없다. 더 심각한 문제는 그나마 대학들이 양성해 내고 있는 분야는 지금까지 우리를 먹여 살렸던 하드웨어형 산업, 예컨대 투자 주도형 장치 산업인 반도체, 디스플레이, 자동차, 조선, 철강, 휴대폰에 공급할 인력들이다. 반면에 앞으로 폭발적으로 부가가치를 창출할 두뇌형 기술 분야들, 그리고 그 융합기술에 대한 대비는 절대 부족하다.

셋째, 테크놀로지스트(technologist) 양성이 필요하다. 테크놀로지스트는 숙련 기능과 전문 지식이 합쳐진 기능 전문가 직업군을 말한다. 예를 들면, 기계나 자동차 등의 제작·가공 및 A/S 기사, 종합병원의 첨단 기기를 다루는 각종 의료 기술자, IT 분야의 소프트웨어 개발자 및 멀티미디어 콘텐츠 개발자 등 종래 기능인의 숙련과 정규교육에서의 지식이 합쳐진 직무를 말한다. 이들에 대한 수요는 융합기술 시대를 맞아 지식경제가 심화되면서 그 다양성과 비중이 크게 증가할 것이다. 오늘날 폴리텍대학에 의해 양성되는 기능 인력들이 이 유형의 지식근로자에 속하는데, 이들은 청년실업의 악천후 속에서도 높은 취업률을 보이고 있다. 현재로써 한국인의 정서는 세칭 일류 대학, 혹은 전공 불문하고 4년제 종합대학을 고집할지언정 특정 기능 분야에서 자신의 경력을 시작하겠다는 사람은 아직 많지 않다. 그러나 일본이나 독일 같은 전통적인 산업 강국은 고도의 기능 전문인을 키우는 전통을 갖고 있다. 몇 년 전 후지모토 다카히로 도쿄 대학 교수가 펴낸 책『모노즈쿠리』는 우리말로 '물건 만들기' 정도가 될 터인데, 단순한 물건 만들기가 아니라 일본의 혼이 실린 물건 만들기를 말한다. 책 이름뿐 아니라 같은 이름의 대학도 있다. '모노즈쿠리 대학'은 제조업 세계 최강이라는 일본의 제조혼을 살릴 목적으로 설립되었는데, 드러커에게 영문 학교명을 부탁하여 'Institute of Technologists'라는 이름을 부여받을 정도로 기능인 양성에 자부심과 사명감을 갖고 있다.

청년실업 문제와 지식근로자의 경력관리

대체로 보아 국가 경쟁력은 위의 세 분야의 지식근로자들을 얼마나 충분하고도 탁월하게 육성하느냐에 달려 있다. 지식근로자는 전문가로서의 윤리관과 책임 의식을 가져야 한다. 이런 관점에서 오늘날 국가 경쟁력을 위해 절실히 요구되는 분야에서 자기성장을 하고 두각을 나타내는 것은 사회에 대한 커다란 공헌이다. 그럼에도 불구하고 한국의 많은 젊은이들은 여전히 세칭 '사(士)'자 직업을 갖기 위해 올인하다시피 매달리고 있다. 이공계 대학에 합격만 해 놓고 즉시 고시 준비에 들어가는 학생들, 공무원이 되기 위해 수백 대 일의 시험을 준비하고 있는 사람들이 얼마나 많은가? 하지만 국가 경쟁력이라는 차원에서 이렇게 수많은 젊은이들이 여러 해를 고시 준비로 세월을 보내는 것은 국가적인 낭비라 하지 않을 수 없다. 앞에 언급했듯이 오늘날 요구되는 지식근로자의 중요한 속성의 하나는, 지식근로자란 혼자서가 아니라 조직에 속해서 주위의 다른 지식근로자와 함께 일하는 가운데 성과를 내고 스스로 개발된다는 점이다. 반면에 고시 합격을 위해 여러 해 동안 수험서를 외우는 일을 해 보았자 지식근로자로서 요구되는 창의성이나 문제해결 능력이 올라가는 것은 아니다.

결론적으로 만약 자신의 적성이 허락한다면, 자신과 국가를 위해 위에 제시한 세 분야를 형편에 맞게 도전해 보라는 것이 오늘날 권고해 봄 직한 경력관리 방안이다. 만약 당장 이공계 대학에 갈 형편이 안 된다면 우선 테크놀로지스트로서의 교육을 이수하고, 즉시 기업 등 조직체에 취업하기를 권고한다. 이렇게 조직체에 들어가서 자신의 전문 분야에서 일을 시작한 사람은 일과 더불어 성장한다. 그리고 오늘날의 지식정보화 사회는 또한 평생학습의 시대이기 때문에 자신의 인생 계획에 따라 언제든지 여건에 맞춰 대학이든 대학원이든 심화된 교육을 이수할 수 있고, 고도 기술자, 나아가 글로벌 경영자로 성장할 수 있다. 혹은 그 과정에서 자신의 직장 경험을 살려 기술 기반의 벤처를 창업할 수도 있으며, 이를 성공시켜 중견기업

취업박람회에서 일자리를 찾고 있는 젊은이들

으로 키운다면 국가와 사회를 위해서 크게 공헌하고 큰 성취감을 맛볼 수 있을 것이다.

대학을 나와 의욕에 차서 사회에 진출하고자 하는 사람들이 일자리가 없는 것만큼 사회로부터 모욕감을 느낄 만한 일은 또 없다. 그런 만큼 새 시대의 필요가 무엇인지 간파하고 시간의 공백 없이 지식근로자로서의 경력을 시작하는 것은 자신과 국가를 위해 매우 중요하다. 더욱이 이런 문제를 정부나 사회가 해결해 주기를 기대하기 어렵다는 점을 알아야 한다. 오늘날은 다원화 사회이기 때문에 수많은 다원적인 이해관계로 엮인 사회문제를 정부가 쉽게 해결할 수 있는 경우는 별로 없게 된 것이다. 예를 들어 청년실업 문제는 심각한 수준이지만 정부가 할 수 있는 일은 기껏 인턴사원을 장려하기 위해 보조금을 지급한다는 정도로 거의 무력하다. 청년실업 문제로 직업을 찾는 일이 늦어지고 불투명해지다 보니 자연히 결혼 연령도 늦어지고, 아이를 낳는 시기도 늦어지면서 한국은 세계에서 최저의 출산율을 기록하는 나라가 되었다. 사실 청년실업 문제는 나라의 명운을 좌우할 근본 문제인 셈이다.

지식사회란 본질적으로 경쟁의 시대임을 인정한다면, 지식사회의 심화에 발맞추어 정부가 지금부터라도 기업, 대학, 공공기관 등 기관들에게 최대한 자율을 허용하고, 평준화보다는 경쟁을 유도하여 신속히 글로벌 경쟁력을 회복하게 하는 정책을 펴는 것이 바른 방향일 것이다. 이에 따라 차츰 경쟁력이 향상되면 기관들은 직원을 더 뽑을 여력이 생길 것이고, 나아가 지식근로자들은 자신의 전문 분야 속에서 일을 하며 경쟁력을 키울 기회를 찾게 된다. 어차피 우리만의 울타리 속에 안주해서 살 수는 없는 세상이라면 그 속에서 우리만의 평준화를 외쳐 봤자 소용없는 일이다. 동시에 이 융합의 시대를 사는 개인들은, 새 시대의 필요가 무엇인지 간파하고 시간의 공백 없이 지식근로자로서의 경력을 시작하는 방안을 찾는 것이 자신과 국가를 돌보는 일이 될 것이다.

참고문헌

- *A Functioning Society: Selections from Sixty-Five Years of Writing on Community, Society, and Polity,* Peter F. Drucker, Transaction Publishers, 2002. / 『경영의 지배』, 이재규 역, 청림출판, 2003.
- ビジネス力の磨き方, 大前研一, PHP研究所, 2007. / 『글로벌 프로페셔널』, 오마에 겐이치, 박화 역, 이스트북스, 2008.
- 日本のもの造り哲学, 藤本隆宏, 日本経済新聞社, 2004. / 『모노즈쿠리』, 후지모토 다카히로, 박정규 역, 월간조선사, 2006.

최영락(고려대학교 정보경영공학부 교수)

서울대학교 농과대학과 행정대학원을 졸업하고, 덴마크 로스킬드 대학교에서 기술정책학으로 박사 학위를 받았다. 과학기술정책연구원(STEPI) 원장, 국가과학기술자문회의 자문위원, 대통령 자문 정책기획위원회 위원, 공공기술연구회 이사장을 지냈으며, 현재 고려대학교 공과대학 정보경영공학부 교수이다. 한국공학한림원 회원으로 활동 중이며, 주요 저서로는 『창조적 혁신으로 새 성장판을 열자』(공저) 『세계 1위 메이드 인 코리아, 반도체』(공저) 『한국의 미래기술혁명』(공저) 등이 있다. 한국공학한림원 제6회 일진상(기술정책 기여)을 수상했다.

4장 융합기술과 혁신정책

융합기술의 의의

융합기술은 서로 다른 기술들이 결합되어 개별 기술들의 특성은 상실하고 새로운 특성을 갖는 기술이나 가치를 창출하는 현상이다. 융합기술은 기존 기술들을 재조합하여 새로운 기술을 탄생시키는 퓨전과, 다른 기술들이 만나 새로운 가치를 창출하는 컨버전스로 구분되기도 한다. 여기서는 융합기술의 근본적인 변화를 중시하는 의미에서 컨버전스 시각으로 살펴보고자 한다.

현재 미국, 일본, 독일 등 선진국들은 21세기 과학기술 주도권을 확보하기 위해 치열한 경쟁을 전개하고 있다. 미국은 21세기 과학기술 리더십을 유지하기 위해 기초연구에 대한 대대적인 투자를 선언하였으며, 일본은 62

개 전략 중점 과학기술 등 21세기 유망 과학기술에의 선택과 집중을 강조하고 있고, 독일은 21세기 과학기술을 개척하기 위한 전략적 영역을 설정하여 이에 대한 선택과 집중을 강화하고 있다. 이러한 과학기술 경쟁의 기저에는 융합기술이 자리를 잡고 있다. 기존의 전공 분야별 학문과 이론은 발전할 만큼 발전하여, 이제 벽에 부딪혔기 때문이다. 또 21세기에 새롭게 등장할 신산업은 기존의 전공 분야별 지식보다는 이들 간의 융합을 통해 형성될 새로운 지식이 그 토대를 이룰 가능성이 매우 높다.

한국의 과학기술도 반도체, 모바일, 디스플레이, 자동차, 조선, 철강 등에서 세계 일류 제품을 스스로 창출할 수 있는 수준까지 크게 발전하였다. 불과 40여 년이라는 짧은 기간에 선진국과 어깨를 나란히 할 정도로 과학기술 수준을 끌어올리는 대단한 성과를 거둔 점을 전 세계가 높이 평가하고 있다. 하지만 21세기 한국은 과학기술에서 글로벌 리더십에 동참해야 하는 상황에 처하게 되었다. 한국이 추구하는 과학기술의 전략적 영역에서 세계를 선도하는 역량을 갖추어야만, 지금 이상으로 발전할 수 있는 시대에 진입한 것이다. 어느 국가도 더 이상 한국에게 원천기술을 제공하지는 않는다. 특히 21세기 과학기술 리더십 경쟁의 중심에는 융합기술이 자리를 잡고 있으므로, 융합기술의 발전에 우리가 더욱 힘을 쏟아야 할 것이다. 또한 21세기 신산업으로 예상되는 에너지, 환경, 바이오 · 헬스, 안전 등에서 글로벌 경쟁력을 확보하기 위해서는 충분한 융합기술 역량의 축적이 선결요건이다.

다른 한편 한국도 그동안의 발전 과정을 거치면서 매우 복잡한 사회구조를 갖게 되었다. 따라서 한국 사회에서 일어나는 많은 과제들을 효과적으로 해결하기 위해서는 다양하고 복잡한 사회과학 지식과 다분야 과학기술 지식을 함께 필요로 한다. 이러한 다분야 융합지식들이 없으면 살아

융합기술은 주요 국가적 과제를 해결하는 데 핵심적인 관건이 되었다.
(사진은 2006년 발사에 성공한 다목적실용위성 2호[아리랑 2호])

가기도 어렵고, 문제들을 풀 수가 없는 시대에 진입하였다. 특히 한국은 과학기술 지식이 없이는 국가 발전을 상상하기가 어려운 상태에 도달하였다. 성인병 치료, 원격 의료, 식품 안전, 청정에너지 개발, 온실가스 감축, 폐기물 처리, 통합 교통 시스템 구축, 수명이 길고 안전한 건축물, 제조물 안전, 안전한 사회, 지진 · 홍수 · 태풍 등 자연재해 방지, 에너지자원의 안정적 확보, 사스 · 고병원성 조류독감 · 신종 인플루엔자 등의 감염증 치료, 첨단기술을 기반으로 하는 국방력 확보, 원자력 · 우주 · 해양 등 거대과학의 실현과 같은 주요 국가적 과제(national agenda)들을 제대로 해결하기 위해서는 과학기술의 힘이 절대적으로 필요하게 되었다. 이와 같은 국가적 과제들은 전통적인 학문 분야별 지식보다는 새로운 다분야 융합지식을 잘 활용해야만 해결될 수 있는 사안들이다. 나아가 과학기술과 인문학의 결합에서 많은 실마리를 찾을 것으로 기대되고 있다.

정부의 지원 시책

융합기술의 발전 방향은 과학기술 간 융합이 그 하나요, 과학기술과 인문학의 융합이 또 다른 하나이다. 과학기술 간 융합에서는 연관 분야 간 융합이 활발하다. 대표적인 예로서 정보통신기술과 인터넷기술의 융합을 통해 디지털 융합이 발전하고 있으며, 유선통신기술과 무선통신기술 그리고 컴퓨팅 기술이 결합하여 유비쿼터스 컴퓨팅이 급속하게 발전하고 있다. 또 서로 다른 분야 간 융합기술의 발전도 활발하다. 정보통신기술과 자동차기술이 결합한 텔레매틱스, 바이오기술과 나노기술이 결합한 바이오칩, 로봇기술과 바이오기술이 결합한 사이보그 등이 그 예이다.

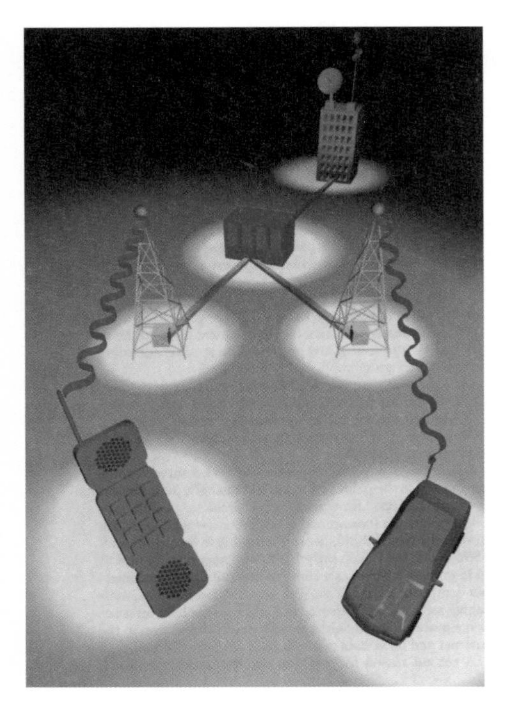

텔레매틱스는 자동차와 외부 정보 센터를 연결하여 운전자에게 각종 정보를 제공한다.

다른 한편 과학기술과 인문

학의 결합도 중요한 형태이다. 인지과학의 융합학문인 인지인문학, 뇌과학의 융합학문인 사회신경과학, 진화론의 융합학문인 진화심리학, 복잡성과학의 융합학문인 복잡계 경제학 등이 있다. 과학기술과 문화예술의 융합도 활발하게 진행되고 있다. 과학기술과 문화, 과학기술과 예술, 과학기술과 엔터테인먼트의 융합 등이 다양하게 전개되고 있다.

선진국들은 그동안 이와 같은 융합기술의 발전을 지원해 왔지만, 21세기 들어 그 지원을 더욱 체계적이고 활발하게 전개하고 있다. 미국은 2002년 '인간 활동의 향상을 위한 기술의 융합' 전략을 마련하여 융합기술을 종합적으로 추진하는 체제를 구축하였다. 유럽연합 역시 2004년 '지식사회 건설을 위한 융합기술 발전 전략'을 수립하여 융합기술 발전을 위한 지원 체제를 강화하였다. 일본은 융합기술을 개발하기 위한 국가적 차원의 종합 계획을 수립하지는 않았지만, '제3차 과학기술 기본계획(2006~2010)'에서 NT, BT, IT, ET 등 4대 전략 분야 및 융합기술을 집중적으로 개발하는 전략을 수립하여 이미 시행하고 있다.

한국도 이러한 세계 동향에 효과적으로 대처하기 위하여 교육과학기술부, 지식경제부, 문화체육관광부 등이 개별 부처 차원에서 추진해 오던 융합기술 지원 정책을 범부처적으로 추진하기 위하여 2008년 11월 '국가융합기술 발전 기본계획(2009~2013)'을 수립하여 추진 중에 있다.

현재 이 계획에 의거하여 원천 융합기술의 조기 확보, 창조적 융합기술 전문 인력의 양성, 융합 신산업의 발굴 및 지원 강화, 융합기술 기반 산업의 고도화, 개방형 공동 연구의 강화, 범부처 연계 협력 체계 구축 등 6대 추진 전략이 시행되고 있다. 정부는 이를 통해 원천 융합기술 수준을 선진국 대비 70~90퍼센트 수준으로 끌어올리고자 하며, 총 5조 8900억 원을 투입할 계획이다.

융합기술 발전을 위한 혁신정책

융합기술의 대부분은 선진국들이 이미 강점을 갖고 있는 부문이다. 그만큼 선진국과의 기술 격차가 큰 셈이다. 그러나 다른 한편 선진국들도 발전 초기 단계에 있기 때문에, 선택과 집중을 통해 우리가 전략적으로 추진한다면 충분히 승산이 있는 부문이기도 하다.

현재 한국에서도 융합이라는 말이 유행처럼 사용되고 있지만 무늬만 융합이고 알맹이가 없다는 비판에는 귀를 기울여야 한다. 또한 많은 분야에서 다양한 유형의 융합기술 인재들이 요구됨에도 불구하고, 현재까지 융합형 인재의 양성을 지원하는 정부의 프로그램이 크게 부족했던 점도 개선해야 한다. 그리고 한국을 한 단계 발전시키기 위한 융합기술에 대한 수요가 매우 큼에도 불구하고 융합기술에 대한 연구가 연구자들의 개인적 호기심에 머무는 연구와 논문 위주로 진행되어 온 점을 반성해야 한다. 이하에서는 현재 진행되고 있는 정부의 지원 시책과 맥락을 같이하면서, 핵심 쟁점들을 재확인하는 의미에서 몇 가지 정책 방향을 제안하고자 한다.

첫째, 동종기술 간 혹은 이종기술 간 다분야 융합기술의 발전을 더욱 촉진시킬 수 있도록 연구개발 프로그램을 혁신해야 한다. 이를 위해 주요 국가적 과제들을 해결할 수 있도록 목표 지향적 연구개발 프로그램들을 많이 발굴하고, 이들이 국가 연구개발 사업의 주축이 되도록 개편해야 한다. 또 이들을 명실상부하게 추진할 수 있도록 산학연 네트워크의 클러스터형 추진 체제를 구축해야 한다. 한국이 지향해야 할 고부가가치 경제, 삶의 질 향상, 지속 가능한 사회, 사회 시스템의 고도화, 에너지자원의 안정적 확보, 강력한 국가 안보 등 주요 과제들을 해결하기 위한 목표 지향적 클러스터형 연구개발 프로그램들을 많이 발굴해야 한다.

또한 미래 유망 신산업으로 떠오르고 있으며 선진국들이 강점을 갖고 있는 에너지, 환경, 바이오 · 헬스, 안전 등에서 한국의 수요가 큰 영역에 도전할 수 있는 역량을 확보하기 위한 연구개발 프로그램들을 대대적으로 발굴, 추진해야 한다.

둘째, 융합기술에 통달한 인재를 다양한 형태로 많이 길러 내야 한다. 이를 위해 유능한 융합기술 연구 책임자뿐만 아니라, 유능한 벤처 창업자, 유능한 발명가, 유능한 현장 전문가 등을 많이 육성할 수 있도록 인재양성 프로그램을 대대적으로 확충해야 한다. 유능한 융합기술 인재는 기술의 개발에 정통하며 여러 기술들에 대한 지식과 안목이 매우 높을 뿐만 아니라, 이들 기술들이 활용되는 측면에 대한 깊은 이해와 통찰력을 갖춘 인재를 의미한다. 이와 같이 다방면에 역량을 갖춘 인재를 양성하는 것은 결코 쉬운 일이 아니며, 또 대규모로 이러한 인재를 확보하기는 더욱 어렵다. 융합기술 인력은 단기간에 육성되는 것이 아니기 때문에 장기간에 걸쳐 융합기술 인재들을 육성할 수 있는 시스템을 구축하고 여건을 조성해야 한다.

셋째, 융합기술에 대한 연구는 학문 발전이나 원천기술 창출에 머무는 것이 아니라, 국가적 과제 해결과 산업의 발전에 기여하는 연구들이 주류를 이루어야 한다. 현재 대부분의 융합연구는 연구자 주도의 공급 지향형 연구가 주류를 이루고 있으며, 또 연구 성과는 논문으로 평가받고 있는 것이 현실이다. 이를 개선하기 위해 융합기술 연구 과제의 기획 과정을 연구자들이 주로 참여하는 것이 아니라, 사회 현장 및 기업의 전문가들이 주도하는 체제가 구축되어야 한다. 또한 이들 연구 과제들의 평가에서, 논문이나 학문적 기여가 아니라 현실 문제 해결에의 실질적인 기여도가 가장 중요한 평가 지표가 되어야 한다.

넷째, 융합기술이 활발하게 추진되기 위해서는 혁신정책이 정부 부처로

2010년 세계 10대 엔진으로 선정된 현대·기아자동차의 타우엔진

광범위하게 확산되어야 한다. 현재 대다수의 정부 부처를 살펴보면, 연구개발 정책에 대하여는 높은 관심을 기울이고 있으나, 그다음 단계인 혁신정책으로의 이행은 아직 미흡한 편이다. 대부분의 정부 부처가 자신들이 추진하는 연구개발 프로그램의 발굴과 운영 자체에 치중하는 수준에 머물러 있으며, 이를 각 부처가 수행하는 주요 정책과 직접 연결하는 것이 요체인 혁신정책 단계로의 진전은 미흡한 것이다. 융합기술이 발전하기 위해서는 각 부처에서 혁신정책이 핵심 정책으로 정착되는 것이 매우 중요하다. 나아가 각 부처의 혁신정책이 범부처적으로 조율되는 정책 통합 및 통합적 혁신정책의 형태로 요구됨에도 불구하고, 그 실현까지는 아직 상당한

거리가 있다.

다섯째, 융합연구가 활성화될 수 있도록 제도를 정비해야 한다. 연구자와 연구자, 연구실과 연구실, 연구기관과 연구기관, 그리고 학문과 학문 간의 벽을 낮추고 허물어야 하며, 이를 위해서는 융합연구에 대한 인센티브가 충분하게 제공되어야 한다. 전통적으로 한국은 전공 간 벽이 매우 높을 뿐만 아니라, 개인 혹은 집단 간 협력연구가 매우 취약한 풍토이다. 따라서 연구자들이 네트워크를 통한 융합기술 연구를 우선적으로 추진할 수 있도록 융합기술에 높은 우선순위를 부여해야 한다. 그리고 산학연 간에 장벽을 허물고 상호 인적 교류를 자유롭고 활발하게 추진할 수 있는 시스템이 반드시 마련되어야 한다. 이를 위해 정부가 막대한 예산을 투입하는 정부 출연 연구기관을 완전한 산학연 개방 체제로 운영함으로써 융합연구의 중심체 역할을 담당하도록 해야 한다.

여섯째, 학문 간 벽을 허물기 위한 교육제도의 대대적인 혁신이 요구된다. 그동안 수도 없이 많이 주장되고 있으나 아직도 그 실행이 요원해 보이는, 중등교육에서 문과와 이과의 구분을 없애는 것은 반드시 넘어야 할 산이다. 또 대학 교육에서도 과학기술 전공 분야를 넘나드는, 그리고 과학기술과 인문학의 벽을 넘는 교육 프로그램들을 대대적으로 확충해야 한다. 현재 한국 대학에서 과학기술 분야 전공 간 교류와 융합을 추진하기는 매우 어려운 여건이고, 인문학 분야 전공 간 교류와 융합을 추진하기도 마찬가지로 매우 어렵다. 과학기술과 인문학 간 교류와 융합은 더욱더 어려운 셈이다. 2002년 개교하여 미국의 신흥 명문으로 부상한 올린(Olin) 공과대학은 학생들이 관심이 있는 영역에서 창의적인 제품을 창출하는 실습을 먼저 하고, 나중에 이론을 배우는 교육 프로그램을 채택함으로써 미국 최고의 인재들이 몰려들고 있다. 또 1991년 문을 연 홍콩과학기술대학은 공학과 경영학을 복수로 전공할 수 있게 함으로써 학생들이 후에 경영학 전공자의 2배에 가까운 급여를 받을 수 있도록 한 사실은 융합기술의 현실적인 가치를 잘 말해 주고 있다.

끝으로 융합기술의 강조가 결코 각 전공별 전문 지식의 심화를 소홀히 하는 것으로 해석되어서는 안 된다. 진정한 융합기술은 개별 전문 지식의 심화를 토대로 하는 것이며, 이때 더욱 큰 힘을 발휘함에 유의해야 한다.

참고문헌

- 『지식의 대융합』, 이인식, 고즈윈, 2008.
- 『차세대 산업 · 사회 인프라 구축전략』, 조황희 외, 한국산업기술진흥원, 2009.
- 『과학기술, 창조 한국의 길』, 최영락 외, 과학기술정책연구원, 2008.
- "국가융합기술 발전 기본계획(2009～2013)", 교육과학기술부, 2008.

10부

융합기술과 윤리

구인회(가톨릭대학교 생명대학원 교수, 가톨릭생명윤리연구소장)

서강대학교 철학과를 졸업하고, 독일 괴팅엔 대학교에서 철학 석사 및 박사 학위를 받았다. 현재 가톨릭대학교의 생명대학원 교수로 재직 중이며, 가톨릭생명윤리연구소 소장을 지내고 있다. 한국생명윤리학회의 회장으로 활동 중이다. 주요 저서로는 『생명윤리의 철학』『생명윤리 무엇이 쟁점인가』『죽음과 관련된 생명윤리적 문제들』이 있다.

1장 생명윤리

물질만능주의와 개인주의가 지배하는 현대사회에는 무분별한 생명 연구와 실험, 줄어들지 않는 낙태율, 폭행, 자살 등 다양한 형태의 생명경시 현상이 만연하고 있다. 이렇게 죽음의 문화가 확산되고 있는 상황에서 생명 존중 의식과 윤리는 실종되고 있다. 한편 첨단 생명과학의 발전으로 인해 예전에는 치유 불가능했던 많은 질병들을 치료할 수 있게 되었으며, 유전자 조작이나 생명 복제까지 가능하게 되었다.

이와 더불어 난치병 환자들을 위한 치료제 개발 가능성에 대한 기대감이 고조되고 있는 가운데, 자연 질서의 파괴와 생명 조작에 대한 불안과 위기의식 또한 팽배해 있다. 생명과학은 이제 단순한 과학기술이 아니라, 인간의 삶의 터전을 파괴할 수도 있는 위협이 되고 있다. 이와 같이 희망적이지만은 않은 예후를 심각히 받아들이고 더 늦기 전에 폐해를 막을 수 있는 방법을 모색해야 할 때이다.

첨단 생명과학의 향방은 우리 모두에게 관련된 문제로 인류의 운명을 결정할 것이며, 그 누구도 그러한 운명을 피할 수 없을 것이다. 생명과학기술이 약속하는 고통 없는 건강하고 행복한 미래에 대한 꿈이 어쩌면 인류의 재앙을 부르는 위협적 얼굴로 탈바꿈할지도 모른다. 우리가 조절할 수 있는 한계를 넘어설 정도로 급속도로 진행되어 가는 생명 조작 기술과 그로 인해 발생하는 인간 존엄성 훼손의 문제들에 대해 경각심을 가지고 하루바삐 대책 마련에 나서야 할 때이다.

유전공학에 대한 비판적 이해

오늘날 생명을 번식하게 하며 유전자를 변형시키는 새로운 유전공학기술로 인해 자연과학적, 의학적으로뿐만 아니라 윤리적, 법적으로도 아주 새로운 국면에 들어서게 되었다. 유전공학의 유전자 조작 기술은 이제까지 신의 영역에 속한다고 생각했던 생명현상을 인위적으로 조작하는 기술이라는 점에서 그 윤리성 여부에 대한 논쟁이 분분하다.

유전공학은 아직 신기술에 속하지만 대단히 빠른 속도로 발전하고 있으며, 그 응용 가능성의 폭 또한 대단히 넓다. 세포에 관한 우리의 지식은 더욱 확대되어 아직까지 알려지지 않은 응용 가능성이 열릴 것이다.

인간이나 동물의 기관에 중요한 역할을 하는 호르몬과 같은 자연물질은 매우 적은 양이 있을 뿐이며, 지금까지 그러한 호르몬을 의학의 목적으로 생산하는 일은 어렵거나 불가능했다. 그러나 유전공학은 필요한 유전자의 자연물질 구성을 박테리아나 세포를 배양해 다른 유기체에서 활성화시키는 것을 가능하게 해 준다. 이러한 방법으로 희귀한 물질을 대량으로 생산할 수 있으며, 병원균이나 바이러스의 성분을 백신으로 사용할 수 있다. 그러한 물질을 유전공학적 방법으로 생산하는 것은 완전한 바이러스나 병원균을 이용하는 것보다 덜 위험하다.

그런데 유전공학적으로 변형된 박테리아나 유기체가 외부 환경에 노출될 경우 그 유해성 여부가 우려된다. 이러한 기술을 검토할 때에는 일단 자연환경에 노출, 확산된 많은 박테리아나 유기체를 다시 수거할 수 없다는 사실을 염두에 두어야 한다. 위험한 유기체가 외부 환경에 확산될 가능성이 있는 경우 이러한 유전공학적 시도는 저지되어야 한다. 그러나 유해하지 않은 유기체가 외부에 노출되거나, 또는 큰 위험성이 없는 유기체가 안전한 방법으로 실험실이나 생산 장소에 보관된다면 일단 반대할 이유는 없을 것이다.

유기체의 유전자 검사는 몇몇 속성 및 결과를 초기에 예측할 수 있다. 식물의 경우 배아 단계에서 이미 성숙한 식물의 특징을 확인하는 것이 가능하며, 인간의 경우는 오늘날 많은 유전적 특징을 출생 전에 확인할 수 있어 중증 유전질환의 후기 발생을 예고한다. 그러한 지식의 확장은 인간에게 질병 예방의 가능성을 열어 주나, 태아 질병의 진단은 인공유산으로 이어질 수 있기 때문에 윤리적 찬반 논쟁을 불러일으킨다. 또한 특정한 직업병의 예견은 노동 안전의 개선이나 개인정보의 보호 대신 어떤 노동에는 특정 노동자의 취업을 제한할 수도 있다는 문제를 제기한다.

요즘 세계 곳곳의 수많은 연구소에서 유전자에 관한 연구를 한다. 이러한 연구에서 발생될 수 있는 위험은 실험실이나 실험에 직접 참여하는 사람들에게만 국한되지 않는다. 광범위한 연구 분야에서 과학은 그 한계를 넘어서 사회와 생물의 생활 조건을 실험장으로 이용한다. 물론 이론과 실험을 통해 성공적으로 새로운 지식이 획득되기도 하지만, 어떤 경우에는 연구의 위험이 회복 불가능한 사회의 위험이 될 수도 있다.

다양한 유기체 간의 유전자를 교환하는 일은 위험한지, 그러한 방법으로 인해 새로운 종류의 식물 해충이 발생되지는 않는지 검토해 보아야 한다. 그런데 모험 없이 얻을 수 있는 것은 없다. 의심할 바 없는 것은 지식이 더해질수록 그것을 더 조심스럽게 사용하게 된다는 사실이다. 다시 말해 믿을 만한 지식이 무지보다는 어떤 경우라도 더 낫다. 그러나 한 걸음 앞으로 나갈 때마다 과학자는 어떠한 모험에 발을 내딛고 있는가에 대해 신중히 생각해 보아야 한다.

배아 연구에 관한 윤리적 논쟁

과학기술은 우리 생활에 밀접한 영향을 미치며, 그 영향 범위가 전 사회, 전 세계에 이르고, 역사를 바꿀 수 있을 정도로 위력을 지니기도 한다. 따라서 과학자의 책임 또한 막중하다. 연구를 수행하는 데는 목적이 있다. 이 목적은 선한 데 있어야 할 것이며, 이 선한 목적에 도달하기 위한 수단이나 방법 역시 올바르고 선해야 한다.

불치병과 난치병 환자의 치료를 돕고자 하는 것이 목적이라는 배아 복제 줄기세포 연구는 배아의 죽음을 전제로 한다는 근본적인 윤리 문제를 지니고 있다. 난자와 정자로 수정된 배아이든, 체세포 핵이식을 통해 연구용으로 만들어 낸 복제 배아이든, 불임 시술 과정에서 남아 냉동 저장된 잔여 배아이든 모두 온전한 인간으로 성장할 수 있는 잠재력을 지닌 인간 존재이다. 환자들을 돕는다는 좋은 목적을 위해 연구한다지만, 생명을 조작

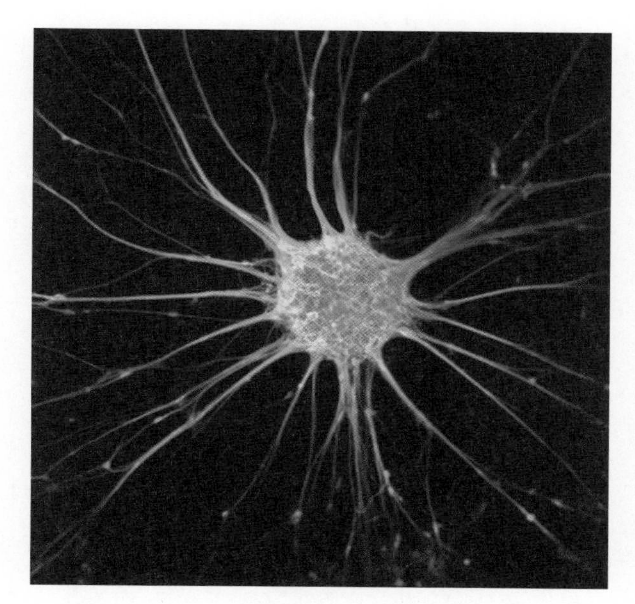

배아 복제 줄기세포 연구는 배아의 죽음을 전제로 한다는 근본적인 윤리 문제를 지니고 있다. 배아줄기세포에서 분화된 뉴런 다발의 확대 사진.

하고 줄기세포를 채취하는 과정에서 무고한 배아가 죽게 되는 것이다. 더구나 연구를 위한 배아의 생성은 궁극적으로 파괴할 목적으로 생명을 만드는 것이므로 더욱 윤리적 문제가 심각하다.

배아는 눈으로 식별할 수조차 없는 작고 미미한 존재이지만 단순한 물질이나 세포가 아니라, 온전한 인간 개체로 될 인간 존재인 것이다. 지금 존재하는 우리는 모두 배아의 시기를 거쳤으며, 배아는 인간으로 되는 데 반드시 거쳐야 하는 통로라고 할 수도 있다.

모체 내에서 성장 발육할 가능성이 있는 배아만이 인간 생명체라고 주장하는 이들이 있다. 같은 배아임에도 불구하고 실험실에 있는 배아는 함부로 다루어도 되는 단순한 세포 덩어리이고 모체 내에 있을 경우에만 인간이라는 생각은 인간의 정의를 위치나 환경에 따라 달리 규정하는 모순된 결과를 초래한다. 타인의 선택에 따라 자궁 이식 여부가 결정되고 그 결과로 배아의 생명이 보호되기도 하고 파괴되기도 한다는 것은 정의의 원칙에 어긋난다. 오히려 모체 내에서 보호받지 못하는 잔여 배아가 모체에 이식된 배아보다 보호의 필요성이 더 크다고 보아야 할 것이다.

인간 복제에 관한 윤리적 논쟁

지금까지 부모 자식의 관계는 엄마, 아빠, 아이라는 당사자들의 세 관계로 나누어져 있었다. 아이는 유전적으로 서로 다른 성별의 두 사람인 부모에게서 유래한다. 관습적인 부모 자식의 관계에서는 유전적 엄마와 아이의 생모가 동일하며, 보통 유전적 부모가 양육을 맡는다.

일반적인 부모 자식 관계의 경우 세 가지 언급된 관점이 모두 서로 다른 성별을 갖는 양성의 부모에게 부합된다. 이것은 이제까지의 전통적 부모에 대해 통용되어 왔던 관념이다. 인간의 복제는 이러한 전통적인 부모 자식 관계를 극단적으로 깨트릴 수 있다. 복제인간은 우선 유전적 부모라 할 수 있는 하나의 공여자를 갖는다. 공여자가 남성인 경우 다른 사람을 생모로 가져야 하며, 복제인간의 양육을 맡을 사람이 있어야 한다. 부모 자식의 역할은 이 경우 다양한 사람들에게 분할되고 부모 자식의 관계가 극단적으로 해체될 것이다.

오늘날은 복제의 도입과 무관하게 생식기술의 진보로 인해 부모 역할이 무너진 형태가 이미 존재한다. 불임의 부부인 경우 시험관에서 두 사람이 제공한 정자와 난자를 수정하여 배아를 대리모에게 이식시켜 아이를 낳게 할 수 있다. 그러한 과정을 거쳐 낳은 아이는 양육을 맡은 부모와, 유전적 부모와, 대리로 낳아 준 엄마라는 세 형태의 다른 관계를 갖게 된다. 이러한 형태는 많은 사람들에게 아직도 이상적이라고 여겨지는 관습적인 보통의 부모와 비교하면 이상적이지 못하다. 그러나 그것도 물론 복제의 경우보다 더 심한 부모 자식 관계의 파괴는 아닐 것이다.

우리는 인습적인 가족 관념을 상대화하는 사회적 변화의 문턱에 서 있다. 남성과 여성, 양성으로 구성되는 부모를 가지는 전통적 가족 외에 단성의 부모를 갖는 가족이나 한쪽 부모만을 갖는 가족을 생각할 수 있다. 게다가 특별한 부양자, 이를테면 본래 이러한 목적을 위해 양성된 사람들로서 그러한 기관에 속하는 사람들에게 양육을 위탁하여, 관습적인 의미의 가족에 대해 더 이상 말할 수 없는 상황을 상상해 볼 수 있다.

생명 연장의 윤리적 문제

오늘날 임종 환자는 병원에서 머물며 의사와 간호사의 돌봄과 현대 의학의 혜택에 둘러싸여 죽음의 진행 과정이 늦추어지고 있다. 그런데 언젠가 자신이 생의 종착점에 도달하는 경우 생명 연장 조치를 더 이상 취하지 않거나 중단하도록 결정할 것이라고 생각하는 사람들이 적지 않다. 사람들은 대부분 스스로 결정한 바에 따라 살기를 원하며, 언젠가 죽게 될 것이라면 어떤 때, 어떤 상황에서 죽을 것인가에 대해 가능하면 스스로 결정하여 영향을 미치기 원한다.

자신의 필연적인 죽음과의 개인적 대면, 더 나아가 아무런 마음의 준비 없는 상태에서 갑작스레 닥친 사랑하는 이의 죽음은 인간의 삶에 있어 가장 견디기 어려운 일들 중의 하나일 것이다. 아무리 훌륭한 의학이나, 합리적인 법규, 가장 인간적이고 윤리적인 규칙도 이러한 어려움을 극복시키지 못한다. 고통과 병고로 생존 자체를 위협받는 인간은 자신의 삶이 언제든 종말을 맞이할 수 있다는 사실을 알면서도 도움과 치유와 구원을 바란다.

진정한 의미의 존엄한 죽음이란 효율성이나 치료 가능성을 기준으로 하여 선택하는 것이 아니라, 다가오는 피할 수 없는 죽음을 자신의 삶의 한 부분으로 자연스럽게 맞아들이며 삶을 잘 정리하고 평화롭게 임종하는 것이라고 할 수 있다. 인간 생명은 진정 기본적이고 귀중한 선이요, 현세적 최고선이라 할 수 있을지라도 어떤 상황에서도 모든 인위적인 방법을 동원해 반드시 보존해야 하는 것은 아니다.

오히려 진정한 인간의 권리란 환자가 인간적인 존엄성을 유지하며 평화롭게 자연적인 죽음을 맞이할 수 있는 권리일 것이다. 생명의 소생 가능성도 없이 인위적으로 환자의 고통만을 연장시키는 것은 '의료 집착'이며, 이 경우 무의미한 연명 치료의 중지는 안락사가 아니라 '자연스러운 죽음'의 과정을 맞이하도록 돕는 행위이다.

무의미한 치료 중단에 관한 논쟁에서 환자의 자기결정권을 존중해야 한다는 주장이 강하게 대두되고 있다. 그런데 환자의 자기결정권은 중요한 권리이긴 하지만 죽음까지도 스스로 선택할 수 있는 무제한적인 권리는 아니다.

인간의 출생과 죽음에는 어떠한 선택권이 있을 수 없다. 출생에 선택의 권리가 없듯이 죽음도 선택할 수 있는 것이 아니며, 죽을 권리가 있는 것도 아니다. 따라서 자연적인 목숨이 다했는데 이를 기계적인 장치에 의지해 단순한 죽음의 시간만을 연장하려는 시도는 옳지 않다. 또한 자연적인 목숨이 다하지 않았는데도, 소생 가능성이 적고 고통스럽다고 해서, 또는 경제적인 부담이 크다는 이유에서 치료를 중단하고 생명을 포기하는 것이 환자의 당연한 권리라고 말할 수 없다. 존엄성은 살아 있음을 기초로 하기 때문에, 생명 존중은 곧 존엄성 존중으로 연결된다. 환자는 자신의 생명이 다하는 순간까지 필요한 적절한 조치를 받아야 한다.

무의미한 연명 치료의 중단은 환자나 가족의 의사에 좌우되어서는 안 되고 무엇보다 임상적 근거에 따라 조치해야 한다. 그런데 임상적 근거에 따른 조치가 무엇인지에 대한 정답이 있어 의료적 오류를 판가름할 수 있는 기준이 있다면 해결될 것이나 현실은 그렇지 않다. 같은 환자라도 주치의가 누구인가에 따라 다른 판단이 내려질 수 있다. 환자의 상태에 대한 적절한 치료라는 것이 담당 의사의 가치관에 따라 다르기도 하며, 의료기관의 이념에 따라 다르기도 하다는 데 문제가 있다. 어떤 의사는 지속적 식물 상태의 환자에게 수분과 영양분을 공급하는 것조차 의미 없다고 보기도 한다. 의료진뿐만 아니라, 환자와 가족도 제각기 다른 입장을 가질 수 있기 때문에 늘 갈등의 소지가 있다. 그러므로 일반화시켜서 이런 경우는 모두 이렇게 처리해야 한다는 법규나 제도를 만드는 것 또한 쉽지 않다.

인체실험의 윤리적 문제

인간 존재를 실험 대상으로 삼는 것에 관한 고려는 적어도 100여 년의 역사를 지닌다. 19세기에는 유럽과 미국의 많은 공공기관에 수용된 어린이들이 백신 실험의 대상으로 이용당했으며, 1890년대에는 생체해부 반대자들이 어린이 보호법을 요구하였다. 어떤 의학적 조치가 인체실험이었는지 아니었는지, 따라서 그것이 엄격한 동의 과정이 요청되는 특수한 도덕 범주에 속하는지 여부는 대개 연구자에게 남겨진 판단이었다.

이와 같이 20세기 초반까지는 연구를 어떻게 그리고 언제 할 것인가를 결정하는 것이 대부분 과학자의 판단에 맡겨졌었다. 이러한 관례는 점차 과학자의 판단을 외부로부터의 강제적인 보호 정책으로 보완시키는 방향으로 전향되었다. 이제 보다 더 엄격한 외적 보호·감독 정책의 시대로 들어갈 것이다. 이러한 새로운 정책이 효율적으로 연구 행위에 대한 과학자 개인의 윤리적 책임을 사면할 것인지, 그리고 그렇게 하는 것이 현명한 일인지는 아직 불확실하다. 엄격한 보호 정책의 본질은 과학자들의 임의 판단을 최소화하고 인간을 대상으로 하는 그들의 연구를 통제 조절하는 데 있다.

그러나 실제로 이러한 정책은 어떠한 마찰을 야기할 수도 있다. 예를 들어 고통을 제거한다는 목적을 추구하다 보면, 연구를 위한 배아의 희생을 정당화한다는 확신을 가지게 할 수도 있다. 배아가 존중받아야 함을 인정할지라도, 배아를 파괴함으로써 얻는 이익이 커지면 커질수록 더욱 어떻게 해서든 연구할 방법을 찾아야 한다고 주장하는 사람들이 많아질 것이다. 한편 고통의 제거가 진정한 실제적 명령이긴 하지만 절대적인 지상명령은 아니라는 사실을 인지하게 될 것이다.

과학 발전과 생명윤리

과학 연구에는 책임이 따른다. 학자의 내적인 책임은 자신이 탐구하는 것의 실태를 올바로 인식함에 있다. 과학자의 연구와 발언은 사회적 영향력을 갖는다. 사회 전반에 끼치는 과학자의 영향은 대단히 크므로 과학자에게는 특수한 책임이 있다. 과학자는 일반 시민들이 접하기 힘든 정보를 접하며 더 전문적이고, 광범위한 정보를 입수할 수 있는 지식과 능력이 있다. 어떤 분야에 대해 영향력이나 지식이 있는 사람은 누구든 그 분야에 대해 특수한 책임을 져야 한다.

사회는 그 사회가 필요로 하는 것을 과학에서 요구하며, 과학을 통해

과학자의 책임은 자신이 탐구하는 것의 실태를 올바로 인식함에 있다.

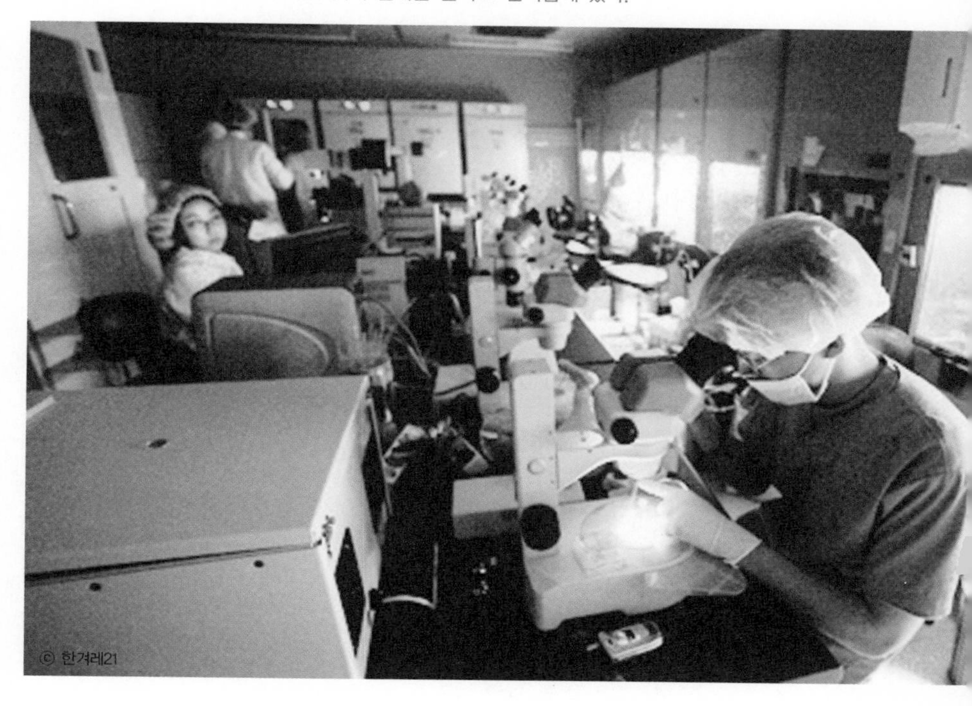

© 한겨레21

사회는 변화해 간다. 연구자에게는 연구의 대상과 방법의 올바른 선택을 비롯해 정직한 연구 결과 보고의 책임 등 다양한 의무가 있다. 연구 방법의 선택은 대부분 과학적 기준에 의해 이루어지지만, 연구 대상의 선택에는 순수한 학문적 문제만이 아니라 도의적, 경제적 측면도 적지 않은 역할을 한다. 과학자는 자신의 연구 결과에 대해 책임져야 한다. 많은 경우 과학 연구의 전개 가능성은 예측 불가능하다. 이러한 예측 불가능성은 과학적, 사회적, 정치적 책임을 면제해 주지 않는다.

현대인의 과학에 대한 믿음은 마치 신앙과 같다. 이렇게 규범적인 영향력이 증대됨으로 인해 과학의 중립성은 점차로 사라지고 있다. 새로운 과학의 영역으로 한 걸음 나아갈 때마다 우리는 어떠한 모험에 발을 내딛고 있는가에 대해 신중히 생각해 보아야 한다. 특히 생명과학 연구는 생명의 존엄과 생명문화 창달에 긍정적 역할을 할 수 있으나, 잘못 방향을 잡으면 인류를 파멸로 이끌 수도 있음을 간과해서는 안 된다.

사회적 행위로서의 과학은 사회적 가치를 반영하며, 예측하지 못한 새로운 가치를 만들어 내기도 한다. 광범위한 연구 분야에서 과학은 사회와 생물의 생활 터전을 실험장으로 이용하며, 인간을 포함한 생명체를 연구 대상으로 한다.

연구에서 발생될 수 있는 위험은 실험실이나 실험에 직접 참여하는 사람들에게만 국한되지 않는다. 이론과 실험을 통해 새로운 지식이 획득되지만, 어떤 연구는 사회의 위험이 된다. 오늘날 과학은 막대한 비용이 드는 분야이므로 주로 공공기관에서 주도하며 재계나 국가의 지원을 받는다. 이러한 재정 지원은 과학기술의 향방에 커다란 영향을 미치므로, 과학 정책 결정에 신중을 기해야 한다.

참고문헌

- 『생명윤리의 철학』, 구인회, 철학과현실사, 2006.
- 『생명윤리 무엇이 쟁점인가』, 구인회, 아카넷, 2005.
- 『죽음과 관련된 생명윤리적 문제들』, 구인회, 집문당, 2008.
- *Heilender Dienst. Ethische Probleme der Modernen Medizin,* Bernard Häring, Grünewald Verlag. 1972. / 『의료윤리』, 이동익 역, 가톨릭출판사, 2006.
- *Bioetica per tutti,* Lucas Lucas Ramón, San Paolo Edizioni, 2002./ 『알기 쉬운 생명윤리』, 김명수 역, 가톨릭출판사, 2007.

이상헌(가톨릭대학교 교양교육원 초빙교수)

서강대학교 철학과를 졸업하고 동 대학원에서 박사 학위를 받았다. 서강대 인문과학연구소와 철학연구소의 상임연구원을 역임하였고, 서강대, 한양대, 경희대, 동덕여대 등에 출강하여 학생들을 가르쳤다. 현재 가톨릭대학교 교양교육원 교육전담 초빙교수를 맡고 있다. 『과학이 세계관을 바꾼다』『현대과학의 쟁점』『생명의 위기』 등의 도서에 공동 저자로 참여하였고, 『임마누엘 칸트』『우리는 20세기에서 무엇을 배울 수 있는가』『악령이 출몰하는 세상』『칸트』 등의 책을 번역하였다. 주요 논문으로 「유전정보 보호에 관한 고찰」「수학적 구성과 선험적 종합판단」「인간 뇌의 신경과학적 향상은 윤리적으로 잘못인가?」「신경윤리학의 등장과 쟁점들」 등이 있다.

2장 나노기술의 윤리

나노기술이 약속하는 세상은 장밋빛이다. 아무리 미세한 암의 징후도 진단할 수 있다. 몸속에 주입된 나노로봇이 암세포의 위치를 정확하게 찾아내고 주변의 정상 세포에는 아무런 영향도 미치지 않고 암세포만을 정밀하게 제거한다. 나노물질로 표면 처리된 마룻바닥은 청소가 따로 필요하지 않다. 표면의 나노물질이 먼지나 불순물을 모두 분해해 버리기 때문이다.

하지만 나노기술의 위험을 경고하는 이들이 전하는 공포는 전율 그 자체이다. 만약 암세포 퇴치를 위해 몸속에 주입한 나노로봇이 돌연변이를 일으켜 무차별적 증식이 일어나는 경우, 치료용 나노로봇이 오히려 생명을 앗아 갈 수 있다. 환경오염 물질을 제거하기 위해서 자연에 살포한 나노로봇들이 돌연변이를 일으켜 무한 증식할 경우에, 다시 말해 자기조립하는

자기조립하는 나노기계가 지구 전체를 뒤덮게 된다는 '그레이 구' 시나리오는, 나노기술의 위험성의 범위와 깊이를 짐작게 한다.

어셈블러가 변이를 일으킬 경우에 지구는 나노로봇의 세상이 될지도 모른다. 지구상의 생물자원은 무엇이든 먹어 치우는 나노로봇들이 무제한으로 증식하게 되는 상황에서 지구는 며칠 혹은 몇 주 안에 이른바 잿빛 덩어리(gray goo)가 되고 말 것이다.

자기조립하는 어셈블러는 환상적인 기대일지 모른다. 그런 맥락에서 '잿빛 덩어리'의 공포는 상상 속의 이야기일 것이다. 하지만 이런 이야기들의 시사점은 분명하다. 이런 이야기들은 나노기술의 위험성의 범위와 깊이를 짐작게 한다. 바로 이것이 나노기술에 대한 국가적, 산업적 기대가 커져 가고 있는 현시점에서 나노기술에 대한 윤리적 논의가 긴급한 이유이다.

진행형의 과학기술, 특히 신생 과학기술에 대한 윤리적 고찰은 현재까지 실현된 부분에 그치지 않고, 그것을 넘어서 잠재적 가능성에 대한 평가까지 포함해야 한다. 그런 면에서 나노기술에 대한 윤리적 고찰은 다소 허구적으로 보이는 부분이 있을 수 있다. 하지만 현재까지 실현된 것으로 윤리적 논의의 범위가 제한될 경우에 나노기술과 같은 신생 기술에 관한 윤리적 검토는 한정적일 수밖에 없다. 이렇게 되면 우리는 신생 기술에 대한 윤리적 검토의 목적을 달성하지 못할 것이다.

나노오염의 공포와 유해성 논란

나노기술에 관한 첫 번째 논란은 안전성 문제다. 일반적으로 혁신적이고 위력적인 기술일수록 커다란 이득을 가져오지만 그에 비례해서 큰 위험을 안고 있을 것이라고 예상된다. 나노기술의 안전성 문제는 둘로 나눠 생각해 볼 수 있다. 하나는 통상적으로 초기 단계에서 발생하는 문제로, 보통 기술적 해결책을 찾을 수 있다. 기술적 해결책이 마련되기 이전의 상용화에 있어서 윤리적 문제가 발생하지만 그 해결책이 발견된 이후에 발생하는 위험은 사회적으로 수용할 수 있는 수준일 것이다. 또 하나는 원리적인 문제이다. 분자 이하 단위의 물질의 움직임은 거시세계의 물질의 움직임과 질적으로 다르다. 나노기술이 약속하는 이득은 이런 특성에서 비롯한다. 다른 한편으로 나노기술의 위험성 또한 이것에서 비롯할 것으로 예상된다. 만일 나노물질의 안전성 문제가 원리적인 것이라면 적어도 단기적으로는 해결책을 기대할 수 없다. 나노기술의 공포를 극단적으로 표현한 레이 커즈와일이나 빌 조이의 예상처럼 나노기술이 극복 불가능한 문제를 안고 있을지도 모른다.

대표적인 나노물질로 탄소나노튜브가 있다. 탄소나노튜브는 지금까지

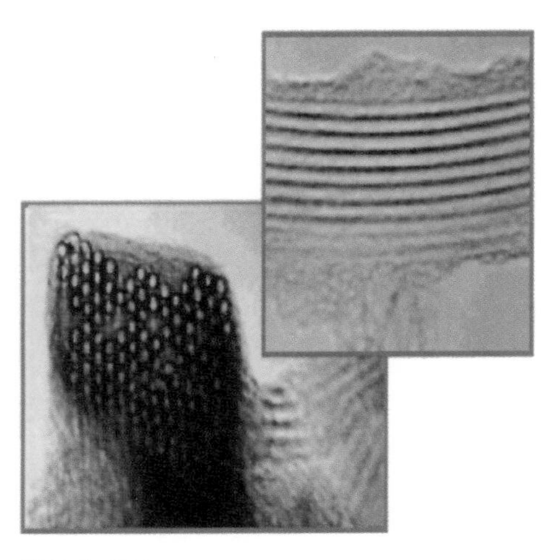
탄소나노튜브

알려진 어떤 물질보다도 월등한 물리 화학적 특성 때문에 자동차 연료통, 전투기나 탱크, 연료전지, 평면 디스플레이, 스포츠 용품 등으로 광범위하게 활용될 전망이다. 하지만 2003년 미국화학회에서 보고되었듯이 나노튜브는 독성 또한 가지고 있다. 미국화학회에서 보고한 실험 결과에 따르면, 탄소나노튜브가 주입된 쥐의 폐에서 심각한 조직 손상이 발견되었다.

다양한 나노입자들 또한 탄소나노튜브 못지않게 각광을 받을 나노물질이다. 그 가운데 사람들에게 가장 많이 알려진 것이 은나노 입자이다. 나노입자는 기존의 물질에 첨가하여 사용하면 물질 특성을 다양화하고 강화할 수 있기 때문에 효용성이 무궁무진할 것으로 기대된다. 산업 분야는 물론 생활용품의 기능성 강화, 예컨대 항균 및 살균 기능, 자동 정화, 방수, 자외선 차단 등 다양한 기능을 제품에 구현할 수 있을 것이다. 하지만 나노입자를 흡입한 쥐가 질식사했다는 연구 보고가 있다. 규폐증의 경우에서 알 수 있듯이, 같은 물질도 큰 덩어리는 위험하지 않더라도 미세한 단위의 입자는 치명적일 수 있다. 나노입자는 흔히 말하는 미세한 입자의 수준보다 훨씬 더 작은 단위이므로 위험 가능성이 더 높은 것이라고 예상된다.

나노물질의 독성에 관해서는 일부 잠정적인 결론이 나와 있다. 광범위한 쓰임새를 감안할 때 나노물질의 안정성에 대한 신중한 검토가 필요하다. 나노기술에 반대하여 연구의 전면 중단을 주장하는 경우는 아니라고 하더라도 나노기술의 잠재적 위험의 무게 때문에 안전성 검증 전까지는 연구의 잠정 중단, 일종의 국제적 모라토리엄을 요구하는 사람들도 있다. 나노물질의 독성이 인체에 치명적인 해를 입힐 수도 있으며, 생활용품 등에 광범위하게 사용된 나노물질들이 물이나 공기 중으로 방출되었을 경우에 나노오염(nanopollution)을 유발할 수도 있기 때문이다.

의학적 정보와 관련된 문제

정보기술의 시대에 정보 프라이버시 문제는 새로울 것이 없다. 하지만 나노기술은 손쉽고 간편하게 사용할 수 있는 초소형 진단 장치들을 가능하게 함으로써 의학적 진단 기술의 새로운 장을 마련할 것이고, 이에 따라 의학적 개인정보에 대한 침해와 그로 인한 피해는 전례 없는 상황을 맞이할 가능성이 크다. 랩온어칩(lap-on-a-chip, 질병 검사에 필요한 여러 분석 장비를 엄지손가락만 한 칩 안에 넣어 둔 것)을 이용하면 찻잔에 묻은 침이나 땀 한 방울로도 질병의 유전적 가능성을 비롯하여 개인에 대한 의학적 정보를 은밀하게 수집할 수 있다.

은밀하게 수집되는 개인정보는 개인의 자율성과 행위의 자유에 부정적 영향을 미칠 가능성이 크다. 특히 작업장에서 개인정보가 은밀히 수집된다면 직장 생활에서 불이익한 처분을 알게 모르게 당할 가능성이 없지 않다. 누군가 눈에 보이지 않는 나노 진단 장치를 나의 옷이나 생활용품에 몰래 숨겨 두는 것도 가능할 것이다. 이 장치는 나의 내밀한 정보를 수집하여

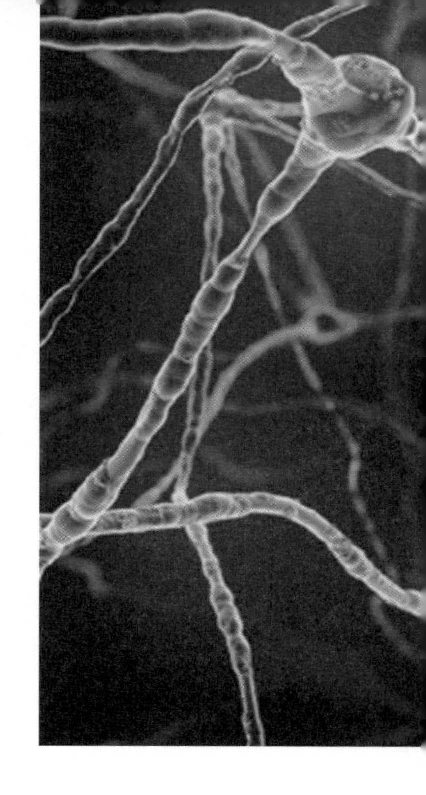

무선으로 누군가에게 전송할 것이다.

의학적 정보의 수집과 전달이 용이하게 되면 개인에게 경제적, 사회적 불이익을 가져오는 일이 흔해질 것이다. 예컨대 미래의 질환 가능성을 암시하는 의학정보는 의료보험 가입에 불이익을 가져다줄 것이 분명하다. 나노 진단 의학의 발달로 보험회사는 사회적으로 논쟁이 심하고 수용 가능성이 낮은 입법의 과정을 거치지 않고도 저런 일을 감행할 수 있게 되었다.

진단 기술의 발전이 곧 치료 기술의 발전을 의미하지 않는다. 역사적으로 볼 때, 진단 기술은 치료 기술에 앞선다. 적절한 치료 기술이 없는 상황에서 밝혀낸 부정적 진단 결과, 다시 말해 치명적 질병 혹은 질병 가능성이 있다는 진단 결과를 의료진이 어떻게 처리해야 할지에 관한 의학적 결정은 언제나 윤리적 난제를 발생시킨다. 의료진이 진단 결과를 환자에게 비밀로 할 경우에는 환자의 자율성 침해 문제가 제기될 것이고, 더불어 의료진의 권리의 지나친 확장 위험을 경고하는 논의들이 뒤따를 것이다. 반면에 환자에게 진단 결과를 솔직하게 알려 주는 것은 의학적 지식의 측면에서 약자인 환자에게 지나치게 큰 결정의 부담을 안겨 주는 문제를 야기할 것이다. 사실 치료 수단이 없는 질병의 사전 진단은 의학적으로 큰 의미가 없으며, 오히려 환자에게 질병이나 죽

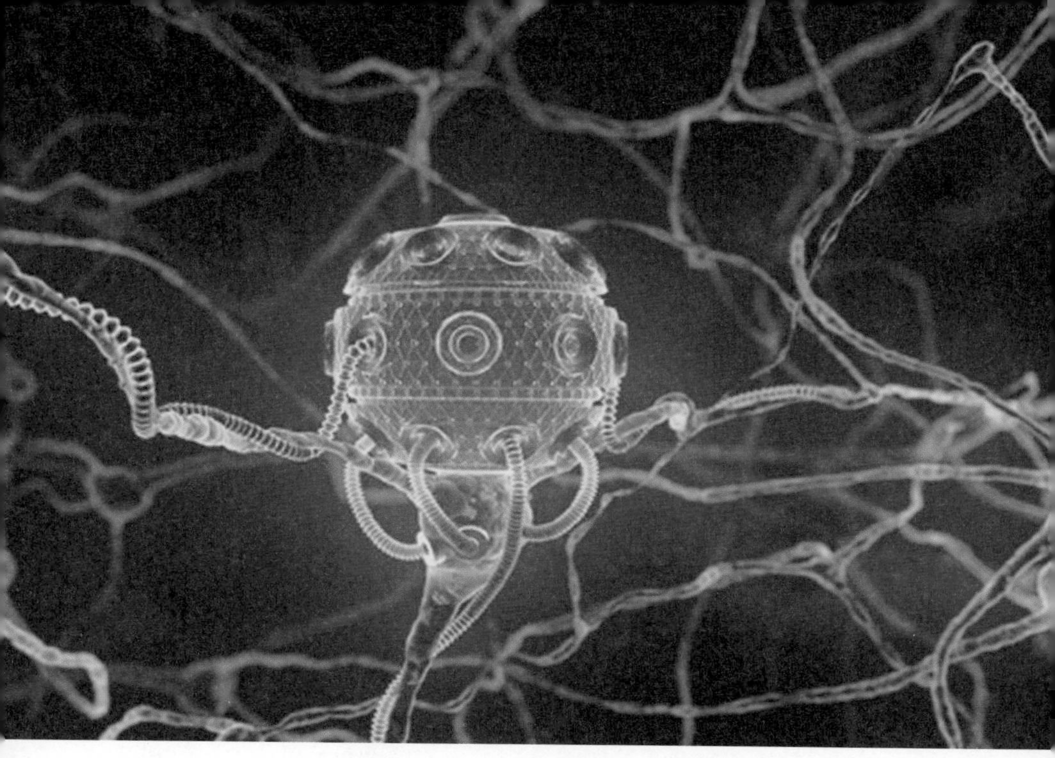

미래에는 나노로봇을 뇌 속에 장착해서 두뇌의 활동을 도청하고 제어하는 일이 가능해질지도 모른다.

음에 대한 공포만을 가져다주고, 남은 시간 동안의 일상적 삶까지 어렵게 할 수 있다.

의료 자원의 분배와 사회적 정의

자원이 희소하다는 가정하에서는 어떠한 기술적 진보도 분배 문제는 해결할 수 없다. 오히려 나노기술처럼 혁신적인 기술이 분배 문제를 더욱 심화시키는 경향이 있다. 나노기술은 이른바 나노불평등(nanodivide)을 불러올 가능성이 있다. 나노기술의 경제적, 의료적, 산업적 이득을 적극적으로 활용할 수 있는 나라들은 더욱 부유해져서 나노기술을 가지고 있느냐 그렇지 못하느냐에 따라 국가 간의 경제적 격차는 더욱더 커질 것이다.

나노불평등 현상은 한 사회 내부에서도 발생할 것이다. 나노기술의 혁신적 제품들과 나노의학에 대한 접근성이 개인의 경제적 수준에 의해 결정될 가능성이 크다. 나노기술의 혜택에 대한 접근성의 차이는 기존의 빈부 격차를 더욱 견고하게 만들 것이다. 사람들은 기술의 발전으로 인한 혜택이 각각의 사회 구성원 모두에게 골고루 돌아가야 한다는 믿음과, 기술발전으로 빈부 간의 격차가 완화될 것이라는 기대감을 가지고 있다. 나노기술은 이런 믿음과 기대에 반하여 기술발전의 혜택의 편중과 사회적 계층의 경직화를 가져올 수도 있다.

나노의학은 질병의 원인을 전례 없이 정밀하게 찾아내고 그 원인만을 정밀하게 제거하기 때문에 의학적 혁신을 가져올 것이 분명하다. 이런 정밀 진단 및 치료 기술은 의료 비용을 크게 상승시킬 것이 또한 분명하기 때문에 나노의학의 혜택은 경제적으로 부유한 계층에게 먼저 돌아갈 것이다. 그런데 단순한 치료 영역이 아니라 신체적, 정신적 향상의 영역으로 나노의학이 확장될 경우에 사회적, 윤리적으로 심각한 문제가 발생할 것이다. 한순간의 경제적 우위가 지속적인 우위를 점하기 위한 튼튼한 기반을 마련해 줄 가능성이 있기 때문이다. 거꾸로 말하면 한순간의 경제적 열세에 놓인 사람들이 미래를 박탈당하거나 제한당하는 결과를 낳을 수 있기 때문이다.

물론 낙관적인 기대도 해 볼 수 있다. 자원이 희소하다는 가정이 나노기술로 인해 부정되는 상황이 올 수도 있다. 에릭 드렉슬러는 이 상황을 무엇이든지 만들어 낼 수 있는 자기조립하는 나노로봇이 모든 가정에 보급되는 것으로 상징적으로 표현하고 있다. 그런데 만일 이런 세상이 온다면 우리 인간은 무엇을 하고 있을까?

인간의 본성과 가치

의학의 목적은 질병 등으로 인해 손상된 신체나 정신을 치료하는 것이다. 나노기술은 치료를 넘어서 질병 없는 인간의 신체적, 정신적, 감각적 기능의 향상(enhancement)으로까지 의학의 영역을 확장시킬 수 있다. 이 문제는 신경과학이나 인체보철 분야에서도 제기되고 있지만, 나노기술은 이런 분야들과 결합하여 인간이 인간 자신의 몸에 본격적으로 개입하고 조작하는 시대의 도래를 알릴 것으로 예상된다.

자연을 활용하는 수준을 넘어서 자연을 지배하겠다는 근대인의 열망이 현실화되고 있는 이 시대에 우리는 인간 종의 정체성에 대한 물음으로부터 자유로울 수 없다. 무엇이 인간을 인간으로 만드는 것일까? 나노기술과 신경과학 등으로 새롭게 무장한 인간의 몸과 정신을 갖춘 존재는 여전히 인간인가? 아니면 인간 이후에 등장한 새로운 종(a posthuman species)이라고 해야 할까?

인간을 인간답게 만드는 것으로 생각해 볼 수 있는 것이 인간적 가치들이다. 도덕성, 자율성, 미덕 등은 인류의 역사가 시작된 이후 줄곧 우리를 규정해 온 것들이다. 과학기술을 통해 인간의 몸과 정신에 적극적으로 개입하는 시대에도 이런 가치들이 여전히 의미 있는 것으로 여겨질까? 기술의 힘에 의해 나의 몸과 정신을 강화할 수 있는 시대에 우리는 자아의 발전과 성장을 위해 어떤 노력을 기울일 것인가? 이런 시대에도 전통적인 인간적 가치를 고수하는 사람들은 정말 희귀할 것이라고 어렵지 않게 짐작할 수 있을 것이다.

위험의 최소화와 혜택의 최대화

과학기술, 특히 새로 등장하는 과학기술에 대해서는 사회적, 윤리적 함의에 대한 논의가 반드시 필요하다. 어떤 종류의 과학기술에 대해서는 연구의 진행 자체를 원천적으로 막기 위해서가 아니다. 과학기술이 불러올지 모르는 위험을 최소화하고 그 혜택을 최대화하기 위해서이다. 또한 그 혜택을 효과적으로 배분하여 과학기술로 인해 발생할 수 있는 사회적 갈등을 최소화하기 위해서이다.

우리는 과학기술의 목적을 상기하고 그 영향력에 대해 숙고해 볼 필요가 있다. 과학기술의 목적은 인류의 행복 증진에 있다. 소수 국가나 특정 개인의 행복이 아니라 인류의 행복이다. 인간의 지식 추구의 정당성과 과학기술자의 자긍심은 바로 이와 같은 과학의 목적에서 비롯한다. 과학기술의 목적에 비춰 볼 때 과학기술에 대한 윤리적 논의는 필수적이다. 이런 논의가 자칫 잊어버리기 쉬운 과학기술의 목적을 다시금 상기하게 만들 것이다.

오늘날 과학기술이 인간의 삶과 사회에 미치는 영향력은 막강하다. 삶의 양식과 문화는 오랜 세월을 거치면서 형성되고 발전하는 것이지만 오늘날의 과학기술은 한순간이라고 할 수 있을 만큼 상대적으로 짧은 시간 안에 이것들에 충격을 주고 변화를 일으킨다. 그런데 한 시대의 사회적 가치는 그 사회의 구성원들 사이에서 동의된 것이라는 가정을 우리는 거부하지 않을 것이다. 그럴 때 그 가치는 사회적 갈등을 최소화하고 사회구성원들의 행복의 증진에 긍정적인 방향으로 작동할 것이기 때문이다. 과학기술의 사회적, 윤리적 함의에 대한 논의는 과학기술의 막강한 영향력으로 인해 한 시대의 사회적 가치가 심각하게 훼손되는 것을 막거나 부정적 결과를 최소화하기 위해 사회적, 제도적 시스템을 마련할 수 있는 기회를 제공해 줄 수 있을 것이다.

참고문헌

- 『한 권으로 읽는 나노기술의 모든 것』, 이인식, 고즈윈, 2009.
- 『나노기술이 미래를 바꾼다』, 이인식 외, 김영사, 2002.
- *Nanotechnology and Society,* Fritz Allhoff&Patrick Lin, Springer, 2008.
- *Nanotechnology: Ethics and Society,* Deb Bennett-Woods, CRC Press, 2008.
- *Nanoethics: Big Ethical Issues With Small Technology,* Donal P. O'Mathuna, continuum, 2009.

조홍섭(한겨레 환경전문기자)

서울대학교 공과대학과 영국 랭카스터 대학에서 화학공학 학사와 환경사회학 석사 학위를 받았다. 〈과학동아〉와 〈한겨레〉에서 20여 년 동안 환경과 과학에 관한 기사와 칼럼을 썼으며, 환경전문기자로 활동하고 있다. 국민대학교 사회학과 겸임교수와 고려대학교 과학기술협동과정 강사로 환경사회학, 환경의학보도론 등을 강의했다. 현재 한국과학기술학회 이사, 환경과 공해 연구회 운영위원으로 활동하고 있다. 저서로 『프랑켄슈타인인가 멋진 신세계인가』 『인간과 환경』 『이곳만은 지키자』(공저) 『생명과 환경의 수수께끼』 등이 있다.

3장 녹색기술과 윤리

녹색기술은 과연 환경 친화적인가

오이나 수박, 참외 같은 박과 식물을 온실에서 대량 생산할 때 대목을 쓴다. 연약한 채소로 연작을 할 때 병충해를 견딜 수 없기 때문에 뿌리가 억세고 병에 잘 걸리지 않는 박과의 다른 억센 식물에 채소를 접붙여 대목의 뿌리에서 채소의 열매를 얻는 기술이다. 1989년 경북 안동시 농촌지도소에선 하천변에 무성하게 자라던 박과의 잡초를 보고 대목으로 써 보았다. 그랬더니 효과가 매우 좋아 농가에 '안동오이'란 이름으로 널리 보급했다. 1992년엔 오이와 수박 농가에 기여하고 수입하던 대목을 교체한 공을 인정해 제1회 대산농촌문화상을 받기도 했다. 이 안동오이가 바로 요즘 심각한 사회문제가 되고 있는 외래종 식물 가시박이다. 강변과 높은 나무까지 뒤덮어 토착 식생을 황폐화하는 이 '식물계 공룡'은 1970년대 군부대 등으로 유입됐지만 그 유해성이 드러난 것은 30여 년이 지난 요즘이다.

이처럼 환경문제는 어떤 기술의 예상치 못했던 측면이 뒤늦게 드러나면서 발생하곤 한다. 뢴트겐이 19세기 말 엑스선을 발견한 뒤 이 신기한 광선에 열광한 사람들은 신발 가게에서 아이들 발 크기를 재거나 얼굴의 버짐을 제거하는 데 이 광선을 마구 쪼였다. 방사성 물질인 라듐을 발견한 물리학자 마리 퀴리도 그 방사선으로 목숨을 잃었고, 수십만 명이 라듐을 넣은 물약을 만병통치약으로 믿고 사 먹었다. 레이첼 카슨의 『침묵의 봄』에서 1970년대 농약 오염의 무서움을 알리는 상징으로 떠오른 살충제가 디디티(DDT)였지만, 이 물질을 발명한 뮐러는 1947년 노벨상을 받았다. 토머스 미즐리가 발명한 프레온은 불에 타지 않고 안정적이며 잘 분해되지 않는 특성으로 발명 당시 '기적의 화학물질'로 칭송을 받았다. 하지만 바로 그 특성 때문에 오랜 세월 동안 성층권에 머물며 오존층을 파괴한다는 사실이 나중에 밝혀졌다. 그가 발명한 휘발유 첨가제 사에틸납도 기업에는 큰돈을 벌게 해 줬지만 납 오염의 심각성이 드러나면서 이제는 사용이 금지돼 있다.

새로운 기술이 어떤 부작용을 부를지 처음부터 알기는 쉽지 않다. 기술을 개발해 어떤 이득을 얻을지에 골몰하느라 사회와 환경에 어떤 위해를 끼칠지 깊이 있게 연구하지 않기 때문이다. 1980년대부터 '사전예방의 원칙'이 환경정책의 중요한 원리가 된 것은 이 때문이다. 사람이나 환경에 심각한 피해를 줄 가능성이 있다면 인과관계가 과학적으로 확실치 않더라도 필요한 조처를 취해야 한다는 정신을 가리킨다. 이 원칙에 따라 프레온과 디디티가 국제적으로 사용이 금지됐고, 지구온난화에 대해 과학적 논란이 있었음에도 1982년 기후변화협약을 채택했다. 따라서 새로운 기술의 잠재적 환경 위해성에 대해 의문을 제기하는 것은 이제 정당한 시민권의 하나로 인정받는다.

'녹색성장'이란 유엔 아태경제사회위원회(ESCAP)가 제창한 개념으로서 이 지역 국가들이 환경적으로 지속 가능한 경제발전을 이룩하기 위한 정책을 가리킨다. 최근의 세계적인 경제 위기와 기후변화 사태에 직면해 많은 나라에서 녹색성장 또는 녹색뉴딜을 정책 과제로 내세우고 있다. 우리나라에서는 이명박 정부가 녹색성장을 국정지표로 삼으면서 익숙한 개념이 됐다. 우리나라의 녹색성장 개념은 특히 녹색기술을 중시한다는 특징이 있다. 기후변화와 같은 환경 위기를 기술을 통해 극복하고 그럼으로써 새로운 성장 동력을 얻겠다는 것이다. 녹색기술에는 온실가스를 감축하고 기후변화에 적응하기 위한 에너지 절약과 효율 향상 기술, 교통과 산업의 친환경 기술 등이 포함된다. 녹색기술의 근본 목표가 환경문제를 해결하는 데 있지만 모든 기술이 환경 친화적이라고 할 수는 없다.

지구공학기술이 제기하는 또 다른 환경문제

녹색기술이 또 다른 환경문제를 낳을 가능성이 있는 대표적인 사례로 지구공학을 들 수 있다. 지구공학(geoengineering)은 지구 기후 시스템에 사람이 의도적으로 지구 차원의 개입을 하는 기술을 가리킨다. 지구공학은 얼마 전까지도 공상과학 아이디어쯤으로 받아들이는 사람이 많았다. 그러나 기후변화의 심각성이 분명해지고 있는데도 세계의 대응이 파국을 막기엔 역부족이란 인식이 확산되면서 지구공학은 정책 결정가들의 고려 대상이 되고 있다. 대기의 온실가스 수준을 2050년까지 1990년보다 50퍼센트 이상 줄이지 않으면 기후 재앙을 초래할 2도 기온 상승을 막을 수 없다는 게 유엔 과학자들의 판단이다. 이산화탄소의 목표 농도는 450피피엠인데, 현재 380피피엠에 도달했다. 그런데 해빙이 녹고 동토에서 메탄가스가 방출되는 등의 불확실성을 고려하면 350피피엠으로 줄여야 한다는 주장도 만만치 않다. 뭔가 비상 대책이 필요한 상황이 된 것이다.

기후변화를 막을 대표적인 지구공학기술로는 바다에 비료 주기, 바다 위에 구름 만들기, 전 세계 도로와 지붕을 흰 페인트로 칠하기, 우주에 반사경을 뿌려 햇빛 차단하기 등을 들 수 있다[그림]. 바다에 비료를 주는 기술의 발상은 간단하다. 적도 태평양이나 남극해 바다 표면에는 철 성분이 극히 부족하다. 만일 철분을 충분히 공급한다면 식물플랑크톤인 조류가 광합성을 하면서 이산화탄소를 흡수해 번창하고, 이 생물체가 먹이사슬을 통해 결국 심해에 가라앉게 된다는 것이다. 철 원자 하나로 10만 개의 유기탄소 원자를 심해에 고정할 수 있다는 계산이 나온다. 그러나 과학자들이 실험을 했더니 바다 생태계는 생각했던 것보다 훨씬 복잡했다. 예를 들어, 바다 표면의 생물 활동이 활발해지면 철 이외의 질소나 인 등의 영양물질도 사용하기 때문에 심해의 생물이 쓸 양분이 오히려 전보다 줄어드는 결과가 빚어지고, 결과적으로 심해로 가라앉는 이산화탄소가 그리 많지 않다는 결론이 나오기도 했다. 게다가 인위적으로 일으킨 대양의 부영양화가 해양 생태계에 어떤 영향을 끼칠지는 아무도 자신 있게 예견하지 못하고 있다.

대양에서 상공으로 바닷물의 소금 입자를 뿌려 구름을 형성하도록 해 햇빛을 차단하자는 주장도 있다. 만일 대양 표면의 4분의 1에 이런 식으로 구름층을 형성하면 대기 중 이산화탄소 농도가 2배로 높아지는 것을 상쇄하는 효과가 있다는 것이다. 비슷한 발상으로 성층권에 먼지를 뿌려 햇빛

[그림] 지구공학이 제시하는 지구온난화에 대한 해결책

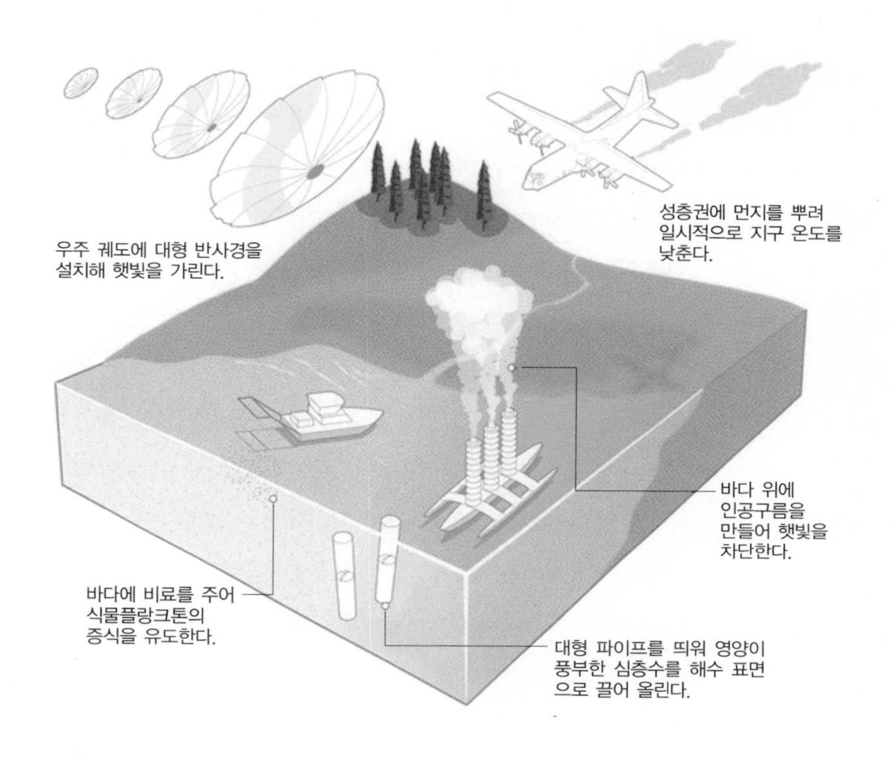

을 가리는 방안도 있다. 이미 피나투보 화산 폭발 등의 사례를 통해 대규모 분진이 성층권을 가려 지구 온도를 일시적으로 낮춘다는 사실이 밝혀져 있다. 그렇지만 이렇게 기상을 바꾸는 방식은 그 영향을 예측하기 곤란한 문제가 있다. 바다에 인위적 구름을 만들었을 때 육지 기후에 어떤 일이 벌어질지 알 수가 없다. 만일 성층권에 먼지를 뿌린 뒤 중국과 인도에 대가뭄이 든다면 이 나라들이 가만히 있을까.

건물의 지붕이나 도로를 모두 흰 페인트로 칠하면 햇빛 반사율을 높여 지구 온도를 낮출 수 있다는 아이디어도 그럴듯해 보인다. 그런데 비용을 따져 보면 얘기가 달라진다. 세계 육지의 1퍼센트인 약 1조 제곱미터를 희게 칠하는 데 드는 페인트 비용과 인건비를 합치면 연간 3천억 달러에 이른다는 계산이 있다. 지상에서 햇빛을 가리는 것보다 우주에서 차단하는 편이 더 효과적이다. 그래서 미 국립 과학아카데미는 1992년 100제곱미터 넓이의 거울 5만 5천 개를 우주 궤도에 배치해 햇빛을 가리는 아이디어를 제안했다. 지구와 태양 사이에서 두 천체의 인력이 비기는 150만 킬로미터 지점에 거대한 반사경을 설치해 햇빛을 일부 차단하자는 의견도 있다. 햇빛의 2퍼센트를 줄이면 대기 속 이산화탄소를 2배로 늘려도 되는 효과가 있다. 그러나 햇빛이 줄어드는 영향은 지구에 고루 미치는 게 아니라 적도에 집중되는 문제가 있다. 그런 거울을 설치하는 비용과 방법, 또 햇빛 차단 장치가 무언가의 이유로 작동하지 않을 사태에 대한 대응, 태양에너지가 감소했을 때 지구 생물권 전체에 끼치는 영향 등 불확실한 것들이 너무 많다.

영국 왕립협회는 최근 지구공학의 타당성을 검토한 보고서에서 "지구공학기술은 지구 시스템 자체를 위험스럽게 조작하기 때문에 본질적으로 비윤리적"이라며 "긴급한 기후 개입이 불가피할 때를 대비한 보험 성격으로만 연구할 만하다."고 결론을 내렸다. 흥미롭게도 이 권위 있는 기관이 가장 확실하고 안전한 지구공학기술로 추천한 것은 '조림'이었다. 지구공학기술은 우리에게 윤리적 과제를 던져 준다. 현 세대의 이익을 위해서 후손에게 불확실한 미래를 남기는 것이 도덕적으로 타당하냐는 것이다. 이와 같은 질문은 이산화탄소의 포집저장 기술(CCS)처럼 가까운 시일 안에 현실화될 기술에도 적용된다. 이런 기술이 실현될 것을 전제로 현재의 이산화탄소 배출량을 더 많이 줄이지 않는 것이 도덕적이냐는 질문이 제기되기 때문이다.

원자력발전 기술, 미래에도 과연 '녹색'으로 남을 것인가

원자력에너지는 또 다른 논쟁거리다. 특히 우리나라에서 원자력은 녹색성장의 주력 에너지가 되고 있다. 정부는 2020년까지 원자력발전소 11기를 새로 지어 전체 전력에서 차지하는 비중을 60퍼센트까지 높일 계획이다. 원자력에너지는 발전 과정에서 이산화탄소를 거의 배출하지 않는 녹색에너지라는 설명이 붙는다. 세계적으로도 기후변화 문제가 화급한 과제로 떠오르면서 독일 등 일부 탈원자력 노선을 결정한 나라들을 빼고는 원자력발전을 이산화탄소 배출량을 줄이는 유력한 방안으로 삼는 나라들이 많다. 환경론자들 사이에서도 기후변화가 예상을 뛰어넘는 심각한 양상을 보이자 이제까지 논외로 치거나 기껏 '마지막 선택'에 불과하던 원자력에너지를 새롭게 재평가하는 일이 벌어지고 있다. 그런 대표적인 인물이 '가이아 가설'로 유명한 영국의 과학자 제임스 러브록과 저명한 미국의 기상학자 제임스 한센을 꼽을 수 있다. 심지어 일부 환경운동가들마저 '전향'을 선언한다.

그러나 원자력에너지가 재생에너지의 비중이 미미한 상태에서 급박한 기후변화에 대처하기 위한 임시방편은 될 수 있을지 몰라도 장기적으로 녹색기술로 평가될 수 있을지는 의문이다. 특히 윤리적인 관점에서 그렇다. 대규모 중앙 집중적 에너지인 원자력은 현재에도 생산 지역과 소비 지역 사이의 불평등을 낳고 있다. 수만 년 동안 격리시켜야 하는 고준위 핵폐

원자력발전은 에너지 확보와 온실가스 감축의 궁극적인 해결책인가.

기물의 처분 방법은 아직 나와 있지 않다. 우리는 미래의 위험에 눈을 감은 채 원자력의 현재 이익만을 향유하고 있다. 원자력발전의 확대는 핵 확산의 가능성을 높이고, 이는 결국 원자력의 직접 혜택을 입지 못한 많은 사람들에게 핵 위협의 불이익을 주기도 한다.

지속 가능한 발전을 위한 녹색기술

에너지 효율의 향상도 대표적인 녹색기술로서 지속 가능한 사회를 향한 유력한 수단이지만 도덕적 논란에서 자유롭지는 않다. 효율이 높아져도 소비의 감소로 이어지지 않는 경우가 많기 때문이다. 자동차 연비가 높아지면 연료비가 줄어들기 때문에 더 먼 거리를 운전하게 되는 것이 그런 예이다. 우리 주변에서도 냉장고와 텔레비전 등 가전제품의 에너지 효율은 지난 10~20년 사이 놀라울 정도로 높아졌지만 용량은 그보다 훨씬 빠른 속도로 커졌다. 우리의 소비 행태가 달라지지 않는다면 에너지 효율의 향상은 절약으로 귀결되지 않는다. 다시 말해 녹색기술만 따로 떼어 놓은 채 가치판단을 할 수 없다는 것이다. 아태경제사회위원회가 녹색성장의 개념을 제시할 때 '지속 가능성'을 강조한 이유도 여기에 있다.

경제와 환경이 통합되고 상생하려면 형평성과 윤리 등을 포함한 사회발전이 전제가 되어야 한다. '지속 가능한 발전'을 종종 '지속 가능한 성장'으로 바꾸어 말하는 사회에서 녹색기술은 사회발전이 아닌 경제성장의 도구에 그칠 가능성이 높은 것이다.

참고문헌

- 『과학사회학의 쟁점들』, 김환석, 문학과지성사, 2006.
- "Late lessons from early warnings: the precautionary principle 1896~2000(Environmental Issue Report No. 22)", European Environment Agency, 2001.
  http://www.eea.europa.eu/publications/environmental issuereport 2001 22
- "Geoengineering the climate: science, governance and uncertainty", The Royal Society, 2009.
  http://royalsociety.org/geoengineeringclimate/

| 부 록 |

2025년 미국을 먹여 살릴 6대 기술

이인식(과학문화연구소장, KAIST 겸임교수)

2009년 1월 버락 오바마 미국 대통령이 취임한 직후 일독해야 할 보고서 목록 중에는 〈2025년 세계적 추세(Global Trends 2025)〉가 들어 있었다. 이 보고서는 CIA, FBI 등 미국의 16개 정보기관을 총괄하는 국가정보위원회(NIC)가 펴냈다. 1979년 설립된 NIC는 미국의 중장기 전략을 예측하는 정보기구로서 주기적으로 세계 전망 보고서를 발표한다.

〈2025년 세계적 추세〉에는 2025년의 세계 정치, 경제, 과학기술 등에 대한 예측이 실려 있다. 이를테면 2025년쯤 미국의 독점적 패권주의가 무너지고 중국, 인도, 브라질, 러시아 등이 미국과 대등한 힘을 갖는 다극화 체제가 구축되면서 세계는 불안정한 상태가 된다. 개발도상국의 급속한 경제발전으로 인해 자원 부족 현상이 심화되어 전쟁이 발발할 수 있다. 첨단기술에 대한 접근이 용이해짐에 따라 핵무기가 확산될 가능성도 높아진다. 특히 2025년 무렵이면 한반도가 하나의 통일국가는 아니라 해도 느슨한 형태의 연방국가가 될 것이라고 전망했다.

이 글은 〈월간조선〉(2009년 8월호)에 발표된 것이다.

이 보고서는 인구 고령화, 에너지 · 물 · 식량의 부족, 기후변화 등 2025년의 지구촌에 영향을 미칠 핵심 요인들을 분석하고, 이러한 여건에서 미국의 국가 경쟁력에 파급효과가 막대할 것으로 보이는 '현상파괴적 민간 기술(disruptive civil technology)'을 선정했다.

현상파괴적 기술은 1995년 하버드 경영대학원의 클레이튼 크리스텐슨 교수가 처음 사용한 개념이다. 그는 기업의 혁신을 존속성 혁신과 현상파괴성 혁신으로 구분한다. 존속성 혁신은 기존 고객이 요구하는 성능 우선순위에 따라 이루어지는 혁신인 반면, 현상파괴성 혁신은 기존 고객이 요구하는 성능은 충족시키지 못하지만 전혀 다른 성능을 요구하는 새로운 고객이 요구하는 혁신이다. 말하자면 현상파괴적 기술은 기존의 기술을 일거에 몰아내고 시장을 지배하는 새로운 기술이다. 금속 인쇄술, 증기기관, 자동차, 전화, 나일론, 컴퓨터, 인터넷 등 세상을 혁명적으로 바꾼 기술은 본질적으로 현상파괴적 기술에 해당한다.

이 보고서는 현상파괴적 기술을 "정치, 경제, 군사 및 사회적 측면에서 미국의 국가 경쟁력에 현저한 위협이 되거나 혹은 국력 신장에 기여할 잠재력을 지닌 기술"이라고 정의하고, 여섯 가지를 선정했다. 생물노화기술, 에너지 저장 소재, 생물연료 및 생물 기반 화학, 청정석탄 기술, 서비스 로봇, 만물의 인터넷이다.

1. 생물노화기술

생물노화기술(biogerontechnology)은 인간의 생물학적 노화 과정을 연구하여 평균 수명을 연장하고 노인의 건강한 삶을 지원하려는 기술이다. 질병과 노화의 원인을 분자 및 세포 차원에서 연구하기 때문에 분자생물학과 세포생물학의 핵심기술에 기반을 둔다.

생물학적 노화 과정을 설명하는 이론은 다양하지만 생물노화기술에서는 세포가 재생 능력을 상실할 때 발생하는 노화 과정을 이해하는 데 주력한다.

생명 연장 연구는 주로 선충(線蟲), 효모(이스트), 초파리 같은 유기체를 대상으로 성과를 거두고 있지만 인체에 대한 연구로 확장될 것이다. 그러나 인간 노화 연구에서 문화적 요인을 감안하지 않을 수 없다. 가령 생활양식, 교육 수준, 인종이나 성별 같은 요소가 노화와 수명에 미치는 영향을 함께 고려해야 한다는 뜻이다.

노화의 생물학적 메커니즘에 대한 연구는 결국 노화의 요인을 제거하는 기술개발로 이어질 것이다. 노화의 원인으로 여겨지는 칼로리 섭취량을 감소시키거나 손상된 유전자를 수리하는 기술이 등장하고, 노화를 방지하는 신약도 개발될 전망이다.

- 2010년—미국 정부는 노화의 생물학적 기초연구를 지원하는 정책을 발표하고 향후 10년간 해마다 10억 달러를 투입할 계획임을 밝힌다.
- 2013년—미국 정부의 정책에 자극받아 유럽연합, 일본, 중국, 인도, 러시아에서 경쟁적으로 정부 차원의 정책을 발표한다.
- 2015년—생물학적 과정의 이해를 통해 인간의 수명이 연장될 수 있다는 과학적 증거가 처음으로 확보된다.
- 2018년—여러 나라에서 빠른 속도로 노화에 관련된 연구 성과가 나타난다.
- 2020년—노화를 방지하는 신약 개발이 임상 실험 단계에 들어간다.

- 2025년—인간의 줄기세포 기반 치료의 상용화를 위해 처음으로 미국 식품의약국(FDA)에 승인 신청이 들어간다.
- 2027년—미국인의 평균 기대수명은 2025년 81세였으나 생물노화기술에 의해 2050년까지 89세로 증가될 전망이다.
- 2030년-노화 억제 치료의 상용화 승인을 FDA에 최초로 요청하는 역사적 순간이 찾아온다.

2020년 노화 방지 신약이 임상 실험 단계에 들어간다.

노화를 저지하는 기술이 발전하면 미국인의 수명이 연장되고 노인의 건강 상태가 현저히 개선되기 때문에 생물노화기술은 미국의 국가 경쟁력에 막대한 영향을 미칠 것임에 틀림없다. 정치적, 경제적, 문화적으로 미국 사회 전반에 걸쳐 파급효과가 지대할 것이기 때문에 생물노화기술은 현상파괴적 기술로 여겨진다.

무엇보다 생물노화기술은 미국 정부의 보건 관련 예산을 결정적으로 감소시킨다. 보건 예산은 미국 국내총생산(GDP)의 16퍼센트를 점유하므로 생물노화기술로 상당 부분 절감되면 그만큼 다른 분야에 투입할 수 있기 때문에 경제 전반에 걸쳐 구조적 변화가 일어날 수밖에 없다. 또한 수명이 연장되고 질병으로부터 해방된 건강한 노인 인구가 급증하여 미국 경제에 활력소가 된다. 이들은 생산성이 높기 때문에 국가 경쟁력에 크게 기여한다. 그러나 한편으로는 노인 노동자의 증가로 고용 형태나 은퇴 제도에 부정적 영향이 나타날 수 있다. 노인들이 기득권을 누리며 일터를 점령하면 노동시장에 젊은 사람들이 진입하기 어려워진다. 은퇴의 개념도 바뀌어 의무 퇴직 연령도 더 높아지고 은퇴는 경제 활동 능력이 종료된 것이 아니라 새로운 삶을 위해 자신의 경험을 활용하는 계기로 여겨진다. 말하자면 은퇴가 없는 사회가 되므로 노동시장의 유연성이 사라질 가능성이 없지 않다.

평균 수명이 늘어남에 따라 교육, 결혼, 가족 등에 대한 고정관념에 엄청난 변화가 발생한다. 노인 계층의 심리 구조와 행동 양식이 바뀌면서 새로운 문화 규범이 형성된다. 특히 세대 간 갈등이 심화될 것으로 예상된다. 생물노화기술의 혜택을 모든 미국인이 누리지 못할 경우 사회 갈등도 만만치 않을 것 같다. 부자나 백인은 물론 빈자나 흑인도 오래 살 수 있는 권리를 공유하는 무병장수 사회가 될 지는 두고 볼 일이다.

2. 에너지 저장 소재

에너지 저장 소재는 다양한 형태의 에너지를 축적할 수 있는 소재 및 관련 기술을 포괄하는 개념이다. 배터리(전지)기술과 함께 초고용량 축전지(ultracapacitor), 수소 저장 소재 등 3대 기술이 해당된다. 특히 지구상에서 가장 흔한 원소인 수소를 사용하여 전기에너지를 생산하는 연료전지기술이 기대를 모은다.

이 세 가지 에너지 저장 소재 기술은 모두 나노미터 크기의 물질, 곧 나노물질을 사용한다. 특히 탄소나노튜브(CNT)는 세 가지 기술에서 공통적으로 전극용 물질로 활용될 전망이다. 또한 탄소나노튜브는 수소를 저장하는 데 긴요하게 사용된다.

- 2007년—휘발유-전기 하이브리드 자동차가 판매되기 시작한다. 일본의 도요타와 혼다가 시장을 지배한다.
- 2009년—초고용량 축전지가 기존의 배터리와 함께 판매된다.
- 2010년—배터리, 연료전지, 초고용량 축전지가 일부 휴대용 전자 장치 시장에서 경쟁하기 시작한다.
- 2010~2015년—하이브리드 전기자동차의 판매량이 수백만 대에 이르고, 최초의 수소 연료전지 자동차가 나타난다.
- 2015~2020년—초고용량 축전지로 움직이는 자동차가 출현한다.
- 2020~2025년—대다수의 신형 자동차는 화석연료를 사용하지 않을 것으로 예측해도 크게 빗나갈 것 같지 않다.

세 가지 에너지 저장 소재 기술은 두 종류의 산업 분야, 곧 수송과 휴대 전자 장치 부문에서 에너지가 저장되고 유통되는 방법을 바꿔 놓는다는 측면에서 현상파괴적 기술의 잠재력을 갖게 되는 것이다. 화석연료에 대한 의존도를 줄인다는 의미에서 일종의 패러다임 변화라고 말할 수 있다. 특히 수소를 생산하고 저장하는 기술이 궤도에 오르면 미국 경제구조는 화석연료 중심 패러다임에서 수소 기반 경제로 전환될 가능성이 높다.

에너지 저장 소재 기술은 네 가지 측면에서 미국의 국가 경쟁력에 막대한 영향을 미칠 것으로 예상된다.

먼저 정치적으로 에너지 저장 소재 기술은 원유를 둘러싼 국제적 힘의 균형에 변화를 초래한다. 새로운 에너지기술 덕분에 석유 수요가 감소함에 따라 미국은 중동 국가와 원유 공급을 둘러싼 협상에서 유리한 입장이 되기 때문이다.

수소 경제로 전환되면 경제적으로 새로운 기회가 창출된다. 연료전지, 연료전지 자동차, 수소 생산 및 저장을 위한 하부 구조, 첨단 배터리, 초고용량 축전지 소재 등 새로운 시장이 출현하게 되는 것이다. 특히 휘발유를 판매하던 주유소는 수소를 저장하고 공급하는 체제로 탈바꿈할 수밖에 없다.

군사적으로도 에너지 저장 소재 기술은 상당한 영향을 미친다. 무엇보다 휴대용 군사 장비에 사용하면 군사 작전을 펼치는 데 큰 도움이 된다. 특히 초고용량 축전지의 특성을 활용할 경우 새로운 성능의 병기를 개발할 수 있다.

문화적으로도 에너지 저장 소재 기술의 영향을 무시할 수 없다. 우선 수소 경제로 바뀌면 석유에의 의존도가 감소하면서 개선되는 무역수지가 사회를 결속시키는 힘으로 작용할 뿐만 아니라 새로운 일자리를 만들어 낸다. 게다가 새로운 에너지 저장 소재 기술은 일종의 녹색기술로서 비교적 환경문제를 야기하지 않기 때문에 소비자들의 호응을 얻게 된다. 궁극적으로 수소 경제는 석유 매장량의 감소로 미래의 세계가 직면할 고통과 공포를 완화시킬 것이므로 인류 사회 결속에 결정적인 기여를 할 것임에 틀림없다.

3. 생물연료 및 생물 기반 화학

생물연료 및 생물 기반 화학은 동식물로부터 연료를 추출해 내는 분야이다. 1세대 생물연료에는 바이오알코올(에탄올)과 바이오디젤이 있다. 에탄올은 옥수수와 사탕수수에서, 바이오디젤은 평지의 씨(rapeseed)와 같은 식물성 기름에서 나온다. 생물연료의 미래는 2세대 기술에 달려 있다. 2세대 생물연료는 리그노셀룰로오스(lignocellulose) 물질을 이용한다. 리그노셀룰로오스는 가장 풍부한 바이오매스(biomass)이다. 열자원으로서의 식물과 동물 폐기물을 바이오매스라 한다. 리그노셀룰로오스로 만든 에탄올은 셀룰로오스 에탄올(cellulosic ethanol)이라 불린다. 셀룰로오스 에탄올의 효율적 생산을 위해서는 합성생물학(synthetic biology)이 발전하지 않으면 안 된다. 합성생물학은 문자 그대로 새로운 유기체를 만들어 내는 분야이다.

- 2007년—미국 부시 행정부는 2017년까지 10년 동안 해마다 에탄올 350억 갤런에 해당하는 생물연료를 소비(현재는 50억 갤런)하여 운수용 휘발유 사용량을 20퍼센트 줄이는 정책을 발표했다.
- 2010년—셀룰로오스 에탄올을 생산하는 기술이 경제적으로 경쟁력을 갖게 된다. 리그노셀룰로오스를 사용하여 생물연료를 생산하는 시설도 확산된다.
- 2010~2015년—조류(algae)에서 도출된 생물연료기술이 가격 경쟁력을 갖는다.
- 2012년—생물연료를 경제적으로 대량 생산하는 체제가 실현된다.
- 2012~2020년—합성생물학에 의해 만들어진 미생물을 사용하여 바이오매스를 여러 특성을 지닌 연료로 전환시킬 수 있게 됨에 따라 다양한 형태의 맞춤형 생물연료가 선보인다.
- 2025년—미국의 생물연료 사용 규모는 석유 기반 연료의 25퍼센트 이상을 대체하게 된다. 이산화탄소 방출량도 이와 비슷한 수준으로

감소된다. 결국 석유화학 제품이 생물 기반 제품으로 대부분 바뀌는 변화가 일어난다.

생물연료와 생물 기반 화학은 단기간에 석유에의 의존도를 감소시킬 수 있는 유일한 대안이라는 의미에서 현상파괴적 기술로 여겨진다. 이런 맥락에서 생물연료는 미국의 경쟁력에 상당한 영향을 미칠 것임에 틀림없다.

미국이 대규모로 생물연료를 사용하는 방향으로 에너지 정책을 전환하면 무엇보다 원유 수급을 놓고 중동 산유국과 협상을 벌일 때 유리한 입장을 확보하게 된다. 또한 온실효과 기체 방출량이 적은 생물 기반 경제를 강력하게 추진하면 지구온난화 문제 해결에서 발언권이 강력해진다. 그동안 미국은 세계 최대의 화석연료 소비 국가로서 지구온난화 문제에 소극적으로 대처했다.

미국이 생물 기반 경제 체제를 구축하지 않으면 경제적으로 입을 손실도 만만치 않을 것으로 예상된다. 생물연료의 세계 시장 규모는 2006년 205억 달러에서 2016년 800억 달러로 성장한다. 게다가 생물연료가 석유보다 가격이 저렴하기 때문에 미국으로서는 이 시장을 결코 놓칠 수 없다는 것이다. 많은 전문가들은 2025년 이전에 결정적인 석유 위기가 발생하여 원유 가격이 폭등할 것으로 확신하고 있기 때문에 생물연료기술의 중요성이 강조된다.

미국의 강력한 생물 기반 경제는 농업 부문에 경제발전의 기회를 제공하므로 사회 통합에 기여할 것이다. 그러나 생물연료를 만들기 위해 바이오매스의 수요가 증대함에 따라 농작물 가격이 급등하고 토지나 용수 등 환경에 부정적 영향을 미칠 가능성도 배제할 수 없다는 점을 간과해서는 안 된다.

4. 청정석탄 기술

청정석탄(clean coal) 기술은 석유나 천연가스보다 이산화탄소 발생량이 훨씬 많은 석탄을 환경 친화적인 연료로 활용하는 기술이다. 대표적인 석탄 청정화 기술로는 CCS(carbon capture and sequestration), 곧 '탄소 포집 및 격리' 기법이 손꼽힌다. CCS를 통해 이산화탄소와 같은 오염물질의 배출을 억제하여 청정석탄을 만든다.

세계 에너지 사용량에서 석탄의 비율은 2004년 26퍼센트에서 2030년 28퍼센트로 증가할 것으로 예상된다. 미국의 경우 전기 사용량의 50퍼센트 가량이 석탄을 사용한 화력발전으로 충당된다. 따라서 석탄의 에너지 효율성을 높이는 석탄 청정화 기술이 중요할 수밖에 없다.

석탄 매장량이 가장 많은 나라는 미국이며 러시아, 중국, 인도가 그 뒤를 잇는다. 4개국은 전 세계 매장량의 67퍼센트를 점유하고 있다.

- 2008년—미국 에너지부(DOE)는 CCS기술의 본격 개발에 착수했다.
- 2010년—중국의 한 석탄 액화 업체가 석탄으로부터 10만 배럴의 액체연료를 생산한다.
- 2015년—천연가스 가격이 인상되어 석탄을 사용하는 발전소를 새로 건설하는 문제를 검토하게 된다.
- 2020년—CCS기술로 이산화탄소 배출량의 90퍼센트를 포획할 수 있게 되므로 새로운 석탄발전소를 건설하여 상업적으로 성공하게 된다.

CCS로 청정석탄이 개발되면 세계 1위의 석탄 매장량 보유 국가인 미국으로서는 석탄을 에너지 공급원으로 지속적으로 사용할 수 있으므로 청정

2020년 석탄발전소가 상업적으로 성공한다.

석탄은 현상파괴적 기술로 자리매김된다.

청정석탄 기술은 미국의 국가 경쟁력에 여러 측면에서 보탬이 된다. 풍부한 석탄을 사용하므로 석유 수입량을 줄이게 되어 산유국과 신경전을 벌이지 않아도 된다. 러시아와 중국도 석탄 매장량이 많아서 미국처럼 원유 확보를 위해 중동 지역에 군사적 영향력을 행사할 필요가 줄어든다. 경제적으로 얻는 이익도 만만치 않다. 청정석탄을 사용할수록 석유 수입에 소요되는 달러를 아끼게 되므로 그만큼 미국 경제에 보탬이 된다. 청정석탄 기술은 기존의 탄소 기반 경제를 1~2세기 더 연장할 수 있을 것으로 전망된다.

청정석탄 기술은 재생에너지 개발에도 도움이 된다. 경제성이 있는 재생에너지가 상용화될 때까지 징검다리 역할을 할 수 있기 때문이다. 결국 청정석탄은 지구온난화를 해결하는 임시방편이 될 수도 있는 것이다. 이러한 시나리오가 실현되려면 무엇보다도 CCS기술이 완성되어야 한다.

미국인들은 경제발전과 환경문제는 양립할 수 없다고 보고 있다. 하지만 청정석탄 기술로 지구온난화 문제의 해소에도 기여하면서 경제성장을 도모할 수 있으므로 미국 시민에게 긍지를 심어 줌과 아울러 사회의 결속력도 강화시킬 것으로 기대된다. 청정석탄 기술이 성공적으로 개발되어 실용화되면 미국의 기술력을 전 세계에 과시하는 기회가 될 것이다.

5. 서비스 로봇

서비스 로봇은 제조 현장의 산업용 로봇과 달리 집 안, 병원 또는 전쟁터에서 사람과 공존하며 사람을 도와주거나 사람의 능력을 십분 활용하는 데 도구로 이용되는 로봇이다.

서비스 로봇에는 가사 로봇, 의료 복지 로봇, 군사용 로봇이 포함된다. 가사 로봇은 집안에서 청소, 세탁, 요리, 설거지, 세차, 잔디 깎기 등을 수행하여 가사 노동의 부담을 줄여 줄 뿐만 아니라 주인 대신 집을 보는 일까지 척척 해낸다.

의료 복지 로봇의 핵심은 수술 로봇과 재활 로봇이다. 수술 로봇은 의사의 첨단 수술 방법을 지원하며, 재활 로봇은 고령자와 신체 장애인의 재활 치료와 일상생활을 도와준다. 장애인에게 다리 노릇을 해 주는 휠체어 로봇의 경우, 손을 쓰지 못하더라도 뇌파를 사용하여 조종할 수 있다. 뇌파 조종 시스템의 핵심기술은 BMI(brain-machine interface), 곧 '뇌-기계 인터페이스'이다. 뇌파를 활용하는 BMI는 머릿속에 생각을 떠올리는 것만으로 컴퓨터를 제어하여 휠체어 등 각종 장치를 작동하는 기술이다. 한 마디로 손 대신 생각 신호로 로봇이나 기계를 움직이는 기술이다.

군사용 로봇 역시 BMI기술이 채택되면 작전과 정찰을 효율적으로 수행할 수 있다. 그러나 전투 자동화를 꿈꾸는 미국 국방부(펜타곤)는 사람의 도움을 전혀 받지 않고 스스로 정찰 임무를 수행할 뿐만 아니라 장애물을 피해 나가서 목표물을 공격할 수 있는 무인 지상 차량의 개발을 겨냥한다. 자율적인 로봇 자동차가 출현하면 싸움터에서 사람이 사라지고 감정이 없는 무자비한 살인 로봇이 격돌하게 된다.

- 2007년—펜타곤 DARPA(방위고등연구계획국)의 '도시 도전(Urban Challenge)' 대회가 성공적으로 열려 로봇 자동차들이 거리를 누볐다.
- 2009년—펜타곤의 미래 전투 시스템, 곧 FCS(Future Combat Systems)의 성능 시험이 시작된다.
- 2010년—중국 육군이 군사용 로봇을 선보인다.
- 2011년—사람처럼 생긴 장난감 로봇인 로보사피엔(RoboSapien)의 새 모델이 나온다. 2004년 홍콩 회사가 내놓은 이 로봇은 수백만 대가 팔렸다.
- 2012년—BMI기술을 채택한 첨단 장치가 개발된다.
- 2014년—로봇이 전투 상황에서 군인과 함께 싸운다(무인 전투 차량, 곧 로봇 병사가 적에게 사격을 가한다).
- 2015년—서비스 로봇의 세계 시장 규모는 150억 달러에 이른다.
- 2019년—일본과 한국의 연구진이 가사 도우미 역할을 하는 반(半)자율 로봇을 내놓는다.

- 2020년—생각 신호로 조종되는 무인 차량이 군사작전에 투입된다.
- 2025년—완전 자율 로봇이 처음으로 현장에서 활약한다.

서비스 로봇이 미국 국가 경쟁력을 끌어올리는 현상파괴적 기술의 하나로 선정된 것은 지극히 당연한 결과이다. 펜타곤이 무인 병기를 개발하기 위해 무인 지상 차량 개발에 엄청난 투자를 하고 있기 때문이다. 군사용 로봇의 경우 미국은 세계 최고의 기술력을 보유하고 있다. 살인 로봇은 군사작전뿐만 아니라 테러리스트와의 전투에서도 용맹을 떨칠 것으로 기대를 모은다.

서비스 로봇은 물론 일상생활에서 그 쓰임새가 극대화된다. 특히 고령자나 장애인을 도와주는 로봇이 각 가정에 필수품이 되면 사회적 약자의 삶의 질이 개선된다. 2025년까지 일본과 한국에서 그런 재활 로봇이 사람과 함께 어울려 사는 모습을 보게 될 것 같다. 하지만 가사 로봇에 지나치게 의존할 경우 운동량이 부족해서 비만이 갈수록 심각한 사회적 문제로 부각된다. 게다가 집안일을 로봇에게 맡김에 따라 저소득 여성 노동자들이 일자리를 빼앗기는 현상이 나타난다.

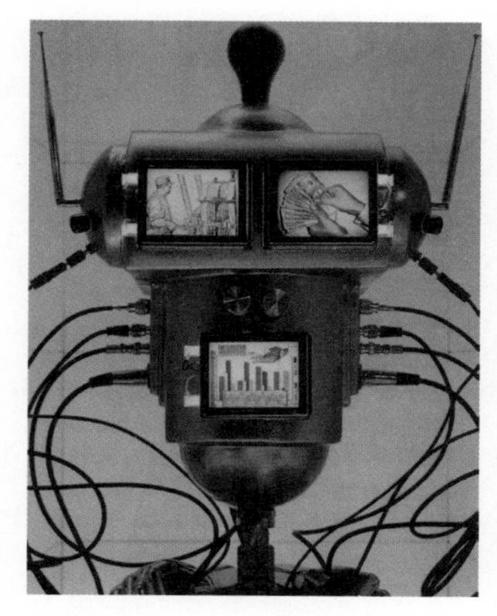
2025년 완전 자율 로봇이 활약한다.

미국은 군사용 로봇에서 여전히 세계 최고의 기술을 보유하고 있으며 우방 국가에게 관련 기술을 제공할 수도 있다. 하지만 미국 연구진들은 일본과 한국에 추월당하지 않도록 노력하지 않으면 안 된다. 중국 역시 2025년까지 가사용 로봇과 오락용 로봇 시장에서 미국, 한국, 유럽, 특히 일본 업체와 괄목할 만한 경쟁을 펼칠 것으로 전망된다. 중국은 또한 군사용 로봇도 개발하고 있다.

6. 만물의 인터넷

만물의 인터넷(the Internet of Things)은 일상생활의 모든 사물을 인터넷 또는 이와 유사한 네트워크로 연결해서 인지, 감시, 제어하는 정보통신망이다. 만물의 인터넷에 연결되는 사물에는 일상생활에서 사용하는 전자 장치뿐만 아니라 식품, 의류, 신발, 장신구 따위의 모든 물건이 포함된다. 이를테면 이 세상에 존재하는 물건은 무엇이든지 만물의 인터넷에 연결되기 때문에 두 가지 방식으로 정보가 교환된다. 하나는 사람과 사물 사이의 통신이다. 사람과 물건은 상호 작용하면서 사물은 그 상태를 지속적으로 사람에게 보고하고 사람은 그 사물을 제어한다. 다른 하나는 사물과 사물 사이의 통신이다. 사람의 개입 없이 물건과 물건끼리 정보를 교환하면서 주어진 역할을 수행한다. 사물과 사물 사이의 통신에서 가장 중요한 분야는 기계와 기계 사이의 통신이다. 기계와 기계 사이의 통신이 기능을 제대로 발휘하면 그만큼 사람이 수고를 할 필요가 덜어지기 때문이다. 가령 무선으로 통신하는 자동차끼리 서로 협동하여 충돌을 피할 수도 있고, 건물 안의 여러 곳에 설치된 온도 조절 장치가 서로 정보를 주고받으면서 실내 온도를 최적화하여 에너지를 절감할 수 있다.

2025년 모든 물건이
네트워크로 연결된다.

만물의 인터넷은 무엇보다 유통 분야에 혁명적 변화를 초래한다. 모든 상품마다 고유의 꼬리표(태그), 곧 무선 주파수 식별(RFID) 태그를 달아 놓고 만물의 인터넷에 연결하면 판매 및 재고 관리가 자동화되기 때문이다. 각종 건물에 만물의 인터넷이 설치되면 실내 온도 조절은 물론 조명 제어, 도난 방지, 각종 시설물 관리 등이 효율화될 뿐만 아니라 외부에서 컴퓨터나 휴대전화로 사무실 안의 정보에 접근할 수 있다. 따라서 휴대전화는 두 가지 새로운 기능을 갖는다. 하나는 '모든 사물에 대한 창문(window on everyday things)' 역할이다. 휴대전화는 물건의 가격, 구매 장소와 일시, 보증 기간 등에 관한 정보를 알려 준다. 다른 하나는 '환경의 원격 제어(remote controls for the environment)' 기능이다. 휴대전화를 사용하여 집 밖에서 조명, 도시가스, 난방, 가전제품 따위를 제어할 수 있다.

- 2007~2009년—미국의 대형 소매 연쇄점들이 신속한 배달을 위해 창고 지게차와 포장에 RFID 태그를 채택한다.
- 2010년—미국의 대형 소매 연쇄점들이 무인 점포의 계산을 위해 개별 상품에 RFID 태그를 부착한다. 정부기관, 대기업, 보건 단체 등이 개별 문서를 추적 및 관리하기 위해 RFID 태그를 채택한다.
- 2011~2013년—소비자들은 RFID 판독기(리더)가 들어 있는 휴대전화를 구매한다. RFID 리더는 생활용품으로 구매하는 물건에 대해 가격, 제조업체, 사용 방법 등에 관한 정보를 제공한다.
- 2011~2016년—자동차는 무선으로 사전에 상태를 진단받는 기능을 갖게 된다. 이와 동시에 유지, 보수 비용이 절감됨과 아울러 새로운 기능을 소프트웨어로 갱신받게 된다.
- 2017년—미국에 효율적인 유비쿼터스 위치 파악 기술(ubiquitous positioning technology)이 도입되어 처음에는 휴대전화 사용자의 위치를 파악하는 데 도움을 준다.
- 2018년~2019년—제조업체들은 분실과 도난에 대한 보증서가 달린 제품을 공급하기 시작한다. 이런 제품에는 유비쿼터스 위치 파악 정보를 수신하는 장치가 들어 있다.
- 2020~2025년—제품의 소비자와 공급자 모두 일상생활의 모든 물건을 네트워크로 연결함에 따라 상승효과가 발생한다는 사실을 확인하고 지속적인 기술혁신을 도모한다. 예컨대 어떤 기관에서는 아무런

공통점이 없는 잡다한 물건으로부터 수집된 정보를 융합함으로써 특별한 용도의 네트워크를 구축한다. 그러한 네트워크는 제3자가 범죄 목적으로 악용할 소지가 없는 것은 아니지만 잃는 것보다 얻는 게 더 많은 것으로 평가된다.

2025년까지 인터넷이 식품, 가구, 서류 따위의 모든 물건에 접속되면 미국인들은 멀리 떨어진 곳에서 자질구레한 물건조차 제어하고 감시할 수 있으므로 만물의 인터넷은 현상파괴적 기술이 되고도 남는 것이다. 인터넷이 개인, 기업, 정부기관에 도움이 되는 것처럼 만물의 인터넷도 각 경제주체에 도움을 주게 되므로 미국의 국가 경쟁력에 미치는 파급효과는 엄청날 것이다. 특히 유통 공급망과 물류 시스템을 혁신함으로써 비용 절감, 효율성 제고, 사람 노동력에의 의존도 감소 등의 효과가 나타난다. 또한 여러 곳에 분산된 물건으로부터 정보를 수집할 수 있으므로 범죄나 테러를 사전에 예방할 수 있다. 특히 유비쿼터스 위치 파악 기술 덕분에 분실되거나 도난당한 물건을 찾아낼 수도 있다.

그러나 미국 정부의 적들이나 범죄 집단이 만물의 인터넷에 접근하는 것을 막을 방도가 없어 가령 사이버 전쟁이 발발할 경우 뾰족한 대책이 없다. 따라서 일부 비판론자들은 2025년경에 만물의 인터넷을 구성하는 여러 종류의 물건을 생산하는 일부 아시아 국가들이 물건 속에 악성 소프트웨어를 은닉하여 퍼뜨리면 미국의 경쟁력에 흠집이 날 수 있다고 경고한다. 만물의 인터넷 역시 여느 첨단기술처럼 부정적인 측면이 없는 것은 아니다.

찾아보기-일반 용어